北方中药材栽培实用技术

主　　编　谢利德　赵春颖　徐　鹏　谢云鹏

副 主 编　苏占辉　张天也　张晓峰　安文忠

编　　委　（按姓名汉语拼音排序）

白中龙　崔凤侠　杜晓娟　杜义龙　冯丽肖

郭玉成　何　培　洪　霞　黄丽鹏　贾洪男

李云峰　李忠思　刘金欣　刘玉玲　柳　欣

毛晓霞　苗光新　邱艳捷　孙秀华　王　丹

王民乐　王　燕　王玉斌　王玉宏　谢红波

许艳梅　于海龙　张利超　赵红玲　赵　晴

赵晓清

编写单位　承德医学院

承德市农业农村局

河北省中医药科学院

摄　　影　李忠思　崔凤侠　于海龙

北京大学医学出版社

BEIFANG ZHONGYAOCAI ZAIPEI SHIYONGJISHU

图书在版编目（CIP）数据

北方中药材栽培实用技术 / 谢利德，赵春颖，徐鹏，谢云鹏主编.
—北京：北京大学医学出版社，2019.6

ISBN 978-7-5659-1965-7

Ⅰ．①北… Ⅱ．①谢… ②赵… ③徐… ④谢… Ⅲ．①药用植物 –
栽培技术 Ⅳ．① S567

中国版本图书馆 CIP 数据核字（2019）第 045331 号

北方中药材栽培实用技术

主　　编：谢利德　赵春颖　徐　鹏　谢云鹏
出版发行：北京大学医学出版社
地　　址：（100191）北京市海淀区学院路 38 号　北京大学医学部院内
电　　话：发行部 010-82802230；图书邮购 010-82802495
网　　址：http：//www.pumpress.com.cn
E - m a i l：booksale@bjmu.edu.cn
印　　刷：北京强华印刷厂
经　　销：新华书店
责任编辑：陈　奋　张立峰　　责任校对：金彤文　　责任印制：李　啸
开　　本：889mm×1194mm　1/16　印张：18　字数：489 千字
版　　次：2019 年 6 月第 1 版　2019 年 6 月第 1 次印刷
书　　号：ISBN 978-7-5659-1965-7
定　　价：150.00 元

编审委员会

顾　问　唐世英

主　任　谢利德

副主任　苗光新　于多珠

　　　　刘树新　裴　林

前　言

中药是我国浩瀚、悠久的传统文化之重要组成部分，它历经几千年的沧桑和数百代炎黄子孙的传承，以其确切的疗效和独特的保健功能，为中华民族的健康、文明做出了不朽的贡献，正日益受到世界各国越来越多人的重视和青睐。中国的中医药历史悠久，种类繁多，但在世界天然药物市场的占有份额却很低，这与其应用历史及其应有的地位并不相符。制约和影响中药在国际市场上的竞争力的主要原因是中药药源种植质量、重金属及其农药残留等方面存在问题，中药的质量和产量的矛盾，中药质量的可追溯性体系差等问题，使中药的"质"和"量"均不能满足国际标准的要求。因此，为保证中药材的稳定疗效和临床用药安全，国家出台了系列中药材发展规划、政策及相关法规。根据 2015 年 4 月，工业和信息化部、中医药管理局、国家发展与改革委员会、科技部、财政部、（原）环境保护部、（原）农业部、（原）商务部、（原）卫生和计划生育委员会、食品药品监督管理总局、（原）林业局、保监会等 12 部委联合制定出台的《中药材保护和发展规划（2015—2020 年）》，"十三五"期间全国将重点实施野生中药材资源保护工程、优质中药材生产工程、中药材技术创新行动、中药材生产组织创新工程，以及构建中药材质量保障体系、中药材生产服务体系和中药材现代流通体系。中央文件的出台，各级政府部门对中医药大健康产业发展的高度重视，为全国中药材产业发展奠定了有力的政策保障。

中药是保证中医疗效的物质基础，中药材的质量是保证中药饮片、中成药质量稳定可靠的前提。近些年，我国北方各地区依据地理环境和自然资源优势，为满足市场需求，不断加大中药材种植面积，但中药材种植产业中很多常用品种在种源、栽培技术、加工等方面无标准可执行，种源不确定、产业规模化程度偏低、组织化功能不健全、产业化链条不衔接、流通体系建设落后、产业生产缺乏监督、精深加工能力较弱等问题严重制约了中药材产业的发展。因此，河北省组建了一支技术力量雄厚，工作在一线的包含中药材各专业的专家团队，并得到了国家中药材产业技术体系的支持，经过多年的生产实践、蹲点试验研究、技术创新和示范推广等，形成了系列实用的中药材生产技术资料。应药农和产业的需求，在前期工作基础上，整理出本部非常实用的中药材生产技术指导书籍，它是专家团队多年跋山涉水、田间地头工作的成果结晶，技术规程操作简单易懂，实用性强。该书是中药材工作者必备的参考资料，是发展中药材产业的良师益友，是有志投资中药材领域的企业家的指南。它为进一步加快中药材产业发展，带动北方中药材产业"精准扶贫"，促进农业经济结构调整、转方式、促增收、保脱贫，建设中医药健康产业、中医药文化旅游产业提供技术支撑。

全书共收录了 80 种北方常见中药材的栽培实用技术。中药材顺序按照汉语拼音字母排序，每种中药材按照【药用来源】【性味归经】【功能主治】【植物形态】【植物图谱】【生态环境】【生物学特性】【栽培技术】【留种技术】【采收加工】【商品规格】【贮藏运输】的顺序编写。本书图文并茂，文字简洁，便于识别，是一本应用性较强的图书。书中记载的药用植物由课题组人员实地采集、拍摄、鉴定而来，栽培技术为课题组成员经过长期研究示范的技术集成，文字描述参考有关文献资料。书中所述药用植物的性味归经、功能主治等内容仅供参考，一切诊断与治疗请遵从执业医师指导。由于时间紧迫及编者水平有限，书中难免存在某些疏漏和不足，恳请读者谅解和指正。

编者

2018 年 10 月

目录

白 屈 菜

【药用来源】为罂粟科多年生草本植物白屈菜 *Chelidonium majus* L. 的干燥全草。

【性味归经】苦，凉；有小毒。归肺、胃经。

【功能主治】解痉止痛，止咳平喘。用于胃脘挛痛，咳嗽气喘，百日咳。

【植物形态】白屈菜是多年生草本，高 30 ～ 60 cm。主根粗壮，圆锥形，侧根多，暗褐色。茎聚伞状多分枝，分枝常被短柔毛，节上较密，后变无毛，茎易折断，断面有黄色乳汁流出。基生叶少，早凋落，叶片倒卵状长圆形或宽倒卵形，长 8 ～ 20 cm，羽状全裂，全裂片 2 ～ 4 对，倒卵状长圆形，具不规则的深裂或浅裂，裂片边缘圆齿状，表面绿色，无毛，背面具白粉，疏被短柔毛；叶柄长 2 ～ 5 cm，被柔毛或无毛，基部扩大成鞘；茎生叶叶片长 2 ～ 8 cm，宽 1 ～ 5 cm；叶柄长 0.5 ～ 1.5 cm，其他同基生叶。伞形花序多花；花梗纤细，长 2 ～ 8 cm，幼时被长柔毛，后变无毛；苞片小，卵形，长 1 ～ 2 mm。花芽卵圆形，直径 5 ～ 8 mm；萼片卵圆形，舟状，长 5 ～ 8 mm，无毛或疏生柔毛，早落；花瓣倒卵形，长约 1 cm，全缘，黄色；雄蕊长约 8 mm，花丝丝状，黄色，花药长圆形，长约 1 mm；子房线形，长约 8 mm，绿色，无毛，花柱长约 1 mm，柱头 2 裂。蒴果狭圆柱形，长 2 ～ 5 cm，粗 2 ～ 3 mm，具通常比果短的柄。种子卵形，长约 1 mm 或更小，暗褐色，具光泽及蜂窝状小格。花果期 4—9 月。

【植物图谱】见图 1-1、图 1-2。

【生态环境】喜温暖湿润、阳光充足的环境，不择土壤，但疏松、肥沃、排水良好的砂质壤或壤土是其生长的优质土壤。在海拔 500 ～ 2200 m 的山坡、山谷、石缝、水沟边、绿林草地或草丛中、住宅附近均有分布。

【生物学特性】白屈菜为多年生草本，有毒，既能耐寒，也能耐热。耐干旱，耐修剪。抗逆性、

图 1-1 白屈菜原植物

图 1-2 白屈菜花

1

抗病虫害能力强，植物适应生长范围广，种子自播能力极强，多采用种子繁殖，种子寿命为一年。隔年种子发芽率很低，不宜留用。

【栽培技术】

（一）栽培技术

1. 选地、整地　选择土层深厚，排水良好，肥沃的土地，施适量基肥，翻耕，整平。

2. 播种　白屈菜主要采用种子繁殖。种子发芽适宜温度15～20℃。春、夏、秋三季均可播种，但以秋播较好。在整好的土地上，按行距100 cm开浅沟进行条播，播种前将种子与倍量细沙混拌均匀，然后均匀撒入沟内；也可以穴播，每穴撒拌有草木灰及人畜粪水的种子灰一把。播后覆土5 cm，轻轻镇压，大约15天出苗。

（二）田间管理

苗出齐后过密处应适当间苗并除去杂草，幼苗出现5～6片叶子时，按株距25～30 cm定苗。定苗后及时追肥一次，之后加强田间管理。

（三）病虫害防治

白屈菜不易患病害。虫害主要是生长期间有棉红蜘蛛为害茎叶，发生期可用吡虫啉喷雾防治。

【留种技术】白屈菜花期5—7月，果期5月下旬至8月，因花果期较长，种子成熟期也不一致，成熟时由基部向上开裂。种子易散落，故应分批采收，应选健壮、无病虫害、枝叶茂盛的植株留种，当蓇葖果黄绿色将开裂时及时采摘，集中晒干脱粒，筛去果皮杂质，装布袋内，置通风干燥处贮藏备用。种子不耐贮藏。

【采收加工】于5—7月开花时采收，地上部分鲜用或晒干。切断。

【商品规格】

（一）含量测定

按照《中华人民共和国药典》2015年版一部测定：本品按干燥品计算，含白屈菜红碱（$C_{21}H_{18}NO_4^+$）不得少于0.020%。

（二）商品规格

除去杂质，切断，均为统货。

【贮藏运输】储藏于清洁、阴凉、干燥、通风、无异味的专用仓库中，温度控制在30℃以下，相对湿度控制在60%～70%，商品安全水分为11%～13%。运输工具必须清洁、干燥、无异味、无污染。运输时不能与其他有毒、有害的物质混装。运输过程中应有防雨、防潮、防污染等措施。

白 芍

【药用来源】为毛茛科植物芍药 *Paeonia lactiflora* Pall. 的干燥根。

【性味归经】苦、酸，微寒。归肝、脾经。

【功能主治】养血调经，敛阴止汗，柔肝止痛，平抑肝阳。用于血虚萎黄，月经不调，自汗，盗汗，胁痛，腹痛，四肢挛痛，头痛眩晕。

【植物形态】多年生草本，株高60～80 cm。根数条，粗壮肥大，常呈圆柱形或略呈纺锤形，外皮为浅黑褐色。茎高40～60 cm，直立无毛。下部茎生叶为二回三出复叶，上部茎生叶为三出复叶；小叶狭卵形、椭圆形或披针形，顶端渐尖，基部楔形或偏斜，长 7.5 ～ 12 cm，边缘密生白色骨质小细齿，两面无毛，背面沿叶脉疏生短柔毛；叶柄长 6 ～ 10 cm。花数朵，生茎顶和叶腋，有时仅顶端一朵开放，而近顶端叶腋处有发育不好的花芽，直径 8 ～ 11.5 cm；苞片 4 ～ 5，披针形，大小不等；萼片 4，宽卵形或近圆形，长 1 ～ 1.5 cm，宽 1 ～ 1.7 cm；花瓣 9 ～ 13，倒卵形，长 3.5 ～ 6 cm，宽 1.5 ～ 4.5 cm，白色或粉红，有的花瓣基部具有深紫色斑块，栽培品种多为单瓣或重瓣，玫瑰红色；花丝长 0.7 ～ 1.2 cm，黄色；花盘浅杯状，包裹心皮基部，顶端裂片钝圆；心皮 2 ～ 5，离生，无毛。蓇葖果长 2.5 ～ 3 cm，直径 1.2 ～ 1.5 cm，顶端具喙。种子黑褐色，椭圆状球形或倒卵形。花期 5—6 月；果期 8 月。

【植物图谱】见图 2-1 ～图 2-4。

图 2-1 芍药原植物

图 2-2 芍药花

图 2-3 芍药根（鲜品）

图 2-4 赤芍果实

【生态环境】喜温暖湿润、阳光充足的环境，既能耐寒又能耐热，在 20 ～ 42℃ 的温度中均能生长。耐干旱，怕潮湿、积水，雨水过多易引发烂根。以气候温和、雨量适中，阳光充足的环境下生长最好。土层深厚肥沃疏松的砂质壤土、冲积壤土、夹砂黄泥土是芍药生长的优质土壤，盐碱地不宜栽培。在海拔 1000 ～ 2300 m 的山坡、谷地、草地、林下、林缘及疏灌木丛等地势高、排水良好的缓坡向阳地带均有分布。在我国分布于东北、华北、陕西及甘肃南部。在东北分布于海拔 480 ～ 700 m 的山坡草地及林下，在其他各省分布于海拔 1000 ～ 2300 m 的山坡草地。在朝鲜、日本、蒙古及俄罗斯西伯利亚地区也有分布。在我国四川、贵州、安徽、山东、浙江等省及各城市公园也有栽培，栽培者，花瓣各色。

【生物学特性】芍药为多年生宿根植物，每年 3—4 月萌发出土，5 月现蕾开花，开花时间比较集中，且花期短，仅 1—2 周，5 月间根状茎处形成新的芽苞，6 月根膨大，7 月底到 8 月种子成熟。暑季高温停止生长，9—10 月为发根最旺期，同时地上部分开始枯萎死亡。芽头播种的植株于 9 月下旬开始生根，10 月达到生根旺盛期。在 9 月底至 10 月地上部分逐渐枯萎，而新根却在这时萌发并生长。11 月至 12 月中旬是新根生长最快的时期。芽头到第二年 3 月上旬开始萌发，4 月中下旬展叶，出苗快而整齐。

【栽培技术】

（一）繁殖材料

白芍可用种子播种、芽头播种和分根播种。生产多采用芽头播种。

（二）选地、整地

1．选地　白芍以根入药，根长较深，应选择土质疏松、土层深厚、地势高燥的砂质壤土为宜。地势低洼，排水不良，黏重土壤不适宜种植。白芍对土壤的酸碱度要求不严，pH6.5 ～ 8 的土壤最为适宜。

2．整地

（1）大田整地：选定种植地后，深翻土壤 30 cm 以上，结合整地施入基肥，每亩施腐熟有机肥 3000 ～ 4000 kg，使基肥与土充分混合后，平整后作高畦，畦宽 140 cm，高 20 cm，畦沟宽 40 cm。四周开好排水沟，以利于排水。

（2）机械整地：使用翻转犁深耕灭茬 45 cm 以上，翻耕后用旋耕机或圆盘耙对表层土壤进行细碎和平整处理，达到地表平整，土壤细碎疏松、上实下虚，便于机械播种的要求。深耕后使用旋耕起垄施肥机，均匀施入肥料，做到全层施肥，然后立即混土 5 ～ 10 cm。整成 140 cm 的宽畦，畦高 25 cm，垄间距 40 cm，畦面平整，耕层松软。

（三）繁殖

1．繁殖时间　一般在 8—10 月，最迟不能晚于 10 月中旬。

2．繁殖方法　白芍收获时，将白芍芽头从根部割下，选择健壮芽头，切成小块，每块 2 ～ 4 个芽头，白芍芽下留 2 cm 左右的根。按行距 60 ～ 70 cm、株距 30 ～ 40 cm 开穴，穴口要大，底要平，穴的深度根据芽头大小多少确定。在放置芽头时，切面朝下，芽头向上，每穴放芽头 1 ～ 2 个，用手覆土，并固定芽头，在芽头上覆细土 3 ～ 5 cm，让覆土稍高出畦面。

（四）田间管理

1．中耕除草　栽种的次年，小苗出土后应进行中耕除草，浅锄以防伤根。在 4、7、8 月杂草生长旺盛时勤除草，最后一次除草进行培土。

2．晾根　在栽后的第 2 年春天中耕除草时，把根部周围的土壤扒开，让芍药主根的上半部暴露，晾晒 5 ～ 7 天，然后再覆土压实。

3．追肥　根据植株长势和需肥量进行施肥，每年 3 ～ 4 次。第一次在 3 月，第二次和第三次在芍药生长旺盛的 5 月和 7 月，第四次在地上部分枯萎后的 11—12 月。施肥的种类和数量根据苗情而定。

4．排水和灌溉　芍药易积水，在多雨季节要及时开沟排除积水，以免烂根。干旱也会影响芍药的生长，在干旱季节要注意浇灌，但灌水时不能产生积水。

5．摘蕾　一般在每年的 5 月下旬至 6 月上旬花蕾长出时，选择晴天露水干后，除留种株，将其他植株花蕾全部摘去。

6．培土越冬　每年初冬芍药地上叶枯萎时，在离地 6 ～ 9 cm 处剪去枝叶，并将地面的枯枝落叶及杂草清除，在根际处培土 10 cm。

（五）病虫害防治

1．病害

（1）叶斑病：常在秋季发生，发病时叶面初为褐色圆斑，后逐渐扩展为同心轮状斑，并变为灰褐色。防治方法：及时清除病叶；发病初期或发病前喷 1∶1∶120 的波尔多液或喷 50% 多菌灵（苯并咪唑 44 号）800 ～ 1000 倍液。

（2）灰霉病：主要危害花、茎、叶。防治方法：在发病初期用 50% 多菌灵 800 ～ 1000 倍液喷施。

（3）锈病：主要危害叶片。一般在 5 月初发病，7—9 月严重。防治方法：栽培时选地势高、排水良好的土地；销毁病株；发病初期喷 0.3 ～ 0.4 波美度石硫合剂或 97% 敌锈钠 400 倍液，每 7 ～ 10 天喷一次，连续多次喷洒。

（4）根腐病：多在夏季多雨积水时发生，主要危害根部。防治方法：选健壮芍芽作种；发病初期用 50% 多菌灵 800 ～ 1000 倍液浇灌。

2. 虫害　主要有蛴螬、地老虎等危害根部，5—9 月发生。防治方法：用 90% 美曲膦酯 1000 ～ 1500 倍液浇灌根部以杀虫。

采收前 7 ～ 10 天禁止使用任何农药，整个生长期禁止使用高毒高残留农药。

【留种技术】秋季收获白芍时，把芽头下部的根割下，所留下的头，选形状粗大、头饱满、无病虫害的，按头大小、芽的多少，顺其自然生长情况，用刀切成 2 ～ 4 块，每块有粗壮芽苞 2 ～ 3 个，供种苗用。

【采收加工】

（一）采收

栽种后 3 ～ 4 年采收为宜。最佳的采收时期在果期至枯萎期（8—9 月），最晚不能迟于 10 月上旬。收获时趁晴天割去茎秆，挖出全根，抖去泥土，留芍芽作种，切下芍根，运回加工。

（二）产地加工

将采收的根条，除去头尾及细根，按大、中、小三个等级，置沸水中煮，煮至芍根变软，表面发白，闻之有香气时，取出。晒干或用文火烘干即可。

【商品规格】

（一）含量测定

按照《中华人民共和国药典》2015 年版一部测定：本品按干燥品计算，含芍药苷（$C_{21}H_{18}O_{11}$）不得少于 1.6%。

（二）商品规格

一等：干货。呈圆柱形，直或稍弯，去净栓皮，两端整齐。表面类白色或淡红色。质坚实体重。断面类白色或白色。味微苦酸。长 8 cm 以上，中部直径 1.7 cm 以上。无芦头、花麻点、破皮、裂口、夹生、杂质、虫蛀、霉变。

二等：干货。呈圆柱形，直或稍弯，去净栓皮，两端整齐。表面类白色或淡红棕色。质坚实体重。断面类白色或白色。味微苦酸。长 6 cm 以上，中部直径 1.3 cm 以上。间有花麻点；无芦头、破皮、裂口、夹生、杂质、虫蛀、霉变。

三等：干货。呈圆柱形，直或稍弯，去净栓皮，两端整齐。表面类白色或白色。味微苦酸。长 4 cm 以上，中部直径 0.8 cm 以上。间有花麻点；无芦头、破皮、裂口、夹生、虫蛀、霉变。

四等：干货。呈圆柱形，直或稍弯，去净栓皮，两端整齐，表面类白色或淡红棕色。断面类白色或白色。味微苦酸。长短粗不分，兼有夹生、破皮、花麻点、头尾、碎节或未去净皮。无枯芍、芦头、杂质、虫蛀、霉变。

【贮藏运输】应置于通风干燥处储藏，严防受潮、霉变、虫蛀。运输工具必须清洁、干燥、无异味、无污染。运输时不能与其他有毒、有害的物质混装。运输过程中应有防雨、防潮、防污染等措施。

白 头 翁

【药用来源】为毛茛科植物白头翁 *Pulsatilla chinensis*（Bge.）Regel. 的干燥根。

【性味归经】苦，寒。归胃、大肠经。

【功能主治】清热解毒，凉血止痢。用于热毒血痢，阴痒带下，阿米巴痢疾。

【植物形态】多年生草本，株高 15 ～ 40 cm，全株密被白色长柔毛。主根肥大，根状茎；基生叶 4 ～ 5 片，开花初期小，有长柄；叶片宽卵形，长 5 ～ 14 cm，宽 7 ～ 16 cm，3 全裂，中裂片 3 深裂，呈宽卵形，表面变无毛，背面有长柔毛；叶柄基部较宽或成鞘状，长 7 ～ 15 cm，密被长柔毛。花葶 1 或 2，有柔毛；苞片 3，基部合生成长 3 ～ 10 mm 的筒，3 深裂，裂片线形，不分裂或上部三浅裂，背面密被长柔毛；花梗长 2.5 ～ 5.5 cm，结果时长达 23 cm；花直立；萼片 6，蓝紫色，长圆状卵形，3 ～ 4.5 cm，宽 1 ～ 2 cm，背面密被柔毛；雄蕊长为萼片长度的一半左右。聚合果直径 9 ～ 12 cm；瘦果，呈纺锤形，长 3.5 ～ 4 mm，有长柔毛，花柱长 3.5 ～ 6.5 cm，宿存，有向上斜向展开的长柔毛。花期 3—5 月，果期 5—6 月。

【植物图谱】见图 3-1 ～图 3-6。

【生态环境】一般生于丘陵坡地、林缘草丛中，耐寒性、喜爽性和干燥的气候。忌湿怕涝。对土壤的要求不严，以排水良好、土层深厚的砂质壤土、淤积土和黏质壤土为佳，忌低洼地，不耐移植。

【生物学特性】白头翁原为野生植物，近年来才引种栽培，是我国北方开放最早的花之一。白头翁 3 月底开始萌动，4 月初花葶伸长，花蕾逐渐长大，花昼开夜合，单花寿命为 7 天，盛花期在 4 月中旬，花期 1 个月左右，开花末期到种子成熟期约 18 天，结果时在宿存花柱上密生不脱落的长白绒毛，形如老翁白发，不仅可以赏花，还可观果，在园林中适于自然式的种植，也是较理想的地被植物。白头翁种子可现采现播，也可采后阴凉处储存。一般在 0 ～ 4℃冰箱中贮存不超过 8 个月。

图 3-1 白头翁原植物

图 3-2 白头翁叶

图 3-3　白头翁花

图 3-4　白头翁冠毛

图 3-5　白头翁种子

图 3-6　白头翁根

【栽培技术】

(一) 选地、整地

1. 选地　应选择向阳、土质疏松、排水系统良好、土层深厚的黏质土壤或砂质土壤作为栽培地。

2. 整地

(1) 大田整地：选定种植地后，深翻土壤 25 ～ 30 cm，结合整地施入基肥，每亩施腐熟有机肥 2500 kg，使基肥与土充分混合后，平整后作高畦，畦宽 120 ～ 150 cm，高 20 cm，畦沟宽 40 cm。四周开好排水沟，以利于排水。

(2) 机械整地：使用翻转犁深耕灭茬 45 cm 以上，翻耕后用旋耕机或圆盘耙对表层土壤进行细碎和平整处理，达到地表平整，土壤细碎疏松、上实下虚，便于机械播种的要求。深耕后使用旋耕起垄施肥机，均匀施入肥料，做到全层施肥，然后立即混土 5 ～ 10 cm。整成 120 ～ 150 cm 的宽畦，畦高 25 cm，垄间距 40 cm，畦面平整，耕层松软。

(二) 播种

白头翁种子宜现采现播种，或采收后放置阴凉处贮藏，但不宜久藏。采用种子直播方式种植，应在 3 月底至 4 月上旬播种，当地温升到 18℃时开始播种。一般采用条播，在整地过后的畦面上开沟距

20 cm，深约 1 cm 的浅沟，将种子均匀撒入沟内，覆盖 1 ~ 2 cm 的薄土，稍微按压，覆盖薄膜或草苫保温保湿，保持土壤湿润，14 ~ 21 天后出苗。当幼苗生长达到 3 ~ 5 cm 时，按株距 15 cm 定苗。

（三）育苗移栽

在整好的畦面用四齿耙划浅沟，沟深 1 cm 左右，将准备好的种子均匀撒入浅沟内，覆一层细薄土，将种子完全覆盖，轻轻按压，覆盖薄膜或草苫保温保湿。出苗后，渐渐去掉覆盖物，当育苗高度达到 3 cm 左右时，间苗。于当年秋季或下一年春季萌芽前，挑选无病虫害、健壮的种苗进行移栽，按株距 15 cm，行距 30 cm，开 10 cm 深的沟，芽尖向上覆土与地面相平，两侧稍加镇压，浇水，保持土壤湿润。

（四）田间管理

1．中耕除草　中耕除草时要注意及时除草和松土，保证土壤不板结，地面无杂草。中耕时应浅锄，过深易伤根。

2．追肥　应在定苗后追加一次有机肥，每亩施 1500 kg 有机肥，于秋季施加过磷酸钙的堆肥一次，同时浇水。

3．摘蕾　一般在每年的 5 月下旬至 6 月上旬花蕾长出时，选择晴天露水干后，除留种株，将其他植株花蕾全部摘去，以促进根部生长发育。

（五）病虫害防治

1．病害

（1）锈病：主要危害叶片。一般在 5 月初发病，7—9 月严重。防治方法：栽培时选地势高、排水良好的土地；销毁病株，清洁田园；发病前或初期喷波尔多液（1∶1∶60），可多次喷洒。

（2）根腐病：是一种真菌引起的病，多在夏季多雨积水时发生，主要危害根部。防治方法：清除田间积水、烂根；移栽种苗时用 50% 退菌特 100 倍液浸泡根部；发病初期用 50% 多菌灵 800 ~ 1000 倍液浇灌，或者喷施 50% 托布津 800 倍液。

（3）斑点病：主要危害叶片。防治方法：合理轮作，可以用小麦或玉米交替种植；合理施加有机肥，改善土壤环境；发病初期喷施 75% 百菌清 500 倍液。

2．虫害　主要虫害为蚜虫，在夏季初期易发病，主要危害嫩叶、嫩芽及嫩茎。防治方法：用 25% 吡虫啉或 50% 杀螟松 1000 ~ 2000 倍液喷施，每 10 天一次，连续 3 ~ 5 次。

【留种技术】在 6 月前后，对成熟的种子进行掐尖打顶，晾干，刷选除杂，低温保存。其种子贮存时间不宜过长，一般不超过 8 个月。

【采收加工】种植 2 ~ 3 年后采挖。春季或秋季采挖，以春季质量较好。采收时，将根挖出，除掉茎叶和根须，保留根头部的白色绒毛，洗净泥土后晒干。

【商品规格】

（一）含量测定

按照《中华人民共和国药典》2015 年版一部测定：本品按干燥品计算，含白头翁皂苷 B$_4$（C$_{59}$H$_{96}$O$_{26}$）不得少于 4.6%。

（二）商品规格

统货。呈类圆柱形或圆锥形，稍扭曲，长 6 ~ 20 cm，直径 0.5 ~ 2 cm。面棕黄色或棕褐色，具不规则纵皱纹或纵沟，皮部易脱落，露出黄色木质部，近根头部稍膨大，有白色绒毛，断面皮部黄白色或淡棕黄色，木部淡黄色。气微，味微苦涩。以根粗长，质坚实，根头部有白色绒毛者为佳。无杂质、虫蛀、霉变。

【贮藏运输】应置于通风干燥处储藏，严防受潮、霉变、虫蛀。运输工具必须清洁、干燥、无异味、无污染。运输时不能与其他有毒、有害的物质混装。运输过程中应有防雨、防潮、防污染等措施。

白　薇

【药用来源】为萝藦科植物白薇 *Cynanchum atratum* Bge. 或蔓生白薇 *Gynanchum versicolor* Bge. 的干燥根和根茎。

【性味归经】苦、咸，寒。归胃、肝、肾经。

【功能主治】清热凉血，利尿通淋，解毒疗疮。用于温邪伤营发热，阴虚发热，骨蒸劳热，产后血虚发热，热淋，血淋，痈疽肿毒，疔疮。

【植物形态】多年生草本，高 50 cm。茎直立，常单一，被短柔毛，有白色乳汁。叶对生，宽卵形或卵状长圆形，长 5 ～ 10 cm，宽 3 ～ 7 cm。两面被白色短柔毛。伞状聚伞花序，腋生，花深紫色，直径 1 ～ 1.5 cm，花粉块每室 1 个，下垂。蓇葖果单生，先端尖，基部钝形。种子多数，有狭翼，有白色绢毛。蔓生白薇与上述品种的不同点为：半灌木状，茎下部直立，上部蔓生，全株被绒毛，花被小，直径约 1 mm，初开为黄色，后渐黑紫色，副花冠小，较蕊柱短。白薇根茎呈类圆柱形，有结节，长 1.5 ～ 5 cm，直径 0.5 ～ 1.2 cm。上面可见数个圆形凹陷的茎痕，直径 2 ～ 8 mm，有时尚可见茎基，直径在 5 mm 以上，下面及侧簇生多数细长的根似马尾状。根呈圆柱形，略弯曲，长 5 ～ 20 cm，直径 1 ～ 2 mm；表面棕黄色至棕色，平滑或具细皱纹。质脆，易折断，折断面平坦，皮部黄白色或淡色，中央木部小，黄色。气微、味微苦。残存的茎基也较细，直径在 5 mm 以下。根多弯曲。

【植物图谱】见图 4-1 ～图 4-7。

【生态环境】全国各地均可生长，一般生长于树林边缘、灌木丛及草地中。适应性较强，喜温暖湿润的气候，耐严寒，能在田间越冬，不耐水涝。对土壤的要求不高，以阳光充足，土质肥沃疏松、排水良好的砂质壤土或缓坡地为宜。

【生物学特性】白薇为多年生草本植物，药用部位为根和根茎部，4 月前后种子开始萌发，6—8月生长发育速度最快，在 7—8 月种子成熟，成熟后要及时采收，避免被风吹散，白薇第二年开始抽茎开花。

图 4-1　白薇（大田）

图 4-2　白薇花

图 4-3　白薇果实

图 4-4　白薇原植物

图 4-5　白薇全株

图 4-6　白薇鲜根　　　　　　　　　　　　　　　图 4-7　白薇种子

【栽培技术】

（一）选地、整地

1. 选地　一般选择背风向阳、排水良好、土壤肥厚疏松、富含腐殖质的砂质土壤为种植地。

2. 整地

（1）大田整地：选定种植地后，深翻土壤 20 cm 以上，结合整地施入基肥，每亩施腐熟有机肥 2000 ～ 3000 kg，使基肥与土充分混合平整耙细后作畦，畦宽 1 m，根据繁殖方式选择开沟深度及宽度。四周开好排水沟，以利于排水。

（2）机械整地：使用翻转犁深耕灭茬 30 cm 以上，翻耕后用旋耕机或圆盘耙对表层土壤进行细碎和平整处理，达到地表平整，土壤细碎疏松、上实下虚，便于机械播种的要求。深耕后使用旋耕起垄施肥机，均匀施入肥料，做到全层施肥，然后立即混土 5 ～ 10 cm。整成 1 m 宽畦，垄间距 40 cm，畦面平整，耕层松软。

（二）繁殖方式

白薇繁殖一般采用种子繁殖、分根繁殖、压条繁殖和扦插繁殖四种方式。

1. 种子繁殖　种子繁殖分为直播法和育苗移栽法。

（1）直播法：3 月下旬或 4 月上旬播种。一般采用条播和穴播两种种植方式。每亩用种量 1.5 ～ 2.5 kg。条播：按行距 30 cm，开 1 ～ 1.5 cm 的浅沟，将种子均匀撒入沟内，覆上 1 cm 左右的细土，稍加镇压，保持土壤湿润；穴播：按株距 20 cm，行距 30 cm，穴深 2 cm 左右播种，每穴播种 5 ～ 10 粒，覆土，稍加镇压，浇水。温度在 20℃ 左右，半个月左右出苗。

（2）育苗移栽法：3 月中旬播种。一般采用撒播方式。每亩播种量 2.5 kg。挑选整好的向阳地块，在畦上开 1.5 cm 左右的浅沟，将种子均匀撒在畦面上，用细土完全覆盖种子，覆土要薄，稍加镇压，浇透水，保持土壤湿润。在苗高达到 10 cm 左右时进行移栽。按株距 20 cm，行距 30 cm 进行移栽。

2．分根繁殖　秋末春初繁殖。选择上年栽种的植株，进行整理、刷选，将带有 3 ～ 4 根的芽的植株，按行距 15 ～ 25 cm，株距 15 ～ 20 cm 进行栽种，覆土、按压及浇水。春季栽种 20 天左右出苗。

3．压条繁殖　多在夏季阴雨天气进行。挑选健康、无病虫害的植株枝条分段按压于土壤中，不宜过深。待长根后分枝剪断，按行距 15 ～ 25 cm，株距 15 ～ 20 cm，移栽于整好的大田中，覆土，稍加压实，浇水，保持土壤湿润。

4．扦插繁殖　多在 7 月进行，剪取植株枝条 3 ～ 4 节，最好带有嫩芽。将带有嫩芽的一端向上，基部进行环状剥皮 2 ～ 3 cm，插入土壤中，一般露出地面外 1 ～ 2 节。扦插行距 15 ～ 25 cm，株距 15 ～ 20 cm。

（三）田间管理

1．间苗、定苗　在苗高 3 ～ 4 cm 时进行间苗，拔除柔弱、有病害及过密的种苗。定苗在苗高 10 ～ 15 cm 时进行，直播苗按株距 25 cm 定苗，穴播苗每穴留苗 2 ～ 3 株。

2．中耕除草　在出苗后及时进行中耕除草，可使土壤保持疏松、不板结，除去杂草，利于植株的生长发育。中耕时注意要浅锄，防止伤苗。

3．追肥、灌溉　在植株生长旺盛期，一般在 6—8 月，追肥 1 ～ 2 次。开沟施肥，每亩追施粪肥 1000 kg 或圈肥 1500 kg、过磷酸钙 25 kg，施后浇水。干旱季节要及时浇水，防止发生干旱，引起虫害。

4．摘除花茎　为提高白薇药用部位的产量和质量，可在花季除留种植株外，去除花茎。

（四）病虫害防治

1．病害　白薇的病害主要是根腐病，多发生在高温多雨季节，主要危害根部。防治方法：畦开好排水沟，以利于排水；播种前可用 50% 多菌灵或土壤菌毒消对土壤杀菌；发病时，用 40% 根腐宁（敌磺钠）1000 倍液灌根。

2．虫害　多发生在春末夏初，蚜虫成虫或若虫吸食叶片、花蕾叶液，造成植株枯黄，引发其他病害。防治方法：可用吡虫啉喷雾防治。

【留种技术】采收选择生长 2—3 年的留种植株，种子一般在 7—8 月成熟，成熟后及时采收，避免被风吹散。采种后，晾干，贮藏在阴凉干燥处。

【采收加工】植株生长 2—3 年后，一般选择秋季采挖为宜。采挖后，清洁植株上部茎叶及泥土，将药用部位的根和根茎清理、晾干。

【商品规格】均为统货，不分等级。

【贮藏运输】储藏于清洁、阴凉、干燥、通风、无异味的专用仓库中，温度控制在 30℃ 以下，相对湿度控制在 60% ～ 70%，商品安全水分为 11% ～ 13%。运输工具必须清洁、干燥、无异味、无污染。运输时不能与其他有毒、有害的物质混装。运输过程中应有防雨、防潮、防污染等措施。

白 鲜 皮

【药用来源】为芸香科植物白鲜 *Dictamnus dasycarpus* Turcz. 的干燥根皮。

【性味归经】苦，寒。归脾、胃、膀胱经。

【功能主治】清热燥湿，祛风解毒。用于湿热疮毒，黄水淋漓，湿疹，风疹，疥癣疮癞，风湿热痹，黄疸尿赤。

【植物形态】茎基部木质化的多年生宿根草本，株高 40 ~ 100 cm。根斜生，肉质粗长，淡黄白色。茎直立，幼嫩部分密被长毛及水泡状凸起的油点。叶有小叶 9 ~ 13 片，小叶对生，无柄，位于顶端的一片则具长柄，椭圆至长圆形，长 3 ~ 12 cm，宽 1 ~ 5 cm，生于叶轴上部的较大，叶缘有细锯齿，叶脉不甚明显，中脉被毛，成长叶的毛逐渐脱落；叶轴有甚狭窄的翼叶。总状花序长可达 30 cm；花梗长 1 ~ 1.5 cm；苞片狭披针形；萼片长 6 ~ 8 mm，宽 2 ~ 3 mm；花瓣白带淡紫红色或粉红带深紫红色脉纹，倒披针形，长 2 ~ 2.5 cm，宽 5 ~ 8 mm；雄蕊伸出于花瓣外；萼片及花瓣均密生透明油点。成熟的果（菁葖）沿腹缝线开裂为 5 个分果瓣，每分果瓣又深裂为 2 小瓣，瓣的顶角短尖，内果皮蜡黄色，有光泽，每分果瓣有种子 2 ~ 3 粒；种子阔卵形或近圆球形，长 3 ~ 4 mm，厚约 3 mm，光滑。花期 5 月，果期 8—9 月。

【植物图谱】见图 5-1 ~ 图 5-4。

【生态环境】野生白鲜多生长在向阳山坡、林缘及低矮灌丛间，适应性较强，喜温暖湿润气候，喜光照，耐严寒，耐干旱，不耐水涝。对土壤的要求不高，以阳光充足，土质肥沃疏松、排水良好的砂质壤土或缓坡地为宜，低洼易涝、盐碱地或重黏土地不适宜。

【生物学特性】白鲜皮为多年生野生草本植物，药用部位为根皮，采挖一次后需 2—3 年才能重复采挖，不宜种植。种子具有后熟的特性，适宜发芽温度 16 ~ 20℃，在室温下长期干燥储藏的种子，不易萌发。植株冬季能自然越冬。3 年后才开始开花结果，生长期 8—10 年。种子圆球形，亮黑色，千粒重 20 ~ 21 g，条件适宜时，播种后 15—18 天出苗，当年生株高 10 ~ 15 cm，冬季能自然越冬；两年生株高 20 cm 以上，主根长 15 ~ 20 cm；3 年生苗开始开花结实。栽培白鲜生长期 150 天左右，4 月下旬返青出土，9 月下旬地上部分开始枯萎。

图 5-1　白鲜原植物

图 5-2　白鲜花

图 5-3 白鲜果

图 5-4 白鲜根

【栽培技术】

（一）选地、整地

1．选地　应选择阳光充足、土质肥沃疏松、排水良好的砂质壤土平地或缓坡地，低洼易涝、盐碱地或重黏土地不适宜。

2．整地

（1）大田整地：选定种植地后，深翻土壤 30 cm 以上，结合整地施入基肥，每亩施腐熟有机肥 3000 ～ 4000 kg，磷酸二铵复合肥 15 ～ 20 kg，硫酸钾 5 kg，使基肥与土充分混合后，平整后作高畦，畦宽 140 cm，高 20 cm，畦沟宽 40 cm。四周开好排水沟，以利于排水。

（2）机械整地：使用翻转犁深耕灭茬 45 cm 以上，翻耕后用旋耕机或圆盘耙对表层土壤进行细碎和平整处理，达到地表平整、土壤细碎疏松、上实下虚，便于机械播种的要求。深耕后使用旋耕起垄施肥机，均匀施入肥料，做到全层施肥，然后立即混土 5 ～ 10 cm。整成 140 cm 的宽畦，畦高 25 cm，垄间距 40 cm，畦面平整，耕层松软。

（二）种子处理

白鲜主要用种子育苗繁殖。于 11 月前，将种子用 40 ～ 50℃温水浸泡 24 小时，捞出浮在水面上的瘪粒后，与 3 份湿沙混合，湿度标准以手攥成团，一碰即开为宜。在室外选一处地势高燥砂质壤土的地方挖一个 30 cm 深的坑，将种袋放入坑内，种袋上覆盖 10 cm 厚的土。封冻后，地表盖上 10 cm 厚的覆盖物，以延缓早春地温升高，以免造成种子在地下发芽。4 月中旬，当少部分种子裂口露白时，即可播种。

（三）播种

白鲜皮种子采收后晾晒 5 ～ 7 天，放在阴凉通风处贮存，10 月上旬至 11 月初，进行秋季播种，如果不能秋播，将种子沙藏，翌春 4 月中旬至 5 月上旬播种。秋季播种出苗早、苗齐。播种时，按行距 15 ～ 20 cm 开沟，沟深 4 ～ 5 cm，踩好底格，将种子同细沙一起播到沟内，每亩播种量 2 ～ 3 kg，覆土 3 ～ 4 cm，稍加镇压，有条件的床面盖一层稻草保湿，有利出苗。

（四）育苗移栽

应在早春进行，选择背风向阳、土质肥沃、土壤疏松的地块做苗床，床宽 120 ～ 140 cm，长度视需要而定。整地后在育苗床上开沟，行距 15 ~ 20 cm，开深 4 ~ 5 cm、宽 5 ~ 7 cm 的浅沟，覆土 2 cm，亩播种量 4 ~ 5 kg，并适时覆盖草苫保温，适时浇水，温度保持在 12 ~ 18℃，约 15 天出苗。出苗后应及时去除草苫通风，适时间苗、拔除杂草、追肥浇水，促苗齐苗壮。白鲜皮幼苗生长 1 ~ 2 年，在秋季地上部枯萎后或翌春返青前移栽。将苗床内幼苗全部挖出，按大小分类，分别栽植，行距 25 ~ 30 cm，株距 20 ~ 25 cm，根据幼苗根系长短开沟或挖穴，顶芽朝上放在沟穴内，使苗根部舒展开。盖土要过顶芽 4 ~ 5 cm，盖后踩实，干旱时栽后要浇透水。

（五）田间管理

1．中耕除草　白鲜皮移栽田经常松土除草，每次除草后要向茎基部培土，防止幼根露出地表。不宜中耕。

2．间苗、定苗、补苗　田间幼苗出现拥挤现象时，要及时疏苗确保苗全、苗齐、苗壮。苗高 5 ~ 7 cm 时定苗，对缺苗部位进行移栽补苗。

3．追肥　育苗田苗高 5 cm 时，每亩追肥尿素 10 kg，能够促使幼苗生长发育，利于当年秋季或第二年春季移栽。7—8 月，要增施磷钾肥，每亩追肥硫酸钾复合肥 5 ~ 10 kg。

4．灌水与排水　干旱时及时浇水。7—8 月高温多雨季节做好排水，防止田间积水造成烂根。

5．摘除花蕾　非留种田，植株在孕蕾初期剪去花蕾，以利根部生长。

（六）病虫害防治

（1）霜霉病：霜霉病通常在 3 月开始发病，多发生在叶部，叶初生褐色斑点，渐在叶背产生一层霜霉状物，使叶片枯死。防治方法：可用 10% 氟噻吡唑乙酮可分散油悬浮剂 3000 倍液，或 52.5% 噁酮·霜脲氰水分散粒剂 1500 倍液喷雾。

（2）菌核病：菌核病通常在 3 月中旬发病，为害茎基部，初呈黄褐色或深褐色的水渍状梭形病斑，严重时茎基腐烂，地上部位倒伏枯萎，土表可见菌丝及菌核。防治方法：发病初期，喷施 22.5% 啶氧菌酯悬浮剂 1500 倍液（严禁与乳油类农药及有机硅混用）或 40 g/L 嘧霉胺悬浮剂 1000 倍液喷雾，连用 2 ~ 3 次。

（3）锈病：通常在 3 月上、中旬发病，在初期叶现黄绿色病斑，后变黄褐色，叶背或茎上病斑隆起，散出锈色粉末。防治方法：发病初期及时喷药防治，可用 30% 戊唑·咪鲜胺可湿性粉剂 500 倍液或 20% 烯肟·戊唑醇悬浮剂 1500 倍液喷雾，每 5 ~ 7 天喷洒一次，连用 2 ~ 3 次。

【留种技术】留种田，一般 8 月开始成熟，要随熟随采，防止果瓣自然开裂，使种子落地。果实绿色开始变为黄色、果瓣即将开裂时即可采取，除去果皮及杂质，将种子贮存或秋季播种。

【采收加工】春秋季节采挖，割去地上茎叶，洗净泥土，除去须根和粗皮，趁鲜时纵向剖开，抽取木心，晒干。

【商品规格】

（一）含量测定

按照《中华人民共和国药典》2015 年版一部测定：本品按干燥品计算，含梣酮（$C_{14}H_{16}O_{13}$）不得少于 0.050%，黄柏酮（$C_{26}H_{34}O_7$）不得少于 0.15%。

（二）商品规格

统货。呈卷筒状，长 5 ~ 15 cm，直径 1 ~ 2 cm，厚 0.2 ~ 0.5 cm。外表面灰白色或淡灰黄色，具细皱纹和细根痕，常有突起的颗粒状小点；内表面类白色，有细皱纹。质脆，折断时粉尘飞扬，断面不平坦，略呈层片状。有羊膻气，味微苦。以条大、肉厚、无木心、色灰白、羊膻气浓者佳。无杂质、虫蛀、霉变。

【贮藏运输】储藏于清洁、阴凉、干燥、通风、无异味的专用仓库中，温度控制在 30℃ 以下，相对湿度控制在 60% ~ 70%，商品安全水分为 11% ~ 13%。运输工具必须清洁、干燥、无异味、无污染。运输时不能与其他有毒、有害的物质混装。运输过程中应有防雨、防潮、防污染等措施。

白 芷

【药用来源】为伞形科植物白芷 *Angelica dahurica* (Fisch. ex Hoffm.) Benth. et Hook.f. 的干燥根。

【性味归经】辛，温。归胃、大肠、肺经。

【功能主治】解表散寒，祛风止痛，宣通鼻窍，燥湿止带，消肿排脓。用于感冒头痛，眉棱骨痛，鼻塞流涕，鼻鼽，鼻渊，牙痛，带下，疮疡肿痛。

【植物形态】多年生高大草本，株高 1 ~ 2.5 m。根圆柱形，分枝，根粗 3 ~ 5 cm，外表皮为黄褐色或褐色，具浓烈气味。茎一般带有紫色，中空，有纵长沟纹，其基部径为 2 ~ 5 cm，甚至可达到 8 cm。茎叶羽状分裂，基生叶为一回羽状分裂，具长柄，叶柄基部有管状抱茎的叶鞘；茎上部叶 2 ~ 3 回羽状分裂，叶片轮廓为卵形或三角形，长 15 ~ 30 cm，宽 10 ~ 25 cm，叶柄长至 15 cm，下部是囊状膨大的膜质叶鞘，稀有毛；末回裂片长圆形，卵形或线状披针形，多无柄，长 2.5 ~ 7 cm，宽 1 ~ 2.5 cm，边缘有不规则的白色软骨质粗锯齿，翅状排列；花序下方的叶简化成无叶的、显著膨大的囊状叶鞘，表面无毛。复伞形花序顶生或侧生，直径 10 ~ 30 cm，花序梗长 5 ~ 20 cm，花序梗、伞辐和花柄均有短糙毛；伞辐 18 ~ 40 cm，中央主伞有时伞辐多至 70 cm；总苞片通常呈长卵形膨大的鞘；小总苞片 5 ~ 10 余，线状披针形，膜质，花白色；无萼齿；花瓣倒卵形，顶端内屈成凹头状；子房无毛或有短毛；花柱是花柱基长的 2 倍。果实长圆形至卵圆形，棕黄色，有时带紫色，长 4 ~ 7 mm，宽 4 ~ 6 mm，无毛，背棱扁，厚而钝圆，近海绵质，远较棱槽为宽，侧棱翅状，较果体狭；棱槽和合生面中有油管。花期 7—8 月，果期 8—9 月。

【植物图谱】见图 6-1 ~ 图 6-6。

图 6-1　白芷苗

图 6-2　白芷植株

图 6-3 白芷花

图 6-4 白芷种子

图 6-5 白芷根

图 6-6 白芷饮片

【生态环境】喜温暖、湿润、阳光充足的生长环境，怕高温，能耐寒，适应性较强。对光照长短、强弱虽不甚敏感，但光照能促进其种子发芽，对水分的要求以湿润为度，怕干旱。适合生长于地势平坦、土层深厚、土壤肥沃、质地疏松、排水良好、含大量的磷钾矿物质的弱碱性钙质砂土中。气候条件以年平均气温 15 ~ 20℃，最冷气温 5℃以上，年降雨量 1000 ~ 1200 mm，年均日照时数 1400 小时为宜。

【生物学特性】白芷一般为秋季播种，在温度适宜条件下，15 ~ 20 天可出苗。幼苗初期生长缓慢，以小苗越冬。第二年为营养生长期，4—5 月植株生长最旺，4 月下旬至 6 月根部生长最快，7 月中旬以后，植株渐变黄枯死，地上部分的养分已全部转移至地下根部，进入短暂的休眠状（此为采收药材最佳期）。8 月下旬天气转凉植株又重生新叶，继续进入第三年的生殖生长期，4 月下旬开始抽薹，5 月中旬至 6 月上旬陆续开花，6 月下旬至 7 月中旬种子依次成熟。

【栽培技术】

（一）选地、整地

1．选地　应选择土层深厚、排水良好、疏松肥沃、背风向阳的砂质壤土为宜。

2．整地

（1）大田整地：选定种植地后，深翻土壤 30 cm 以上，结合整地施入基肥，每亩施腐熟有机肥 2000 ～ 3000 kg，过磷酸钙 30 kg，使基肥与土充分混合后晒土风干，晒后再翻耕一次，平整耙细后作畦，畦宽 160 cm，畦沟深 25 cm，畦沟宽 25 cm。四周开好排水沟，以利于排水。

（2）机械整地：使用翻转犁深耕灭茬 40 cm 以上，翻耕后用旋耕机或圆盘耙对表层土壤进行细碎和平整处理，达到地表平整，土壤细碎疏松、上实下虚，便于机械播种的要求。深耕后使用旋耕起垄施肥机，均匀施入肥料，做到全层施肥，然后立即混土 5 ～ 10 cm。整成 200 cm 的宽畦，畦沟深 25 cm，畦沟宽 25 cm，垄间距 40 cm，畦面平整，耕层松软。

（二）播种

1．种子处理　白芷种子采收后，需要进行休眠和后熟后才可以播种发芽。在播种前可用 45℃温水浸泡 12 小时，或者用砂土与种子混匀湿堆 1 ～ 2 天后再进行播种，可使发芽率提高。

2．播种方式　条播、撒播、穴播均可。一般选择在秋季播种，采用条播方式。一般每亩用种子 1 ～ 1.5 kg。在整好的畦面，按行距 25 ～ 30 cm，开 4 ～ 5 cm 的浅沟，将处理好的种子均匀撒入沟内，不覆土，浇腐熟后的粪肥，再用草木灰与细土混匀后覆盖其上，以不露出种子为宜。稍加镇压，10 ～ 20 天后出苗。

（三）田间管理

1．间苗、定苗　一般在翌年早春进行，在苗高达 5 ～ 7 cm 时进行第一次间苗，条播每隔 5 cm 留 1 株，穴播每穴留 5 ～ 6 株；第二次间苗在苗高 10 cm 左右时进行，条播每隔 10 cm 留 1 株，穴播每穴留 3 ～ 5 株。间苗时要注意，拔去过小、过密、有病害、叶柄青白色或黄绿色的和叶片较高的幼苗，保留叶柄为青紫色的幼苗。在 4 月初苗高 15 cm 时定苗，拔除非正常生长的苗子，条播每隔 10 ～ 15 cm 留苗 1 株，穴播每穴留 3 株，交错分开。

2．中耕除草　可在间苗、定苗期间同时进行，中耕时浅锄，不要伤到幼苗。

3．施肥　根据植株生长发育情况决定施肥量和施肥次数。一般选择可追肥 3 ～ 4 次，第一次施肥在中耕、间苗后进行，肥料宜薄、少，防止烧苗，以后可逐次增加。第三、四次在定苗后和封垄前进行施肥，封垄前的一次追肥可以配施磷钾肥。

4．拔除抽薹苗　第二年 5 月左右发现抽薹苗要及时拔除，防止影响产量、质量和种质纯度。

5．灌溉排水　播种后，要保持土壤湿润，保证种子萌发及发育。在植株生长期，若旱则浇，若涝则排。

（四）病虫害防治

1．病害

（1）立枯病：又称"烂茎瘟"，多发生在育苗的中后期，由于阴雨多湿、土壤过黏、播种过密、间苗不及时、温度过高易诱发本病。发病初期，幼苗基部出现枯黄现象，以后基部呈褐色环状及干缩，直至幼苗死亡。防治方法：初期用 5% 石灰水浇灌，每周一次，或用 72.2% 普力克水剂 800 倍液，隔 7 ～ 10 天喷 1 次，根据病情状况决定浇灌次数，一般 3 ～ 4 次即可；合理轮作，雨季及时排水。

（2）灰斑病：主要危害植株叶片、叶柄、茎及花序等部位，在植株生长发育后期发病严重。其主要特征为：初期叶面出现黄色、不规则斑点，后期斑点愈合形成大枯斑，造成叶片干枯。防治方法：采收后及时清理田间；5 月下旬喷施一次 1∶1∶100 的波尔多液。6 月下旬开始选喷 50% 多菌灵 500 倍液或 50% 代森锰锌 600 倍液等药剂 2 ～ 3 次，间隔 10 ～ 15 天。

（3）根结线虫病：主要危害寄主植物的叶片、花苞、花朵及根部，植株的整个生长期均可能发生。

防治方法：播种前半个月用石灰氮对土塘进行处理；合理轮作，常与禾本科植物交替种植；挑选无病害、健壮的根移栽留种。

（4）斑枯病：病菌主要侵害叶片，一般5月初开始发病，整个生长期均可感染。初期叶片出现暗绿色病斑，后期病斑部位硬化，天气干燥高温时，破碎或裂碎。防治方法：及时清洁田间残枝落叶，集中烧毁，种植时远离发病地块，选择无病害植株育种；发病初期，清除病叶，病喷施1∶1∶100波尔多液或50%退菌特800倍液，每半个月一次，连续2～3次即可控制病情。

2．虫害　主要虫害为黄凤蝶，其幼虫以植株叶片为食，造成植株叶面积减少，影响白芷产量和质量。防治方法：发病初期，人工捕杀；也可用90%美曲膦酯1000倍液喷雾，每周一次，连喷3次。

【留种技术】根据白芷产地和播种时间不同，采收种子时间各异。一般夏季采收，挑选生长3年的壮硕、无病害植株上的种子由青色变成黄绿色时分批收获，采收时将花序连带主茎顶端花薹和一级枝所结种子一起收获，放置阴凉干燥通风处，晾干取籽粒，布袋贮藏。一般选用当年收获的新鲜、饱满种子播种为宜。

【采收加工】

（一）采收

白芷因产地和播种时间的不同，采收期各异。春播的，河北在当年白露后，河南在霜降前后采收。秋播的，四川在播种后第2年的小暑至大暑，河南在大暑至白露，浙江在大暑至立秋，河北在处暑前后采收。茎叶枯黄时采挖，选择晴天，先割去地上部分，然后挖出全根。

（二）加工

挖取根部后，去掉泥土及须根，就地晒干。传统采用的熏硫防烂方法，在《中华人民共和国药典》中已被删除，不再推荐使用。

【商品规格】

（一）含量测定

按照《中华人民共和国药典》2015年版一部测定：本品按干燥品计算，含欧前胡素（$C_{16}H_{14}O_4$）不得少于0.080%。

（二）商品规格

一等：干货。呈圆锥形。表面灰白色或黄白色。体坚。断面白色或黄白色，具粉性。有香气，味辛微苦。36支/千克以内。无空心、黑心、芦头、油条、杂质、虫蛀、霉变。

二等：干货。呈圆锥形。表面灰白色或黄白色。体坚。断面白色或黄白色，具粉性。有香气，味辛微苦。60支/千克以内。无空心、黑心、芦头、油条、杂质、虫蛀、霉变。

三等：干货。呈圆锥形。表面灰白色或黄白色。具粉性。有香气，味辛微苦。60支/千克以上，顶端直径不得小于0.7 cm。间有白芷尾、黑心、异状、油条，但总数不得超过20%。无杂质、霉变。

【贮藏运输】应储存于阴凉干燥处，温度不超过30℃，相对湿度40%～60%，商品安全水分含量8%～10%。运输工具必须清洁、干燥、无异味、无污染。运输时不能与其他有毒、有害的物质混装。运输过程中应有防雨、防潮、防污染等措施。

白　术

【药用来源】为菊科植物白术 *Atractylodes macrocephala* Koidz. 的干燥根茎。

【性味归经】苦、甘、温。归脾、胃经。

【功能主治】健脾益气，燥湿利水，止汗，安胎。用于脾虚食少，腹胀泄泻，痰饮眩悸，水肿，自汗，胎动不安。

【植物形态】多年生草本，株高 20 ～ 60 cm，根状茎结节状。茎直立，通常自中下部长分枝，全部光滑无毛。中部茎叶有长 3 ～ 6 cm 的叶柄，叶片通常 3 ～ 5 羽状全裂，极少兼杂不裂而叶为长椭圆形的。侧裂片 1 ～ 2 对，倒披针形、椭圆形或长椭圆形，长 4.5 ～ 7 cm，宽 1.5 ～ 2 cm；顶裂片比侧裂片大，倒长卵形、长椭圆形或椭圆形；自中部茎叶向上向下，叶渐小，与中部茎叶等样分裂，接花序下部的叶不裂，椭圆形或长椭圆形，无柄；或大部茎叶不裂，但总兼杂有 3 ～ 5 羽状全裂的叶。全部叶质地薄，纸质，两面绿色，无毛，边缘或裂片边缘有长或短针刺状缘毛或细刺齿。头状花序单生茎枝顶端，植株通常有 6 ～ 10 个头状花序，但不形成明显的花序式排列。苞叶绿色，长 3 ～ 4 cm，针刺状羽状全裂。总苞大，宽钟状，直径 3 ～ 4 cm。总苞片 9 ～ 10 层，覆瓦状排列；外层及中外层长卵形或三角形，长 6 ～ 8 mm；中层披针形或椭圆状披针形，长 11 ～ 16 mm；最内层宽线形，长 2 cm，顶端紫红色。全部苞片顶端钝，边缘有白色蛛丝毛。小花长 1.7 cm，紫红色，冠檐 5 深裂。瘦果倒圆锥状，长 7.5 mm，被顺向顺伏的稠密白色的长直毛。冠毛刚毛羽毛状，污白色，长 1.5 cm，基部结合成环状。花、果期 8—10 月。

【植物图谱】见图 7-1 ～图 7-4。

【生态环境】白术喜凉爽、怕高湿。适宜生长在地势高、排水良好、土层深厚、疏松的砂质壤土或黄泥沙土或红壤土中。不宜在低洼地、盐碱地种植。适宜在自然植被好，雨量充沛，日照时间短，直射光少，保水保肥能力强，排水性能良好，有机质、氮、磷、钾及微量元素含量较多的中性偏酸土壤和海拔 600 m 左右的中低山坡地生长发育。切忌连作，种过之地需隔 5 ～ 10 年才能再种，其前作物以禾本科植物为佳。

【生物学特性】白术在气温 30℃ 以下时，植株生长速度随气温升高而加快，气温升至 30℃ 以上时生长受到抑制，而地下部分的生长以 26 ～ 28℃ 为最适宜。3 月底至 4 月初播种，7 月底至 9 月是根形成期，10 月底至 11 月初（霜降后立冬前）地上部分枯萎，此时为白术有效物质含量的最高时期，为适宜采收期。

【栽培技术】

（一）选地、整地

1．选地　应选择土层深厚、排水良好、疏松肥沃的砂质壤土为宜。

2．整地

（1）大田整地：选定种植地后，深翻土壤 30 cm 以上，结合整地施入基肥，每亩施腐熟有机肥 3000 ～ 4000 kg，使基肥与土充分混合后，平整后作高畦，畦宽 140 cm，高 20 cm，畦沟宽 40 cm。四周开好排水沟，以利于排水。

（2）机械整地：使用翻转犁深耕灭茬 45 cm 以上，翻耕后用旋耕机或圆盘耙对表层土壤进行细碎和平整处理，达到地表平整，土壤细碎疏松、上实下虚，便于机械播种的要求。深耕后使用旋耕起垄施肥

图 7-1　白术原植物

图 7-2　白术茎叶

图 7-3　白术花

图 7-4　白术药材

机，均匀施入肥料，做到全层施肥，然后立即混土 5 ～ 10 cm。整成 140 cm 的宽畦，畦高 25 cm，垄间距 40 cm，畦面平整，耕层松软。

（二）播种

4 月中下旬至 5 月上旬，当地温升到 12℃以上时开始播种。一般采用条播，行距 20 ～ 25 cm，沟深 3 ～ 5 cm，播幅 7 ～ 10 cm，将种子均匀地撒入沟内，覆土 1 ～ 2 cm，稍加镇压，播种后要保持土壤湿润。

（三）育苗移栽

3 月下旬至 4 月上旬，在整好的畦面上进行条播，行距 15 cm，沟深 3 ～ 5 cm，播幅 7 ～ 10 cm，将种子均匀地撒入沟内，覆土 1 ～ 2 cm，覆盖薄膜或草苫保温保湿。每亩用种量 5 ～ 8 kg。于 10 月中旬至 11 月上旬，选择生长健壮、无病虫害、芽饱满的种苗移栽，按行距 20 ～ 25 cm，株距 15 cm，开深 10 cm 的穴，每穴放种栽 1 ～ 2 个，芽尖向上覆土与地面相平，两侧稍加镇压。

（四）田间管理

1．中耕除草　苗期中耕要勤，保证土不板结，地面无杂草。中耕时要注意浅锄，以防伤根。

2．追肥　现蕾前后，每亩沟施尿素 10 kg 和复合肥 30 kg；盛花期每亩追施有机肥 1000 kg，复合肥 15 kg。

3．排水、灌溉　白术生长时期，需要充足的水分，尤其是根茎膨大时期更需要水分，若遇干旱应及时浇水灌溉。如雨后积水应及时排水。

4．摘蕾　为了促使养分集中供应根状茎促其增长，除留种株每株 5 ～ 6 个花蕾外，其余都要适时摘蕾，摘花在小花散开、花苞外面包着鳞片略呈黄色时进行，不宜过早或过迟。一般在 7 月中旬或 8 月上旬，即在 21 天内分 2 ～ 3 次摘完。以花蕾茎秆较脆，容易摘落为标准。一手捏住茎秆，一手摘花，须尽量保留小叶，防止摇动植株根部，亦可用剪刀剪除。摘蕾在晴天、早晨露水干后进行，避免雨水进入伤口引起病害或腐烂。

（五）病虫害防治

1．病害

（1）根腐病：又叫干腐病，伤害根状茎，使根状茎干腐，维管束系统呈现病变。防治方法：与禾本科植物轮作；选择无病害、健壮的植株作种，并用 50% 退菌特 1000 倍液浸 3 ～ 5 分钟，晾干后下种；发病期用 50% 多菌灵或 50% 甲基托布津 1000 倍液浇灌病区。

（2）白绢病：又称白糖烂，发病初期为害茎基部，无明显症状。随着温度和湿度的增高，茎基部变暗褐色，并可见白色菌丝体。后期茎基部完全腐烂，植株枯死。防治方法：与禾本科作物轮作；选无病害种栽，并用 50% 退菌特 1000 倍溶液浸种后下种；栽种前每亩用 1 kg 五氯硝基苯处理土壤；用 50% 多菌灵或 50% 甲基托布津 1000 倍液浇灌病区；及时挖出病株，并用石灰浇灌病穴。

（3）立枯病：又叫烂茎瘟。苗期病害，早春因阴雨或土壤板结，发病重，受害苗基部呈褐色干缩凹陷，使幼苗折倒死亡。防治方法：土壤消毒，种植前用五氯硝基苯处理土壤。

（4）铁叶病：发生在叶上，叶呈铁黑色，后期病斑中央呈灰白色，上生小黑点。防治方法：清理田间，烧毁残株病叶；发病初期喷 1∶1∶100 波尔多液或 50% 退菌特 1000 倍液，8 ～ 10 天喷一次，连续 3 ～ 4 次。

（5）锈病：又叫黄斑病，叶上长病斑，菱形或近圆形，褐色，有黄绿色晕圈。叶背病斑处生黄色颗粒状物，破裂后期为黄色粉末。防治方法：打扫田间卫生，烧毁残株病叶；发病初期喷 97% 敌锈钠 300 倍液或 0.2 ～ 0.3 波美度石硫合剂，7 ～ 10 天喷 1 次，连续 2 ～ 3 次。

2．虫害　白术的虫害主要有地老虎、蛴螬、术芽，其中以地老虎、蛴螬为害最严重。

（1）地老虎：白术苗出土后至 5 月，地老虎危害最严重，一般以人工捕杀为主。术苗期，每日或隔日巡视术地，如发现新鲜苗子和术叶被咬断过，在受害术株上面上有小孔，可挖开小孔，依隧道寻觅地老虎的躲藏处，进行捕杀。6 月后术株稍老，地老虎危害逐渐减轻。

（2）蛴螬：从立夏至霜降期间，白术收获前，均有危害，在小暑至霜降前为害最严重。防治方法：人工捕杀，在 9—10 月间翻土，此时，蛴螬还未入土深处越冬，在翻土时应进行深翻细捉；用桐油或硫酸铜（俗称胆矾）喷洒；在摘除花蕾后，结合第三次施肥时，每 100 kg 粪水加桐油 200 ~ 300 g 施下。

【留种技术】11 月中旬挖取留种植株，扎成小把倒挂于阴凉通风处，半个月后置阳光下晒 2 ~ 3 天，取出种子，扬去绒毛与瘪子，装入布袋备用。

【采收加工】

（一）采收

在定植当年 10 月下旬至 11 月上旬（霜降至冬至），茎秆由绿色转枯黄，上部叶已硬化，叶片容易折断时采收。过早采收术株还未成熟，根茎鲜嫩，折干率不高，过迟则新芽萌发，根茎养分被消化。选择晴天、土壤干燥时挖出。

（二）产地加工

晒干或烘干，晒干 15 ~ 20 天。日晒过程中经常翻动的白术称为生晒术，烘干的白术称为烘术。烘干时，烘烤火力不宜过强，温度以不烫手为宜，经过火烘 4 ~ 6 小时，上下翻转一遍，细根脱落，再烘至 8 成干时，去除堆积 5 ~ 6 天，使内部水分外渗，表皮转软，再烘干即可。

【商品规格】

一等：干货。呈不规则团块，体形完整。表面灰棕色或黄褐色。断面黄白色或灰白色。味甘微苦。每千克 40 只以内。无焦枯、油个、炕泡、杂质、虫蛀、霉变。

二等：干货。呈不规则团块，体形完整。表面灰棕色或黄褐色。断面黄白色或灰白色。味甘微辛苦。每千克 100 只以内。无焦枯、油个、炕泡、杂质、虫蛀、霉变。

三等：干货。呈不规则团块，体形完整。表面灰棕色或黄褐色。断面黄白色或灰白色。味甘微辛苦。每千克 200 只以内。无焦枯、油个、炕泡、杂质、虫蛀、霉变。

四等：干货。体形不计，但需全体是肉（包括武子、花子）。每千克 200 只以上。间有程度不严重的碎块、油个、炕泡。无杂质、霉变。

【贮藏运输】应置于通风干燥处储藏，严防受潮、霉变、虫蛀。运输工具必须清洁、干燥、无异味、无污染。运输时不能与其他有毒、有害的物质混装。运输过程中应有防雨、防潮、防污染等措施。

百 合

【药用来源】为百合科植物百合 *Lilium brownii* var. *viridulum* Baker. 的干燥鳞茎。

【性味归经】甘，寒。归心、肺经。

【功能主治】养阴润肺，清心安神。用于阴虚燥咳，劳嗽咯血，虚烦惊悸，失眠多梦，精神恍惚。

【植物形态】多年生球根草本花卉，株高 40 ~ 60 cm。茎直立，不分枝，草绿色，茎秆基部带红色或紫褐色斑点。地下具鳞茎，鳞茎阔卵形或披针形，白色或淡黄色，直径由 6 ~ 8 cm 的肉质鳞片抱合成球形，外有膜质层。单叶，互生，狭线形，无叶柄，直接包生长于茎秆上，叶脉平行。花生长于茎秆顶端，呈总状花序，簇生或单生，花冠较大，花筒较长，呈漏斗形喇叭状，6 裂无萼片，因茎秆纤细，花朵大，开放时常下垂或平伸。

【植物图谱】见图 8-1 ~ 图 8-6。

【生态环境】百合喜向阳，耐旱耐湿，以温暖稍微凉、干燥地带生长为宜，常野生于林下灌丛、山坡草丛、草原。生长适宜温度为15～25℃，地下鳞茎在土中越冬能耐受–10℃的低温。对土壤要求不严，在排水良好的沙壤土及干燥的黏质土适宜栽培。

【生物学特性】生育期可以分为越冬盘根期、春后长苗期、现蕾开花期和鳞茎生长期。百合6月上旬现蕾，7月上旬开花，7月中旬盛花，7月下旬为终花期，果期在8—10月。8月中旬地上茎叶进入枯萎期，鳞茎成熟。6—7月为干物质积累期，花凋谢后进入高温休眠期。

【栽培技术】

（一）繁殖方法

百合繁殖分无性繁殖和有性繁殖。无性繁殖方法有大鳞茎分株繁殖、小鳞茎繁殖、鳞片繁殖、鳞心繁殖和珠芽繁殖等。

（二）繁殖技术

1. 大鳞茎分株繁殖法　在收获的鳞茎中，大鳞茎是由数个（3～5个）围主茎轴带心的鳞茎聚合而成，可选出用手掰开作种。此类鳞茎个头较大，不需要培育就可以栽于大田，第二年8—10月可收获。此法是产区最常用的繁殖法。

图 8-1　细叶百合（大田）

图 8-2　百合花（野生）

图 8-3　野生百合花（拍摄地：承德）

图 8-4　野生百合（拍摄地：内蒙古）

24

图8-5　百合全株

图8-6　百合鳞茎（入药部位）

2．小鳞茎繁殖法　在采收时，收集小鳞茎，按鳞茎繁殖的方法消毒小鳞茎。随即栽入苗床。苗床宽1.5 m，施足基肥，再整平耙细，在畦上开横沟，按行距25 cm、深3 cm开沟，在沟内每隔6～7 cm摆放一个小鳞茎，然后盖细土，再盖草，以利保温保湿。经一年培育，一部分可达球标准，较小者，继续培养1～2年，再作种用。

3．鳞片繁殖法　此为繁殖系数最高的方法。秋季当叶片开始枯黄时，选择健壮无病害植株挖收鳞茎，用刀切除鳞茎基部（带根部分）后，鳞片便分离开，选肥厚者在1∶500苯菌灵或克菌丹水溶液中浸30分钟，取出阴干，播于填有肥沃沙壤土的苗床中。苗床做法与小鳞茎繁殖法相同。播后温度若在20℃左右，约20天后于鳞片愈合组织处分化出一两个小鳞茎，当年生根，第2年春季便可萌发成幼苗。用此法繁殖，培育成商品百合需2～3年，每亩约需种鳞片100 kg，培育出的种鳞茎可种大田约1万平方米。

4．鳞心繁殖法　在对收获鳞茎进行加工时，将大鳞茎外片作药用，剩下的鳞心，凡直径在3 cm以上的可作留种用，随剥即栽。搁置时间太久鳞茎外片易出现褐变。上年秋季栽种，翌年8—10月收获。连续繁殖4～5年后，必须更新繁殖材料。

5．珠芽繁殖法　百合在茎秆下部的叶腋处可长出珠芽，一般在夏季成熟未自然脱落前采集，与湿润的河沙混合好后，贮藏于阴凉通风处。在采收时，收集小鳞茎，按鳞茎繁殖的方法消毒小鳞茎，然后按株行间15 cm×6 cm栽种。经一年培育，一部分可达种球标准，较小者继续培养1～2年，再作种用。

6．种子繁殖法　百合能产生种子，可以用于繁殖。8—9月采收成熟果实，经后熟开裂后，除去外壳，晾干种子，储藏备用。可以秋播也可以春播。春播时间以3—4月为宜。在整好的苗床上按

10 ～ 15 cm 播种，沟深 2 ～ 3 cm，宽 5 ～ 7 cm，将种子均匀播于沟内，盖一层薄土，上面盖草保温保湿。出苗后揭去盖草，培植 3—4 年，即可挖收，大的作商品，小的作种。

（三）移栽定植

1．选地　宜选向阳、土层深厚、土质疏松、排水良好的砂质壤土种植。

2．整地　整地应深翻 25 cm 以上，每亩可施腐熟厩肥或堆肥 2000 kg，过磷酸钙 50 kg，整细耙平，作宽 100 ～ 150 cm 的高畦，畦面呈瓦背形，畦间留 30 ～ 50 cm 的作业道，开好排水沟。基肥不可与种球直接接触，防止种球腐烂。

3．移栽　百合以 9 月栽植为宜。将种茎用 50% 多菌灵 1 kg 加水 500 倍浸种 15 ～ 30 分钟，晾干后播种。在整好的畦面上，按行距 25 cm，深 10 ～ 12 cm 开横沟，将种茎顶端向上放入沟内，覆土。盖草帘防冻和保持土壤湿润，以利于地下发根生长。

（四）田间管理

1．中耕除草　出苗后至封垄前，中耕除草 3 ～ 4 次，宜浅锄，以免伤鳞茎。

2．追肥　第一次在 1 月份前后施早春肥，选晴天土壤解冻时，每亩施腐熟肥水 1500 kg，过磷酸钙 20 kg。第二次在 4 月上旬左右，每亩施人粪水或猪粪水 1500 kg。第三次在开花、打顶后适量补施速效肥，每亩施碳氨 10 kg，同时在叶面喷施 0.2% 磷酸二氢钾。

3．排水、灌溉　百合怕涝，夏季高温多雨季节以及大雨后要及时疏沟排水，以免发生病害。遇干燥天气，应及时浇水。

4．摘蕾　除留种田外，于 5—6 月现蕾时，及时剪除花蕾，使养分集中于鳞茎生长，有利增产。

（五）病虫害防治

1．病害

（1）叶斑病：危害基叶。叶片受害出现深褐色或黑色圆形病斑，严重时叶片枯死。防治方法：防涝，并保持通风透光，可减轻叶斑病发病；叶斑病发病初期，可选用可杀得、退菌特等。

（2）病毒病：为全株性病害，感染病叶片出现花、叶畸形，植株生长矮小。防治方法：可选用吗啉胍、病毒A、植病灵、病毒必克等药剂防治。

（3）立枯病：受害植株根部先枯萎，然后从植株下部到上部叶片逐渐发黄枯死。防治方法：选择排水良好的土地种植，或作高畦栽培；实行轮作，注意开沟排水，避免积水。

（4）腐烂病：受害植株叶片发紫发黄，全株很快枯死，鳞茎腐烂呈黑灰色。防治方法：开沟排水，降低土壤温度，实行轮作，高温时遮阴；发病初期用 50% 代森锰锌喷施。

2．虫害　主要有蛴螬、蚜虫、根蛆和地老虎，危害鳞茎和根。6 月下旬或 7 月中旬危害严重。蚜虫刺吸茎叶的汁液，使叶片枯黄、植株枯顶，并传染病害；根蛆（种蝇）以幼虫为害鳞茎，导致鳞茎腐烂。防治方法：施用有机肥要充分腐熟；用辛硫磷溶液浇灌根部。

【采收加工】

（一）采收

定植当年收获，选择晴天进行。9—10 月茎叶枯萎后，用镰刀割去地上部分，将鲜茎挖出，除去根须，运回加工。

（二）产地加工

洗净，剥下鳞片，按大小分级，有大、中、小瓣，厚薄黏液之分。用沸水煮 1 ～ 2 分钟至百合鳞片边缘柔软，中间夹有生心，立即捞出，摊放席上晒干。如遇雨天要用火烘干。在沸水中煮时间不宜过长也不宜过短，如时间过长，因淀粉散失而粘连，须用清水冲洗；如时间过短，瓣卷曲，晒时由白变黑。

【商品规格】

统货：干货。本品呈长椭圆形，长 2 ～ 5 cm，宽 1 ～ 2 cm，中部厚 1.3 ～ 4 mm。表面类白色、淡棕黄色或微带紫色，有数条纵直平行的白色维管束。顶端稍尖，基部较宽，边缘薄，微波状，略向内弯曲。质硬而脆，断面较平坦，角质样。气微，味微苦。以瓣匀肉厚、质硬、筋少、色白、味微苦者为佳。无杂质、虫蛀、霉变。

【贮藏运输】应存放于清洁、阴凉、干燥通风、无异味的专用仓库中，并防回潮、防虫蛀。以温度30℃以下，相对湿度70% ～ 80% 为宜。商品安全水分为10% ～ 20%。运输工具必须清洁、干燥、无异味、无污染。运输时不能与其他有毒、有害的物质混装。运输过程中应有防雨、防潮、防污染等措施。

板 蓝 根

【药用来源】为十字花科植物菘蓝 *Isatis indigotica* Fort. 的干燥根。

【性味归经】苦，寒。归心、胃经。

【功能主治】清热解毒，凉血利咽。用于瘟疫时毒，发热咽痛，温毒发斑，痄腮，烂喉丹痧，大头瘟疫，丹毒，痈肿。

【植物形态】两年生草本，茎高 40 ～ 90 cm，稍带粉霜。基生叶较大，具柄，叶片长椭圆形，茎生叶披针形，互生，无柄，先端钝尖，基部箭形，半抱茎。花序复总状；花小，黄色。短角果长圆形，扁平有翅，下垂，紫色；种子 1 枚，椭圆形，褐色。

【植物图谱】见图 9-1 ～图 9-4。

【生态环境】板蓝根适应性较强，喜光，喜肥，耐寒，怕积水。对土壤要求不严，尤以土层深厚、肥沃、疏松的砂质壤土或壤土栽培为好。我国大部分地区均可种植，野生于湿润肥沃的沟边或林缘。

【生物学特性】板蓝根种子易萌发，在 15 ～ 30℃ 条件下即可萌发，在 20℃ 左右发芽最快，发芽率最高，种子发芽及出苗期间，土壤水分以田间持水量55% ～ 65% 最佳。板蓝根根系由主根、侧根、支根、根毛等部分组成，属深根系植物。土壤深厚松软，通气良好，水、肥适宜有利于根系的生长。

图 9-1 板蓝根（大田）

图 9-2 板蓝根花

图 9-3　板蓝根原植物　　　　　　　　　　图 9-4　板蓝根种子

【栽培技术】

（一）选地、整地

1．选地　应选择地势平坦、排水良好、疏松肥沃的砂质壤土种植。板蓝根对土壤酸碱度要求不严，pH6.5 ～ 8 的土壤最为适宜。

2．整地　雨水少的地方可以选择做平畦，雨水多的地方可以选择做高畦。

（1）人工整地：5 月中下旬进行，深翻 25 cm 以上，每亩施腐熟有机肥 3000 ～ 4000 kg，深翻入土混合均匀后施入耕层做基肥，整平耙细作畦。畦宽 140 cm，畦间距宽 40 cm，畦长视实际需要而定，浇足底墒水。

（2）机械整地：使用翻转犁深耕灭茬 45 cm 以上，翻耕后用旋耕机或圆盘耙对表层土壤进行细碎和平整处理，达到地表平整，土壤细碎疏松、上实下虚，便于机械播种的要求。深耕后使用旋耕起垄施肥机，均匀施入肥料，做到全层施肥，然后立即混土 5 ～ 10 cm，达到畦面平整，耕层松软。

（二）播种

5 月中下旬，选择籽粒饱满发芽率 80% 以上的优良板蓝根种子播种，按行距 20 cm，开深 2 ～ 3 cm，宽 5 ～ 6 cm 的浅沟，每亩播种量 1.5 ～ 2 kg，将种子均匀撒入沟内，覆土 2 cm，稍加镇压，播种后保持土壤湿润。

（三）田间管理

1．中耕除草　播种后，应及时进行中耕除草，严防草荒，做到畦内无杂草。

2．间苗、定苗、补苗　板蓝根幼苗株高 4 ～ 7 cm 时，应及时间苗；苗高 8 ～ 9 cm 时，按株距 10 cm 左右定苗；对缺苗部位进行移栽补苗，要带土移栽，栽后及时浇水，以确保成活。

3．追肥　6 月上旬和 8 月上旬各追肥一次，每亩追施有机肥 1500 ～ 2000 kg，施后培土，然后浇水。

4．灌水与排水　定苗后，视植株生长情况进行浇水。如若采叶，采叶后应及时灌水。高温天气可在早晚灌水。多雨季节要及时排水，避免田间积水，引起烂根。

（四）病虫害防治

1．病害

（1）叶枯病：危害叶片，从叶尖或叶缘向内延伸，呈不规则黑褐色病斑迅速蔓延，致叶片枯死。高温多雨季节发病重。防治方法：发病前或发病初期用 68.75% 噁酮·锰锌水分散粒剂 1000 倍液或 70% 丙森锌可湿性粉剂 600 倍液喷雾，每 5 ～ 7 天喷洒一次，连续 2 ～ 3 次。

（2）霜霉病：主要危害叶片及叶柄。发病初期在叶背面产生白色和灰白色霉状物，叶片产生黄白色病斑，随着危害的发展，叶色变黄，最后呈褐色干枯，使植株死亡。防治方法：可用 10% 氟噻吡唑乙酮可分散油悬浮剂 3000 倍液，或 52.5% 噁酮·霜脲氰水分散粒剂 1500 倍液喷雾。

（3）菌核病：危害全株。从土壤中传染，基部叶片首先发病，然后向上危害茎、茎生叶、果实。发病初期呈水渍状，后期为青褐色，最后腐烂。防治方法：一是农业防治，与禾本科作物轮作；增加施用磷钾肥；雨后及时排水，降低田间湿度。二是药剂防治，发病初期，喷施 22.5% 啶氧菌酯悬浮剂 1500 倍液（严禁与乳油类农药及有机硅混用）或 40 g/L 嘧霉胺悬浮剂 1000 倍液喷雾，连用 2～3 次。

2．虫害

（1）菜粉蝶：幼虫俗称菜青虫，于 5 月起危害叶片，尤以 6 月上旬到 6 月下旬危害严重。防治方法：用 5% 氯虫苯甲酰胺 1000 倍液喷雾或 4.5% 高效氯氰菊酯乳油 1500 倍液喷雾。

（2）小菜蛾：幼虫危害叶片，将叶片吃成孔洞或缺刻，严重者仅留下叶脉。防治方法：用 5% 氯虫苯甲酰胺 1000 倍液喷雾或 4.5% 高效氯氰菊酯乳油 1500 倍液喷雾。

（3）蚜虫：成虫或若虫吸食叶片、花蕾叶液。防治方法：用 33% 氯氟·吡虫啉乳油 3000 倍液，或用 10% 吡虫啉粉剂 1500 倍液喷雾。

【留种技术】板蓝根抽薹开花时追肥一次，以磷钾肥为主。5 月下旬至 6 月上旬种子成熟，割下晒干，脱粒，清除杂质，装袋贮藏在阴凉、干燥、通风的室内备用。收过种子的板蓝根如木质化，根不能作药用。

【采收加工】

（一）采收

霜降后、地上茎叶枯萎时选晴天进行，采挖时间不宜过迟，以免影响质量和产量。由于板蓝根入土较深，采收时先在畦沟一侧挖深 50～60 cm 的深沟，然后顺沟采挖，以免挖断根部影响质量。

（二）产地加工

挖取的板蓝根，在芦头和叶子之间，用刀切开，分别晾晒干燥，拣去黄叶和杂质，摊在芦席上晒至七八成干；扎成小捆，再晾晒至全干，打包或装麻袋贮藏。

【商品规格】

（一）含量测定

按照《中华人民共和国药典》2015 年版一部测定：本品按干燥品计算，含（R，S）-告依春（C_5H_7NOS）不得少于 0.030%。

（二）商品规格

一等，干货。根呈圆柱形，头部略大，中间凹陷，边有柄痕，偶有分枝。质实而脆。表面灰黄色或淡棕色，有纵皱纹。断面外部黄白色，中心黄色。气微，味微甜后苦涩。长 17 cm 以上，芦下 2 cm，外直径 1 cm 以上。无苗茎、须根、杂质、虫蛀、霉变。

二等，干货。呈圆柱形，头部略大，中间凹陷。边有柄痕。偶有分枝。质实而脆。表面灰黄色或淡棕色，有纵皱纹。断面外部黄白色，中心黄色。气微，味微甜后苦涩。芦下直径 0.5～2 cm。无苗茎、须根、杂质、虫蛀、霉变。

【贮藏运输】置阴凉干燥处，防霉、防虫蛀。适宜温度 28℃以下，相对湿度 65%～75%。运输工具必须清洁、干燥、无异味、无污染。运输时不能与其他有毒、有害的物质混装。运输过程中应有防雨、防潮、防污染等措施。

半 夏

【药用来源】为天南星科植物半夏 *Pinellia ternata*（Thunb.）Breit. 的干燥块茎。

【性味归经】辛、温；有毒。归脾、胃、肺经。

【功能主治】燥湿化痰，降逆止呕，消痞散结。用于湿痰寒痰，咳喘痰多，痰饮眩悸，风痰眩晕，痰厥头痛，呕吐反胃，胸脘痞闷，梅核气；外治痈肿痰核。

【植物形态】多年生草本，别名三叶半夏、半月莲、三步跳、麻芋头等，株高 15 ～ 30 cm。块茎圆球形，直径 1 ～ 2 cm，具须根。叶 2 ～ 5 枚基生，有时 1 枚。叶柄长 15 ～ 20 cm，基部具鞘，鞘内或叶柄顶头具直径 3 ～ 5 mm 的珠芽，珠芽在母株上或落地后萌发。幼苗为全缘单叶，叶片卵状心形或戟形，长 2 ～ 3 cm，宽 2 ～ 2.5 cm；老株叶片 3 全裂，裂片绿色，长圆状椭圆形或披针形，两头锐尖，中裂片长 3 ～ 10 cm，宽 1 ～ 3 cm；侧裂片稍短；全缘或具不明显的浅波状圆齿，侧脉 8 ～ 10 对，细脉网状，集合脉 2 圈。花絮柄长 25 ～ 35 cm，较叶柄长。肉穗花絮，佛焰苞绿色或绿白色，管部狭圆柱形，长 1.5 ～ 2 cm；檐部长圆形，绿色，边缘有时青紫色，长 4 ～ 5 cm，宽 1.5 cm，钝或锐尖；雌花序长 2 cm，雄花序长 5 ～ 7 mm，其中间隔 3 mm；附属器绿色变青紫色，长 6 ～ 10 cm，直立或 "S" 形弯曲，花期 5—7 月。半夏的浆果卵圆形，8 月成熟时呈红色，果内有 1 粒种子。

【植物图谱】见图 10-1 ～图 10-4。

图 10-1 半夏原植物

图 10-2 半夏（大田）

图 10-3 半夏叶（野生）

图 10-4 半夏种块

【生态环境】繁殖力强，喜温暖、湿润气候，能耐寒，怕干旱，忌高温。对光照较敏感，强光照或过度荫蔽均会影响其生长。对土壤要求不严，除盐碱土、砾土、过沙、过黏以及易积水之地不宜种植外，其他土壤均可，但以湿润、肥沃和保水保肥力较强、酸碱度为中性的通气良好土壤较好。人工栽培选海拔1600 m以下低山、丘陵地区，半阴半阳坡土，在房前屋后、山野溪边、林下都可，以含水量为20%～40%，pH 6～7的油沙土、潮河土、夹沙土等质地的疏松土壤为好，前茬以豆科和玉米为宜。

【生物学特性】一般于8～10℃萌动生长，13℃开始出苗，随着温度升高出苗加快，并出现珠芽，15～26℃最适宜半夏生长，高于26℃或低于13℃，即发生倒苗。地下块茎耐寒能力强，0℃以下在地里能正常越冬，且不影响第二年发芽能力。

【栽培技术】

（一）选地、整地

1．选地　半夏在长期野生生态环境条件下，形成了喜温、喜湿润气候和荫蔽环境，怕高温、干旱和强光照射，能耐寒的特性。因此，半夏种植地应选在靠近水源、背阳的梯田地或缓坡地种植。要求土壤疏松、肥沃、排水良好。前茬以种植玉米或油菜为好。

2．整地　选好地后，结合秋耕翻整地，每亩施入腐熟鸡粪或其他优质农家肥2000 kg、过磷酸钙50 kg或磷酸二铵15 kg。于播前整地做畦，畦宽1.2 m，畦长按地形确定，畦埂高20 cm，一般将栽培畦整为并列的两行，并在畦宽埂侧做一条宽40 cm的灌水沟。

（二）繁殖方式

分为块茎繁殖、珠芽繁殖、种子繁殖，但种子和珠芽繁殖当年不能收获，用块茎繁殖当年能收获。

1．块茎繁殖　挖当年生的小块茎用湿沙土混拌存放在阴凉处进行繁殖。栽植时间分为春秋两季。春季3月，栽前浇透水，块茎用5%草木灰液或50%多菌灵1000倍液或0.005%高锰酸钾液或食醋300倍液浸泡块茎2～4小时，晾干后将块茎按大小分别栽植，行距16～20 cm，株距6～10 cm，穴深5 cm，每穴栽2块，覆土3～5 cm，每公顷（1万平方米）需块茎750 kg左右，大的块茎300 kg左右。

2．珠芽繁殖　夏秋间利用叶柄下珠芽栽培，行距10～16 cm，株距6～10 cm，开穴，每穴放珠芽3～5个，覆土1.6 cm。

3．种子繁殖　此法由于种苗不足或育种时采用，从秋季开花后十余天佛焰苞枯萎采收成熟的种子，放在湿沙中贮存，备播种，分春秋二季播种，春天在做好的畦上按行距10～13 cm开沟，将种子均匀撒入沟内，覆土10～13 cm，并盖稻草保墒，当苗高10 cm时定植。此外也有一种很粗放的繁殖方法，半夏繁殖力很强，种过的地上每年连绵不断地有半夏生长，所以不必另播种，加以管理，即可收获，但产量低。

（三）田间管理

1．浇水　半夏喜湿润，无论哪种方法播种前必须浇水，在生长期天气热，需要经常浇水，土壤中不可缺水，如果遇到干旱，引起苗子枯萎倒伏。有了水分条件再长新芽影响产量，但不能有积水，否则烂根。

2．追肥培土　6、7月在第一代、二代珠芽形成期，当50%叶柄下部内侧珠芽形成时，每次每亩撒施腐熟的干粪粉500～1000 kg，并浇施稀粪水，然后在畦沟制备细土（过炭筛）给半夏培土2～3 cm，直到珠芽盖严。一般需追肥培土2～3次，生长期要经常松土除草。

3．盖糠保墒　一般在小满前后，追肥浇水培土后，在畦面上均匀撒盖一层麦糠（谷壳、菜籽壳等），可保墒、降温、防板结，防止过早倒苗。

4．摘蕾　半夏花蕾生长要耗去大量自身营养，除作种子外，一般应在刚出现花蕾时就及时剪摘，促使块茎生长肥大，可提高产量。

（四）病虫害防治

1. 叶斑病 在叶上长紫褐色小斑。防治方法：发病前和初期，喷 1：1：120 波尔多液或 60% 代森锌 500 倍液，每 7 ～ 10 天一次，连续 2 ～ 5 次。

2. 红天蛾 7、8 月幼虫把叶子咬成缺刻。防治方法：幼龄期喷 90% 美曲膦酯 800 倍液，或人工捕捉。

【留种技术】9、10 月结合采收，挖取地下块茎。选横径 0.5 ～ 1.5 cm，健壮、无病虫害的中、小块茎做种。秋季播种的，随选随播；春季播种的，将其拌以干湿适中的细沙土，贮藏于通风阴凉处。

【采收加工】

（一）采收

半夏一般年收两季，但从节本增效考虑，最好是头年冬季栽播的和当年播的半夏，在寒露至霜降前选晴天采收，一年只收一季为宜。采收过早，块茎小、质地嫩，产量低；过晚，块茎内表皮粗老花麻，形成油子。当秋季平均气温低于 13℃，地上部枯萎后，适时采收为好。采收时要选晴天小心挖捡半夏块茎，防止损伤。用块茎和珠茎繁殖，在当年或第二年采收，种子需 3 ～ 4 年才采收，用三齿或二齿耙挖畦土，收块茎，大的作药用，小的作繁殖材料。

（二）产地加工

将新鲜半夏洗净泥沙，作药用的在内堆放 10 ～ 12 cm "发汗"，按大、中、小分档装入麻袋或化纤编织袋内，每袋装 2/3，扎紧口袋放在水泥池内，灌入冷水，水面淹没盛药袋的一半，穿上高筒水靴连续踩 25 分钟左右，并注意翻袋，至此袋内鲜半夏已全部脱皮。放在清水中洗去皮，捞出半夏，使块茎洁白，晾干表皮水，放在阳光下暴晒，不断翻动晒干。每公顷可产干货 3750 kg 左右。切记生半夏有毒，不可内服，必须经炮制后才能服用。烘干：用无烟火烘干，温度 35 ～ 60℃，不时翻动，力求干燥均匀。夏、秋二季采挖，洗净，除去外皮和须根，晒干。

【商品规格】

（一）含量测定

按照《中华人民共和国药典》2015 年版一部测定：本品按干燥品计算，含总酸以琥珀酸（$C_4H_6O_4$）计，不得少于 0.25%。

（二）商品规格

一般按大小分为 1 ～ 3 等级统装。其规格等级标准：

一等：干货。呈圆球形、半圆球形或偏斜不等，去净外皮。表面白色或浅黄白色，上端圆平，中心凹陷（茎痕），周围有棕色点状根痕，下面钝圆，较平滑。质坚实。断面洁白或白色，粉质细腻。气微，味辛，麻舌而刺喉。每千克 800 粒以内，无包壳、杂质、虫蛀、霉变。

二等：干货。每千克 1200 粒以内，余同一等。

三等：干货。每千克 3000 粒以内，余同一等。

统货：干货。略呈椭圆形、圆锥形或半圆形，大小不分，去净外皮。表面类白色或淡黄色，略有皱纹，并有多数隐约可见的细小根痕。上端有突起的叶痕或芽痕。有的下端略尖，质坚实。断面白色。粉性。气微，味辣、麻舌而刺喉。颗粒直径不得小于 0.5 cm。

另外，出口半夏，以颗粒大小分为五级：

特级：每千克 800 粒以下；

甲级：每千克 900 ～ 1000 粒；

乙级：每千克 1700 ～ 1800 粒；

丙级：每千克 2300 ~ 2800 粒；

珍珠级：每千克 3000 粒以上。

【贮藏运输】应置于通风干燥处储藏，严防受潮、霉变、虫蛀。运输工具必须清洁、干燥、无异味、无污染。运输时不能与其他有毒、有害的物质混装。运输过程中应有防雨、防潮、防污染等措施。

北 苍 术

【药用来源】为菊科多年生草本植物北苍术 *Atractylodes chinensis*（DC.）Koid. 的干燥根。

【性味归经】辛、苦。归脾、胃、肝经。

【功能主治】燥湿健脾，祛风散寒，明目，辟秽。用于脘腹胀痛，泄泻，水肿，风湿痹痛，脚气痿躄，风寒感冒，夜盲，眼目昏涩。

【植物形态】多年生草本植物，根状茎肥大，呈疙瘩状，外皮棕黑色。主茎直立，株高 30 ~ 80 cm，茎单一或上部稍分枝。叶互生，叶片较宽，椭圆形或长椭圆形，边缘有不连续的刺状芽齿，一般羽状 5 深裂，叶革质，平滑。头状花序生于茎梢顶部，花白色管状。长圆形瘦果，密生银白色柔毛。花期 7—8 月，果期 8—10 月。

【植物图谱】见图 11-1 ~ 图 11-8。

图 11-1 北苍术一年生苗

图 11-2 北苍术一年生苗全株

图 11-3　北苍术大田图

图 11-4　北苍术山地果药间作

图 11-5　北苍术花

图 11-6　北苍术根（干燥药材）

图 11-7　北苍术断面（示朱砂点）

图 11-8　北苍术种子

【生态环境】北苍术生长于海拔 300 ~ 1000 m 的阴坡或半阴坡的疏林边缘、山坡岩石附近、灌木丛中或草丛中。喜凉爽、温和、昼夜温差较大、阳光充足较干燥的气候，耐寒性强，怕高温高湿，最适宜生长温度为 15 ~ 22℃。忌水浸，水浸后根易腐烂，易发病，因此不适宜低洼地种植。

【生物学特性】北苍术果实为瘦果，果皮和种皮不易分离，生产上播种用的种子是植物学意义上的果实。千粒重 ≥ 10.0 g。种子萌发最低温度为 10 ~ 12℃，最适宜温度 15 ~ 18℃。属于低温萌发植物。北苍术种子通常在 2 月中旬至 3 月上旬萌发，3 月中旬至 4 月上旬破土出苗，随后进入营养生长期。一年生植株不抽薹开花，个别抽薹开花的 8 月孕蕾，11 月中旬至次年 3 月中旬休眠。第二年于 3 月中旬至 4 月上旬出苗，4 月中旬至 6 月中旬为营养生长期，6 月下旬至 8 月中旬孕蕾，7 月中旬至 9 月上旬开花，9 月中旬至 11 月上旬结果，然后地上部分枯萎，进入休眠期。

【栽培技术】

（一）选地、整地

1．选地　选择土层深厚疏松、排水良好、盐碱度低的，半阴半阳砂质壤土为宜。

2．整地

（1）人工整地：4 月上中旬进行，深翻 30 cm 以上，每亩施腐熟有机肥 3000 ~ 4000 kg，深翻入土混合均匀后施入耕层做基肥。整平耙细，起垄做畦。畦高 15 ~ 25 cm，畦宽 140 cm，畦间距 40 cm 宽，畦长视实际需要而定，浇足底墒水。

（2）机械整地：使用翻转犁深耕灭茬 45 cm 以上，翻耕后用旋耕机或圆盘耙对表层土壤进行细碎和平整处理，达到地表平整、土壤细碎疏松、上实下虚，便于机械播种的要求。深耕后使用旋耕起垄施肥机，均匀施入肥料，做到全层施肥，然后立即混土 5 ~ 10 cm。整成 140 cm 的宽畦，畦高 25 cm，垄间距 40 cm，畦面平整，耕层松软。

（二）播种

春季播种在 4 月中下旬，当地温稳定在 10℃以上应及时播种。条播，在整好的畦面上开沟，行距 15 ~ 20 cm，开深 0.5 ~ 1 cm、幅宽 7 ~ 9 cm 的浅沟，每亩播种量 5 ~ 6 kg，将种子均匀撒入沟内，覆土 0.5 ~ 1 cm，稍加镇压。播种后保持土壤湿润。

（三）种栽

种子育苗的生长 2 年的小根茎带须根直接移栽。采挖的野生苍术或人工栽培的北苍术大块根茎，将块根连根挖出，抖掉泥土，将根茎切成长 5 cm 左右，带 2 ~ 3 个芽的小段，蘸草木灰消毒后，移栽大田。行距 30 cm，株距 15 cm。栽种深度 15 ～ 17 cm。种栽每亩用量 100 ～ 250 kg。

（四）田间管理

1．中耕除草　播种或移栽后，应及时进行中耕除草，严防草荒，做到畦内无杂草；移栽田待苗萌发出土后，要进行浅锄除草；当植株长到 40 cm 以上时，中耕略深些，保持土壤良好的通透性。

2．间苗、定苗、补苗　直播田或移栽田，出苗后适当进行疏苗，苗齐后定苗。

3．追肥　第 1 次中耕后每亩施入 1000 kg 有机肥，施后浇水，促幼苗生长；第 2 ～ 3 次中耕时，可根据长势追施有机肥 2000 ～ 3000 kg，随后浇水，保持土壤湿润。

4．灌水与排水　田间遇严重干旱时应及时浇水，在雨水多发生洪涝时，要及时除涝排洪，严防积水烂根。

5．摘除花蕾　非留种田，以生产根药为主，一般第 2 年或第 3 年现蕾时，适当摘除部分花蕾，共摘 3 次。

6．越冬田管理　秋季，北苍术地上部分干枯，应及时割除，并清除枯枝落叶。同时，进行培土，使畦高保持在 20 cm 以上。

（五）病虫害防治

1．病害

（1）根腐病：5 月上旬开始发病，6—8 月发病严重。发病初期，须根变成褐色干枯，后逐渐蔓延至根茎、主茎，使整个茎秆变成褐色，后期枯死。防治方法：一是农业防治：轮作；选用无病菌种栽。二是药剂防治：移栽前用 3% 甲霜·噁霉灵水剂 1000 倍液沾根消毒。发病初期用 15% 噁霉灵水剂 750倍液或 3% 甲霜·噁霉灵水剂 1000 倍液喷淋根茎部，每 7 ～ 10 天喷药 1 次，连用 2 ～ 3 次；或用 50%托布津 1000 倍液浇灌病株。

（2）黑斑病：5 月中旬开始发病，7—8 月为发病高峰期。主要危害叶片。发病初期由茎基部叶片开始，逐渐向上蔓延，病斑圆形或不规则形，两面均生黑色霉层，多由叶尖或叶缘扩展至整个叶片而且病斑连片，灰褐色，叶片枯落。防治方法：一是选用无病菌种栽；冬季清园，病枝枯叶集中烧毁。二是药剂防治，发病前或发病初期用 68.75% 噁酮·锰锌水分散粒剂 1000 倍液或 70% 丙森锌可湿性粉剂600 倍液喷雾，每 5 ～ 7 天喷洒一次，连续 2 ～ 3 次。

2．虫害　主要为蚜虫，危害叶片，主要是成虫和若虫食吸茎叶汁液。防治方法：用 33% 氯氟·吡虫啉乳油 3000 倍液，或用 10% 吡虫啉粉剂 1500 倍液喷雾。

【留种技术】留种田的北苍术，第一年和第二年基本不开花结实，三年以上为开花结实期，开花前增施一次磷肥。植株枯萎前后，割去植株，或单独采收花头与种子，于晒场晾干、脱粒净选，并放阴凉通风干燥处备用。

【采收加工】

（一）采收

种子直播田生长 4 年，移栽田生长 3 年采挖根部为宜。收获时间在 10 月下旬至 11 月下旬。

（二）加工

北苍术随挖随抖掉泥沙，晒至 4 ～ 5 成干时，撞掉须根，再晒至 7 ～ 8 成干时，第二次撞掉须根和表皮，然后晒至全干，再进行第三次撞击，直至表皮呈黄褐色即可。

【商品规格】

（一）含量测定

按照《中华人民共和国药典》2015 年版一部测定：本品按干燥品计算，含苍术素（$C_{13}H_{10}O$）不得少于 0.30%。

（二）商品规格

统货，干货。呈不规则的疙瘩状或结节状。表面棕黑色或棕褐色。质较疏松。断面黄白色或灰白色，散有棕黄色朱砂点。气香。味微甜而辛。中部直径 1 cm 以上。无须根、杂质、虫蛀、霉变。

【贮藏运输】应存放于清洁、无异味、通风、干燥的场所或药材专用仓库内。夏季高温应注意防潮、防霉变、防虫蛀。运输工具必须清洁、干燥、无异味、无污染。运输时不能与其他有毒、有害的物质混装。运输过程中应有防雨、防潮、防污染等措施。

北 豆 根

【药用来源】为防己科植物蝙蝠葛 *Menispermum dauricum* DC. 的干燥根茎。

【性味归经】苦，寒；有小毒。归肺、胃、大肠经。

【功能主治】清热解毒，祛风止痛。用于咽喉肿痛，热毒泻痢，风湿痹痛。

【植物形态】缠绕落叶木质藤本。小枝有细纵条纹。叶互生，圆形、肾形或卵圆形，先端尖，基部浅心形或近于截形，边缘近全缘或 3 ~ 7 浅裂，掌状脉 5 ~ 7；叶柄盾状着生。花小，单性异株，花序短圆锥状；雄花萼片 6，花瓣 6 ~ 9，黄绿色，较萼片小；雄蕊 10 ~ 20，花药球形；雌花心皮 3。果实核果状，熟时紫黑色。花期 6—7 月，果期 7—8 月。

【植物图谱】见图 12-1 ～图 12-3。

图 12-1　北豆根原植物——蝙蝠葛生境

图 12-2　蝙蝠葛的叶

图 12-3　蝙蝠葛的根——北豆根

【生态环境】蝙蝠葛为多年生缠绕藤本，常生于山坡林缘、灌丛中、田边、路旁及石砾滩地，或攀援于岩石上。

【生物学特性】喜温暖、凉爽的环境，25 ～ 30℃最适宜生长。不耐寒，绝对低温 5℃时生长停滞。一般土壤均能种植，忌积水。

【栽培技术】

（一）繁殖材料

1．种子处理　10 月下旬至 11 月上旬高温 15 ～ 16℃处理 15 天，11 月上旬至下一年 2 月上旬低温 8 ～ 10℃处理 90 天，2 月上旬至 3 月下旬 0℃窖藏处理 55 天。播前将处理好的种子放入 50℃温水浸种 2 天。

2．根状茎（芦头）处理　选择根状茎（芦头）做繁殖材料时剪成长 6 ～ 10 cm 的根段，并做到随采挖随移栽，不能及时移栽或秋采挖春移栽的根状茎（芦头），进行假植、埋藏；埋藏选高燥处挖 40 cm 的深坑，将坑的一端做成斜坡，然后摆放一行根状茎覆一层细土，一直把坑摆满埋严为止，起挖时从摆放的最后一层开始，扒开土层取出根状茎（芦头）即可移栽。

（二）选地、整地

1．选地　选择土层深厚、土质疏松、富含有机质，透水透气良好并靠近水源或有灌溉条件的沙壤土或轻壤土为宜，土壤 pH 为 5.5 ～ 7.5。

2．整地

（1）人工整地：选定种植后，深翻土壤 25 cm 以上，每亩施入充分腐熟的厩肥或绿肥 1500 ～ 2000 kg、磷酸二铵 10 kg 做基肥，整平耙细，起垄做畦。一般畦高 15 ～ 25 cm，畦宽 120 cm，畦间留沟 40 cm 宽。四周开好排水沟，以利于排水。

（2）机械整地：使用翻转犁深耕灭茬 45 cm 以上，翻耕后用旋耕机或圆盘耙对表层土壤进行细碎和平整处理，达到地表平整、土壤细碎疏松、上实下虚，便于机械播种的要求。深耕后使用旋耕起垄施肥机，均匀施入肥料，做到全层施肥，然后立即混土 5 ～ 10 cm。整成 140 cm 的宽畦，畦高 25 cm，垄间距 40 cm，畦面平整，耕层松软。

（三）播种

1．播种育苗　4 月上旬播种，每亩用种子 3.5 ～ 4 kg，根状茎（芦头）40 ～ 45 kg。在畦两侧各留出 15 cm，然后顺畦开沟，种子繁殖沟深 5 ～ 6 cm，根状茎（芦头）繁殖沟深 8 cm，沟间行距为

30 cm，每畦开 4 行沟，将沟底整平，将种子或剪好的根状茎顺沟摆放（芦头应斜插入土）均匀，种子繁殖覆土 1 ～ 2 cm，根状茎（芦头）繁殖覆土 4 ～ 5 cm。采用根状茎繁殖时每个沟摆放根状茎或芦头 2 ～ 3 排。全部摆放完毕后，用耙子横畦将沟搂平并稍加镇压。

2．移栽　种子育苗生长或根状茎（芦头）扦插繁殖 1 年便可起收移栽。秋栽、春栽均可。秋栽于土壤结冻前完成，春栽于土壤解冻后更新芽萌动前进行。起苗时注意不要弄断根茎和碰破表皮。起苗后畦作按行距 30 cm、株距 10 ～ 15 cm 移栽；垄作按行距 30 cm、株距 10 ～ 15 cm 移栽，移栽时将主根展开，根状茎沿沟顺放，覆土 5 cm，镇压。若土壤干旱，栽后应浇 1 次透水。

（四）田间管理

1．覆盖保湿　用稻草或落叶松树叶长期覆盖，能保持畦面土壤湿润和防止杂草丛生。

2．中耕、除草　小苗出齐后进行第 1 次除草，发现土壤板结，结合除草在行间进行浅松土。以后做到见草即除，土壤板结即松。

3．间苗、定苗　当小苗长至 5 ～ 7 cm 高时，间除过密的弱苗和病苗。小苗长至 8 ～ 10 cm 高时进行定苗，育苗田按株距 5 ～ 10 cm 定苗。

4．搭架领蔓　1 年生苗可根据长势决定是否搭架。如土壤瘠薄、株高长至 40 ～ 50 cm 即不再生长，可不搭架，若土壤肥沃，小苗能生长到 1 m 以上，可在小苗长至 40 ～ 50 cm 高时搭架，架材用竹竿、架条均可，搭好架后要人工辅助领蔓，将茎蔓按自然缠绕方向缠绕在架柱上。

5．种植遮阳作物　4 月下旬或 5 月上旬在育苗田畦旁种植一行玉米，东西方向畦种在畦的南侧，南北方向畦种在畦的西侧，进行遮阴。

6．摘蕾打顶　除留种田，当茎蔓生长至 1.5 ～ 2 m 高时，应将顶生茎蔓剪掉或打掉，并摘除花蕾，摘蕾打顶宜早不宜迟。

7．追肥　在一次性施足底肥基础上，每年在 6 ～ 8 月，喷施 0.3% ～ 0.4% 尿素溶液加 1% 硫酸钾溶液或 0.3% 磷酸二氢钾溶液，每隔 10 ～ 15 天喷 1 次，连续喷 3 ～ 4 次。

（五）病虫害防治

1．病害　主要为白粉病。防治方法：50% 硫悬浮剂 500 ～ 800 倍液、45% 石硫合剂结晶 300 倍液、50% 退菌特可湿性粉剂 800 倍液、75% 百菌清 500 倍液、70% 代森锰锌 400 倍液。病害盛发时，可喷 15% 粉锈宁 1000 倍液。

2．虫害

（1）斜纹夜蛾：3 龄前为点片发生阶段，可结合田间管理，进行挑治，不必全田喷药。4 龄后夜出活动，因此施药应在傍晚前后进行。药剂可选 10% 吡虫啉可湿性粉剂 2500 倍液、5% 来福灵乳油 2000 倍液、2.5% 灭幼脲或 25% 马拉硫磷 1000 倍液交替喷施。

（2）象甲药液浸根：利用根状茎繁殖前用 20% 三唑磷乳剂，或 50% 硫磷乳剂，或 50% 杀螟松乳剂 500 倍液中浸泡 1 分钟后，立即取出晾干扦插，有较好的保苗效果。成虫防治：成虫发生时可选用 40% 速扑杀乳油 1500 倍液，或 40% 新农宝乳油 800 倍液，或 52.5% 农地乐乳油 1000 倍液，或 2.5% 敌杀死乳油 3000 倍液叶面喷施。

【留种技术】9 月上、中旬，北豆根果实由绿变为黑紫色时，种子已经成熟。将种子采收后洗去果皮和果肉阴干，去掉秕粒和杂质，保存备用。

【采收加工】种子育苗移栽或根状茎（芦头）繁殖生长 2 年便可采收。采收时间为地上部开始枯萎，土壤干湿度适宜，选晴天沿畦或垄的一端将根茎挖出。采收后的根状茎抖净泥土，除去茎、叶及须根，洗净，切片晒干即可。

【商品规格】根茎细圆柱形，略弯曲，有分枝，长 30 ～ 50 cm，直径 3 ～ 8 mm。表面棕黄色至棕褐色，有纵皱纹、细长须根或突起的须根痕，外皮极易脱落。质韧，不易折断，折断面不整齐，纤维性，木部淡黄色，中心有髓。气微，味苦。以条粗、外皮棕黄色、断面浅黄色者为佳。

【贮藏运输】应置于通风干燥处储藏，严防受潮、霉变、虫蛀。运输工具必须清洁、干燥、无异味、无污染。运输时不能与其他有毒、有害的物质混装。运输过程中应有防雨、防潮、防污染等措施。

北 沙 参

【药用来源】为伞形科植物珊瑚菜 *Glehnia littoralis* Fr. Schmidt ex Miq. 的干燥根。

【性味归经】甘、微苦，微寒。归肺、胃经。

【功能主治】养阴清肺，益胃生津。用于肺热燥咳，劳嗽痰血，胃阴不足，热病津伤，咽干口渴。

【植物形态】多年生草本，高 10 ～ 35 cm。主根细长圆柱形。茎大部埋在沙中，一部分露出地面。叶基出，互生；叶柄长，基部鞘状；叶片卵圆形，3 出式分裂至 2 回羽状分裂，最后裂片圆卵形，先端圆或渐尖，基部截形，边缘刺刻，质厚。复伞形花序顶生，具粗毛，伞梗 10 ～ 20 条，长 1 ～ 2 cm；无总苞，小总苞由数个线状披针形的小苞片组成；花白色，每 1 小伞形花序有花 15 ～ 20 朵；花萼 5 齿裂，狭三角状披针形，疏生粗毛；花瓣 5，卵状披针形；雄蕊 5，与花瓣互生；子房下位，花柱基部扁圆锥形。果实近圆球形，具绒毛，果棱有翅。花期 5—7 月，果期 6—8 月。

【植物图谱】见图 13-1 ～图 13-4。

图 13-1　北沙参原植物

图 13-2　北沙参（大田）

图 13-3　北沙参个体

图 13-4　北沙参花

【生态环境】喜阳光充足、温暖、湿润的气候，能耐寒、耐干旱、耐盐碱，但忌水涝、忌连作。适宜北沙参生长的生态地理范围较广，北至辽宁，南至广东。气候条件差异大，年均气温 8 ~ 24℃，> 0℃积温 4000 ~ 9000℃，无霜期 150 天以上，最冷月平均气温 10℃以上，最热月平均气温 25℃以上，年降水量 600 ~ 2000 mm。

【生物学特性】北沙参原野生长于山坡草丛中，两年生草本植物，对土壤的要求不严，以耕层深厚的沙壤土、壤土为佳。北沙参喜光，忌积水，生长适宜温度为 18 ~ 22℃，越冬期耐寒能力强。幼苗期一般 30 天左右；根茎生长期 90 ~ 100 天，要求有适宜的生长环境，如土壤板结，没有很好的整地易形成畸形根；越冬休眠期长达 150 ~ 180 天，越冬前保持土壤有充足的水分，做好田间管理。在次年 4 月下旬进入返青期，满足返青期植株生长发育对养分、水分、温度等条件的需要是形成健壮植株的关键。种子有胚后成熟休眠，经 0 ~ 5℃低温处理 120 天，发芽率达 95% 以上。

【栽培技术】

（一）选地、整地

1．选地　选择土质疏松、肥沃，向阳，排水良好的砂质壤土。

2．整地　根据地块条件可以做高畦或平畦。

（1）人工整地：4 月上中旬进行，深翻 25 cm 以上，每亩施腐熟有机肥 3000 ~ 4000 kg，深翻入土混合均匀后施入耕层做基肥，整平耙细作畦。畦宽 140 cm，畦间距 40 cm 宽，畦长视实际需要而定，浇足底墒水。

（2）机械整地：使用翻转犁深耕灭茬 45 cm 以上，翻耕后用旋耕机或圆盘耙对表层土壤进行细碎和平整处理，达到地表平整、土壤细碎疏松、上实下虚，便于机械播种的要求。深耕后使用旋耕起垄施肥机，均匀施入肥料，做到全层施肥，然后立即混土 5 ~ 10 cm。整成 140 cm 的宽畦，畦高 25 cm，垄间距 40 cm，畦面平整，耕层松软。

（二）种子处理

冬播采用当年采收的成熟种子。播种前搓去果翅，放入清水中浸泡 1 ~ 2 小时后，捞起稍晾，堆起来，每天翻动一次，水分不足的应适当喷水，直至种仁润透为止。春播应于入冬前将鲜种子埋藏于室外土中或挂于井中水面以上，使之经过低温处理以利于发芽出苗；如果是干种子，应放入 25℃的温水中浸泡 4 小时，捞起晾后，与湿沙混合，放入木箱内冷冻，于春天解冻后取出播种。

（三）播种

有窄幅条播、宽幅条播和撒播。大面积栽培多采用宽幅条播。

（1）窄幅条播：按行距 10 ~ 15 cm，横向开播种沟，沟深 4 cm 左右，播幅宽 6 cm 左右，沟底要平。将种子均匀撒入沟中，粒距 3 ~ 4 cm，然后开第二条播种沟，将土覆盖第一沟种子，覆土后用脚顺沟踩一遍。如此开第一沟，播种一沟循环往复。

（2）宽幅条播：按行距 22 ~ 25 cm，横畦开播种沟，沟深 4 cm 左右，播幅宽 13 ~ 17 cm。播种、覆土、粒距等与窄幅条播要求相同。

（3）撒播：将畦中间的细土向两边刨开，深 3 cm 左右；然后将种子均匀地撒于畦面，再用细土覆盖种子，并推平畦面，稍加镇压即可。

（四）田间管理

1．除草　早春解冻后，若地板结，要用铁耙松土，保墒。由于北沙参是密植作物，行距小，茎叶嫩，易断，故出苗后不宜用锄中耕，但必须随时除草。

2．间苗及定苗　待小苗具 2 ~ 3 片真叶时，按株距 3 cm 左右成三角间苗。苗高 10 cm 时定苗，株距 6 ~ 10 cm。

3．灌溉排水　生长前期易遇干旱，可酌情适当浇水，保持土壤湿润。生长后期及雨季积水应注意排水。

4．追肥　在基肥充足的情况下，一般不进行追肥。当幼苗发育不良时，可适施催苗肥，以氮肥为主，配合施用磷肥、钾肥。生长期追肥对药材产量的提高有促进作用，施用生物肥料有助于保证药材的质量。

5．摘蕾　非留种田，应及时摘除花蕾。

（五）病虫害防治

1．病害

（1）根瘤线虫病：一般在 5 月发生，多发生于连作或上年为花生的地块。主根成畸形，地上叶枯萎，影响植株生长，严重时能大片死亡。防治方法：忌连作，宜与禾本科植物轮作；可用线虫必克在播种或移栽前做土壤处理，每亩用 0.5 ~ 1 kg 拌土做墒面撒施；发病初期可用 1% 硫酸亚铁对病穴消毒。

（2）锈病：常发生于"立秋"前后，在茎叶上产生褐色的病斑，后期病斑表面破裂。严重时使叶片或植株早期枯死。防治方法：收获后要清园，处理残体；发病初期喷敌锈钠 200 ~ 300 倍液（加 0.2% 洗衣粉），每隔 7 ~ 10 天喷 1 次，共喷 2 ~ 3 次或用 0.2 ~ 0.3 波美度石硫合剂喷洒，即可控制危害。

2．虫害

（1）大灰象甲：成虫常于 3 月底陆续出土，先危害麦苗，4 月开始大量迁移到北沙参地为害，首先危害未出土的嫩芽，接着危害出土的幼苗子叶，造成严重缺苗断垄。防治方法：在早春开冻时，在参田地边种白芥子，可引诱大灰象甲吃白芥子，减轻参苗危害，又可收获部分白芥子；在清晨或傍晚进行人工捕杀，该虫常躲在被害苗根际土缝内，翻开土块，即可大量捕杀成虫；每亩用 5 ~ 8 kg 鲜萝卜条或其他鲜菜加 90% 美曲膦酯 100 g，用少量水拌匀作成毒饵，于傍晚撒于地面诱杀。此法同时还能消灭金龟子、网目拟地甲等多种害虫。

（2）钻心虫：每年可发生 4 ～ 5 代，以蛹在土表结茧越冬。从 5 月中旬至 10 月上旬各代幼虫危害较重。幼虫钻入北沙参叶、茎、根、花蕾中为害，使根、茎中空，花不结籽。7—8 月三、四代成虫发生。防治方法：在卵期及幼虫未钻入参株前，用 90% 美曲膦酯 500 倍液喷雾。如幼虫已钻入根茎部，可用 90% 美曲膦酯 500 倍液，浇灌根部，杀死里面幼虫。7—8 月选无大风天晚上，用小煤油灯或其他灯光诱杀成虫。

（3）蚜虫：以成虫、若虫吸吮茎叶汁液危害植株并传播病毒病。常在 5 月上旬开始为害。被害叶片皱缩，并有腥臭味，严重影响产量和质量。防治方法：用 33% 氯氟·吡虫啉乳油 3000 倍液，或用 10% 吡虫啉粉剂 1500 倍液喷雾。特别注意喷洒叶片的背面。

【留种技术】留种田，一般 7 月开始成熟，果实呈黄褐色，要随熟随采，除去杂质后将种子贮存或秋季播种。

【采收加工】

（一）采收

一年参于第 2 年"白露"到"秋分"参叶微黄时采收，称"秋参"。两年参于第 3 年"入伏"前后采收，称"春参"。采收应选晴天进行，在参田一端刨 60 cm 左右深的沟，稍露根部，然后边挖边拔根，边去茎叶。起挖时要防止折断参根，降低品质。并随时用麻袋或湿土盖好，保持水分，以利剥皮。

（二）产地加工

将参根洗净泥土，按粗细长短分级，用绳扎成 2 ～ 2.5 kg 小捆，放入开水中煮沸。其方法：握住芦头一端，先把参尾放入开水中煮沸几秒钟，再将全捆散开放入锅内煮，不断翻动，煮 2 ～ 4 分钟，以能剥下外皮为度，捞出，摊晾，趁湿剥去外皮，晒干或烘干，通称"毛参"。供出口的"净参"，是选一级"毛参"，再放入笼屉内蒸一遍，蒸后趁热把参条搓成圆棍状，搓后用小刀刮去参条上的小疙瘩及不平滑的地方，晒干，用红线捆成小把即成。

【商品规格】

一等：干货。呈细长条圆柱形，去净栓皮。表面黄白色。质坚而脆。断面皮部淡黄白色，有黄色木质心。微有香气，味微甘。条长 34 cm 以上，上中部直径 0.3 ～ 0.6 cm。无芦头、细尾须、油条、杂质、虫蛀、霉变。

二等：干货。呈细长条圆柱形，去净栓皮。表面黄白色。质坚而脆。断面皮部淡黄白色，有黄色木质心。微有香气，味微甘。条长 23 cm 以上，上中部直径 0.3 ～ 0.6 cm。无芦头、细尾须、油条、杂质、虫蛀、霉变。

三等：干货。呈细长条圆柱形，去净栓皮。表面黄白色。质坚而脆。断面皮部淡黄白色，有黄色木质心。微有香气，味微甘。条长 22 cm 以下，粗细不分，间有破碎。无芦头、细尾须、杂质、虫蛀、霉变。

【贮藏运输】应储存于阴凉干燥处，温度不超过 28℃，相对湿度 65% ～ 75%，商品安全水分含量 8% ～ 10%。运输工具必须清洁、干燥、无异味、无污染。运输时不能与其他有毒、有害的物质混装。运输过程中应有防雨、防潮、防污染等措施。

薄 荷

【药用来源】为唇形科植物薄荷 *Mentha haplocalyx* Briq. 的干燥地上部分。

【性味归经】辛，凉。归肺、肝经。

【功能主治】疏散风热，清利头目，利咽，透疹，疏肝行气。用于风热感冒，风温初起，头痛，目赤，喉痹，口疮，风疹，麻疹，胸胁胀闷。

【植物形态】多年生宿根草本植物，高 60～100 cm。地上茎直立，方形，紫色或青色，具倒生的短柔毛；匍匐茎具节和节间，每个节上有 2 个对生的芽鳞片和潜伏芽，匍匐于地面生长；根状茎细长，白色或先端稍绿，具节，土中横走。单叶对生，苗期为圆形、卵圆形，后期为长椭圆形、披针形，长 3～7 cm，宽 1～3 cm，被短柔毛或无毛，叶绿色、暗绿色或灰绿色，叶缘细锯齿状，叶背部有腺点。轮伞花序腋生；苞片数枚，披针形；花萼钟状，具 5 裂片，被柔毛和腺点；花冠唇形，淡紫色或白色；雄蕊 4 枚，花药黄色；子房 4 深裂，花柱伸出花冠筒外。小坚果褐色，藏于宿存萼筒内。花期 7—10 月，果期 8—10 月。

【植物图谱】见图 14-1～图 14-3。

【生态环境】对环境的适应性强，既耐热又耐寒，性喜湿润，但不耐涝，在海拔 2000 m 以下地区都能生长。对土壤适应性广，过于瘠薄或酸性太强的土壤除外。为了达到高产优质，宜选肥沃的沙壤土来种植。海拔过高，湿度太大，薄荷油和薄荷脑含量会降低，影响品质。

【生物学特性】薄荷实生苗当年可开花结实，其根茎宿存过冬。根茎在 5～6℃萌发出苗，植株生长的适宜温度为 20～28℃，地下根茎在 –28～–20℃的情况下仍可安全越冬。低温稳定在 2～3℃时，地下茎开始萌发，气温低于 10℃时，地上部分停止生长，气温低于 0℃以下，地下茎进入越冬休眠期。薄荷对土壤要求不严，一般土壤 pH 为 6.5～7.5 为宜。

图 14-1　薄荷（大田）

图 14-2 薄荷原植物

图 14-3 薄荷花

【栽培技术】

（一）选地、整地

1. 选地　选择土壤肥沃、地势平坦、排灌方便、阳光充足、2～3 年内未种过薄荷的地块。

2. 整地

（1）人工整地：4 月上中旬进行，深翻 25 cm 以上，每亩施腐熟有机肥 3000～4000 kg，复合肥 50～60 kg，深翻入土混合均匀后施入耕层做基肥，整平耙细作畦。畦宽 140 cm，畦间距 40 cm 宽，畦长视实际需要而定，浇足底墒水。

（2）机械整地：使用翻转犁深耕灭茬 45 cm 以上，翻耕后用旋耕机或圆盘耙对表层土壤进行细碎和平整处理，达到地表平整，土壤细碎疏松、上实下虚，便于机械播种的要求。深耕后使用旋耕起垄施肥机，均匀施入肥料，做到全层施肥，然后立即混土 5～10 cm，达到畦面平整，耕层松软。

（二）繁殖

薄荷可以用种子繁殖，但生产上多用于无性繁殖。无性繁殖有根茎繁殖、扦插繁殖和分株繁殖三种。大面积栽培多采用简单易行的分株繁殖。

1. 根茎繁殖　薄荷的根茎无休眠期，只要条件适宜，一年四季均可播种，但一般在 10 月下旬至 11 月上旬进行。早栽生根快、发芽多，且根、芽粗壮。选择节间短、色白、粗壮、无病虫害者做种根，然后在整好的畦田上，按行距 25 cm 开沟，深 6～10 cm，将种根放入沟内，可整条排放，也可切成 6～10 cm 长的小段撒入。密度以根茎首尾相接为好。播种后覆土，压实。

2. 扦插繁殖　用头茬薄荷的茎秆，截成 30 cm 的长段，按行株距 30 cm×15 cm 立即定植在整好的畦面上。

3. 分株繁殖　选择没有病虫害的健壮母株，使其匍匐茎与地面紧密接触，浇水、追肥两次，每亩施尿素 10～15 kg。待茎节产生不定根后，将每一节剪开，每一分株就是一株秧苗。翌年 4 月上旬，当苗高 15 cm 时拔秧移栽。移植地按行距 20 cm、株距 15 cm 挖穴，每穴栽秧苗 2 株。栽后盖土压实，再浇稀薄粪水定根。

（三）头刀期管理（出苗到第一次收割）

1．查苗补栽　田间基本全苗后，应及时查苗，对缺苗或苗稀的点、片要进行补栽。

2．中耕除草　全苗后，行间中耕除草，株间人工除草，以保墒、增（地）温、消灭杂草、促苗生长。封行前中耕除草 2～3 次。收割前拔净田间杂草，以防其他杂草的气味影响薄荷油的质量。

3．适时追肥　在苗高 10～15 cm 时开沟追肥，每亩施尿素 10 kg，封行后每亩喷施 5 ml 喷施宝 + 磷酸二氢钾 150 g + 尿素 150 g，两次。

4．科学浇水　薄荷前中期需水较多，特别是生长初期，根系尚未形成，需水较多，一般 15 天左右浇一次水，从出苗到收割要浇 4～5 次水。封行后应适量轻浇，以免茎叶疯长，发生倒伏，造成下部叶片脱落，降低产量。收割前 20～25 天停水。收割时以地面"发白"为宜。

（四）二刀期管理（第一次收割后到第二次收割前）

1．二刀期薄荷生长期较短，头刀收割后要及时抓紧时间清扫落叶，供蒸馏炼油用。要尽快锄去地面的残茬、杂草和匍匐茎（一般锄深 2～3 cm），促使二刀苗的幼芽从根茎上出苗。

2．锄残茬后要立即浇水，促使二刀苗早发、快长，延长生长时间，增加产量。二刀期浇水 3～4 次，苗高 10～15 cm 时，每亩撒（沟）施尿素 10 kg，叶面追肥 1～2 次，收割前拔大草 1～2 次，做到收割前田间无杂草。

（五）病虫害防治

1．病害

（1）黑胫病：发生于苗期，症状是茎基部收缩凹陷，变黑、腐烂，植株倒伏、枯萎。防治方法：可在发病期间每亩用 70% 百菌清或 40% 多菌灵 100～150 g，兑水喷洒。

（2）薄荷锈病：5—7 月易发，用 25% 粉锈宁 1000～1500 倍液叶片喷雾。

（3）斑枯病：5—10 月发生，发病初期喷施 65% 代森锌 500 倍液，每周一次即可控制。

2．虫害　薄荷的主要害虫为"造桥虫"，危害期在 6 月中旬左右、8 月下旬左右。一般虫口密度达 10 头 /m²，每亩可用敌杀死 15～20 ml，喷洒 1～2 次，或用 33% 氯氟·吡虫啉乳油 3000 倍液，或用 10% 吡虫啉粉剂 1500 倍液喷雾。

【留种技术】4 月下旬，在大田中选择健壮而不退化的植株，按株距 15 cm，行距 20 cm，移栽到留种田里，加强管理，培育至冬初起挖，可获得 70%～80% 白色新根茎，以供种用。

【采收加工】

（一）采收

1．第一次（头刀）　7 月初，当薄荷主茎 10%～30% 花蕾盛开时，开始收割。收割时要齐地将上部茎叶割下，割下的薄荷立即摊开晾晒，不能积压，以免发酵。薄荷收割过早会降低出油率，收割过晚，薄荷里呋喃含量增加，影响油的品质。

2．第二次（二刀）　在 9 月中旬至 10 月中旬进行，用镰刀贴地将植株割下即可。

（二）产地加工

鲜薄荷收割回后，立即曝晒，切忌堆捂，至 7～8 成干时，扎成小把，再晒至全干即可。切勿雨淋或夜露，防止变质发霉。

【商品规格】

（一）含量测定

按照《中华人民共和国药典》2015 年版一部测定：本品按干燥品计算，含挥发油不得少于 0.80%（ml/g）。

（二）商品规格

分为头刀薄荷与二刀薄荷。

头刀薄荷枝条肥壮，叶较少，多用作提取挥发油；二刀薄荷枝条较细，叶较密，多供药用。均以干燥、条匀、叶密、香气浓郁、无根、无杂质为佳。

【贮藏运输】包装好的药材，置干燥阴凉处储藏；薄荷油和薄荷脑应储藏在密闭容器内，置阴凉干燥处贮藏。运输工具必须清洁、干燥、无异味、无污染。运输时不能与其他有毒、有害的物质混装。运输过程中应有防雨、防潮、防污染等措施。

苍 耳 子

【药用来源】为菊科植物苍耳 *Xanthium sibiricum* Patr. 的干燥成熟带总苞的果实。

【性味归经】苦、甘、辛，温，小毒。入肺、肝经。

【功能主治】散风除湿，通鼻窍。用于风寒头痛，鼻渊流涕，风疹瘙痒，湿痹拘挛。

【植物形态】一年生草本，高 20 ~ 90 cm。根呈纺锤状；茎直立，少有分枝，上部有纵沟，下部圆柱形，密被灰白短伏毛；单叶互生，三角状卵形或心形，长 4 ~ 9 cm，宽 5 ~ 10 cm，全缘，3 ~ 5 浅裂，顶端尖或钝，基部心形或截形，表面绿色，下面苍白色，被糙伏毛；有长柄，长 3 ~ 11 cm；头状花序，聚生，近于无柄，单性同株；雄花序近球形，1 列总苞片，小，密被柔毛，花托柱状，托片倒披针形，小花管状，先端 5 裂，雄蕊 5，花药长圆状线形；雌花序卵形，2 ~ 3 列总苞片，外列苞片小，内列苞片大，结成囊状卵形，2 室硬体，外面有倒刺毛，顶有 2 圆锥状的尖端，小花 2 朵，无花冠，子房在总苞内，每室有 1 花，花柱线形，伸出总苞外。具瘦果的总苞成熟时变坚硬，卵形或椭圆形，长 12 ~ 15 mm，宽 4 ~ 7 mm，绿色、淡黄色或红褐色，外被钩状刺，锥形；瘦果 2，倒卵形，每粒瘦果内各含 1 颗种子。花期 7—8 月，果期 9—10 月。

【植物图谱】见图 15-1 ~ 图 15-4。

【生态环境】对土壤要求不高，常生长于全国大部分地区的平原、丘陵、低山、荒野等。

图 15-1　苍耳花和果实（上花下果）　　　　　　图 15-2　苍耳花和果实

图 15-3 苍耳根

图 15-4 苍耳子

【生物学特性】生长于我国北方的苍耳，一般在4—5月出苗，花期为7—8月，8月以后果实逐渐成熟，果实不易脱落，常以动物为媒介进行扩散传播。种子发芽的适宜温度为15～20℃，出土深度为3～5 cm，最深限度为13 cm，自然状态下，往往经过越冬休眠后萌发。

【栽培技术】

（一）选地、整地

1. 选地　苍耳对土壤要求不严，但以阳光充足、排水良好、疏松肥沃的砂质土壤为佳。

2. 整地　大田整地选定种植地后，深翻土壤20 cm以上，结合整地施入基肥，每亩施腐熟有机肥2000～3000 kg，使基肥与土充分混合后，平整后作高畦，畦宽130 cm，高20 cm，畦沟宽40 cm。浇水，保湿保墒。四周开好排水沟，以利于排水。

（二）繁殖方式

1. 种子繁殖　一般选择在3—4月，在整好的地块上，按株、行距各40 cm进行挖穴，穴深7～10 cm，每穴播种8～10粒，覆盖约1 cm厚的草木灰或细土，播后浇水，保持土壤湿润。每亩播种量2～2.5 kg。

2. 育苗移栽　4月下旬至5月中旬，当苗高达13～17 cm时进行移栽。在整好的畦面上按株、行距各40 cm进行开穴，每穴种植2～3株，覆土，压实，浇水。

（三）田间管理

1. 中耕除草　出苗后，见草就除，中耕时要浅锄，勿伤幼苗根部，根据植株生长情况决定中耕除草次数。

2. 间苗、补苗及追肥　在苗高达13～16 cm时，间苗、补苗，随即中耕除草，施人畜粪水或尿素；在苗高30～50 cm时，进行第二次追肥，可以适当加大粪水浓度。

3. 排水和灌溉　在干旱季节要注意及时浇灌，但灌溉时不能产生积水；雨季及时排水，防止烂根和病虫害的发生。

（四）虫害防治

1. 青虫　主要危害植株的叶片。防治方法：用33%氯氟·吡虫啉乳油3000倍液，或用10%吡虫啉粉剂 1500 倍液喷雾。

2．地老虎　主要危害植株的幼苗根茎。防治方法：用 90% 美曲膦酯晶体拌毒饵诱杀或在早晨人工捕捉。

【留种技术】于 10 月苍耳果实大部分成熟时，连枝收割，晒干，去除杂枝和叶片，挑选出颗大饱满、无病虫害的果实，带壳收集起来，放置阴凉干燥处贮藏。

【采收加工】9—10 月，当果实由青色转变为黄色成熟时，采收地上部分，晒干，用打谷工具将果实打下，去枝除杂，将果实收拢起来即可。

【商品规格】

（一）含量测定

按照《中华人民共和国药典》2015 年版一部测定：本品按干燥品计算，含绿原酸（$C_{16}H_{18}O_9$）不得少于 0.25%。

（二）商品规格

不分等级，均为统货。

【贮藏运输】放置通风阴凉干燥处储藏，严防受潮、霉变、虫蛀。苍耳子有坚硬的苞刺，运输时记得包装严实，同时运输工具必须清洁、干燥、无异味、无污染。运输时不能与其他有毒、有害的物质混装。运输过程中应有防雨、防潮、防污染等措施。

草　乌

【药用来源】为毛茛科植物北乌头 Aconitum kusnezoffii Reichb. 的干燥块根。

【性味归经】生草乌：辛、苦，热，有大毒，归心、肝、肾、脾经。制草乌：辛、苦，热，有毒，归心、肝、肾、脾经。

【功能主治】祛风除湿，温经止痛。用于风寒湿痹，关节疼痛，心腹冷痛，寒疝作痛及麻醉止痛，一般炮制后用。

【植物形态】多年生草本，高 65 ～ 150 cm。块根呈不规则长圆锥形（或胡萝卜形），长 2.5 ～ 7 cm，直径 0.67 ～ 1.8 cm。茎无毛，等距离生叶，常分枝。单叶互生，叶片五角形，长 9 ～ 16 cm，宽 10 ～ 20 cm，基部心形，3 全裂，中央全裂片菱形，渐尖，近羽状分裂，小裂片披针形，侧全裂片斜扇形，不等二深裂，表面疏被短曲毛，背面无毛，纸质或近革质；叶柄长度为叶片的 1/3 ～ 2/3，茎下部叶有长柄，花时枯萎。总状花序顶生，具 9 ～ 22 花，常与其下的腋生花序形成圆锥花序；花头花梗无毛，下部苞片 3 裂，其他苞片长圆形或线形；下部花梗长 1.8 ～ 3.5 cm；小苞片生花梗中或下部，线形或钻状线形；萼片蓝紫色，外面疏被柔毛或近无毛，上萼片盔形或高盔形，高 1.5 ～ 2.5 cm，有短或长喙，下缘长约 1.8 cm，侧萼片长 1.4 ～ 1.6 cm，下萼片长圆形，花瓣无毛，瓣片宽 3 ～ 4 mm，唇长 3 ～ 5 mm，距长 1 ～ 4 mm，向后弯曲或近拳卷，雄蕊无毛，花丝全缘或有 2 小齿，心皮 3 ～ 5 枚，无毛，蓇葖直，长 1.2 ～ 2 cm，种子扁椭圆形，沿棱具狭翅，仅一面生横膜翅。花期 7—8 月，果期 8—10 月。

【植物图谱】见图 16-1 ～图 16-3。

【生态环境】喜阳光充足、凉爽、湿润的环境，其耐寒性强，生于山坡草地或疏林中，海拔 400 ～ 2000 m 处。适宜肥沃而排水良好的砂质土壤。

图 16-1 草乌根、茎叶（栽培）

图 16-2 草乌花

图 16-3 草乌花（野生）

【生物学特性】北乌头为多年生草本，多分布于我国东北、河北、山西、云南、内蒙古等地区，株高 70 ～ 150 cm，块根常 2 ～ 5 块连生，呈倒圆锥形。草乌喜凉爽、湿润的环境，甚至其地下根部可耐 –30℃左右的严寒天气。在土壤干旱缺水时，植株生长迟缓，其叶缘干枯，甚至叶片脱落。草乌一般在每年 3 月土壤解冻后发芽，植株生长较快，4 月植株即可达 22 cm，花期为 7—8 月，果期为 8—9 月，全生育期为 360 天左右。草乌怕湿涝，因此雨季要注意防涝，在高温高湿的天气，其根部容易腐烂。草乌在肥沃疏松的砂质壤土中生长较好，黏土或低洼易积水地区则不宜栽培。

【栽培技术】

（一）繁殖材料

草乌的繁殖方法多半是无性繁殖，分立即下种，贮藏备种。育优质高产品种，必须选择在海拔 1000 m 左右的山区培育、繁殖。

（二）选地、整地

1．选地　草乌喜温暖湿润气候，选择阳光充足、表层疏松、排水良好、中等肥力、较瘠薄的沙壤土为佳，适应性强，忌连作。前茬作物以马铃薯、荞麦、油菜为好。

2．整地　在前茬作物收获后及时翻耕土壤，清除杂草，曝晒数日并进行消毒，以减少病虫害。按东西向理畦，畦宽 70 cm、畦高 20 ～ 30 cm、畦间沟宽 40 cm，畦长据地势而定。畦理好后，对畦面进行整理，使畦面土壤平整、疏松、细碎。

（三）繁殖

1．种植时间　草乌最佳种植时间是"立冬"至"小雪"节令或11月中下旬至12月中旬。

2．繁殖方法　采用分根或种子繁殖。

（1）分根繁殖：草乌植株于春季发芽前或落叶后，挖取草乌老根旁的子根，于10月中下旬或翌年春天播种。一般在耙好整平的地块上进行开沟，行距为40 cm左右，在沟内按株距12～15 cm栽种，将种芽向上，其上覆一层薄土，稍压实即可。每亩地用种量为45 kg。

（2）种子繁殖：草乌的种子经贮藏后，其发芽率会明显降低，因此一般选用当年采收的种子进行栽种。草乌种子有休眠期，因此春播的种子要进行种子的催芽。在播种前1个月，将种子与湿沙按1∶3混匀，温度保持在5℃左右，即可使种子解除休眠期。种子繁殖一般采用条播或穴播的方式。穴播：在整平的土地上，按穴距15 cm，行距40 cm左右开穴，每穴5～7枚种子，覆以3 cm左右的薄土。条播：按行距40 cm左右开浅沟，将种子均匀撒入沟中，盖上薄土即可。一般每亩地用种量2.5 kg，覆土4.5～6 cm。次年3—4月出苗。

（四）田间管理

1．间苗　若采用分根繁殖的方法，要在苗高10 cm左右时进行采芽，采芽即可起到间苗定苗的作用。采用种子繁殖的方法是，一般在播种后15天即可出苗，苗高5 cm左右时要进行间苗，苗高10 cm时定苗，株距为15 cm左右。

2．施肥　当草乌苗长出5～7片叶子时，进行第一次追肥（提苗肥）。提苗肥主要是厩粪水，一般提苗肥浓度不宜过大，且施肥量要大，另外还要视情况施一些尿素、磷肥。第二次追肥称为膨大根肥，一般是在植株高150 cm左右，开花前20天左右时进行。此阶段是草乌根膨大生长的最佳时期，因此肥料主要是以钾肥为主，氮肥为辅。施肥量通常是每亩10 kg硫酸钾或150 kg草木灰，另外还要配施10～15 kg尿素。

3．灌溉排水　若采用秋播，要在入冬前进行一次灌水。春天的种子繁殖，要在播种后灌溉一次。在草乌的整个生长期，要根据土壤的情况进行浇水，以保持土壤的湿润。草乌怕水涝，在雨季来临时要注意排水。

4．除草　草乌除草通常是在施肥时进行。另外，草乌易倒伏，因此锄草时要进行培土。

5．封顶打杈　为使草乌的养分供应根的生长，在草乌开花前要进行封顶打杈，摘除顶芽和腋芽。为获得高产优质，在草乌的种植管理中，要做到"地无乌花，株无腋芽"。一般在植株现蕾时开始打顶，打顶长度20～40 cm，保证到开花时基本完成。打顶后的植株长出腋芽或腋芽果应随时摘除，不要损伤叶片或植株老叶，保证叶片光合作用正常进行。一般进行2次打顶和摘芽。摘除的腋芽果不要随意丢弃，可作为繁殖种源进行繁殖，提高效益。

（五）病虫害防治

1．病害

（1）霜霉病：此病多发生在6—7月的多雨季节，主要表现为低洼处的草乌根部腐烂。防治方法：病害初期，可用多菌灵或91%敌锈钠400倍液进行喷洒。

（2）白粉病：在植株种植过密、通风透光不良、高温干燥情况下，易发生白粉病危害。防治方法：发病后用25%粉锈宁或50%甲基托布津500～800倍液喷施防治。

（3）根腐病：土壤积水、排水不良、土壤黏性重、整地不细易导致根腐病发生。防治方法：发现病株要及时拔除，将病株根部土壤铲走带出种植地块，防止病菌随着灌溉水流传播，同时加强排水防涝，减少病害发生；发病后用50%多菌灵500倍液或20%甲基托布津500倍液灌根或喷雾。

（4）根结线虫病：防治方法应多施腐熟有机肥，在整地时，用5%克线磷150 kg/hm²沟施后翻入土中或移栽时穴施；发病时，用 1.8% 阿维菌素乳油 1000 ～ 1500 倍液灌根。

2．虫害

（1）红蜘蛛：主要在春、秋季干旱时发生。防治方法：喷施 33% 氯氟·吡虫啉乳油 3000 倍液。

（2）地老虎：主要危害草乌的地下根茎，严重时会造成植株的大量死亡。防治方法：可用敌杀死 1∶2000 水稀释液喷洒草乌的植株或土壤。

（3）蚜虫：常发生在草乌的苗期，主要危害草乌的嫩芽及叶。防治方法：用 33% 氯氟·吡虫啉乳油 3000 倍液，或用 10% 吡虫啉粉剂 1500 倍液喷雾。

【留种技术】11—12 月进行块根采收时，块根 <20 g 不能作为商品销售的，可作为种源。

【采收加工】

（一）种子采收

一般在 9—11 月果实呈黑褐色但未开口时采收。采收后在阳光下晒干果壳，在塑料袋中轻轻敲打，种子即破壳而出，去除杂质，用布袋置于阴凉干燥处储存。

（二）块根采收

一般在 11—12 月进行，通常在草乌植株地上部分 70% 枯萎时进行采收，若块根出芽后采收会影响其产量和质量。采收方法，顺着畦的方向，从每畦沟两侧开挖，挖出后除尽块根上的茎叶、须根和泥土。采挖时不要伤及块根，以免未加工即发生霉变，同时及时放在阴凉处摊开晾晒，并根据块根重量进行分级。通常按大、中、小 3 类分级（大：块根 > 25 g；中：块根 20 ～ 25 g；小：块根 < 20 g），前两类块根可以作为商品销售，第三类小块根视情况作为商品销售，也可作为翌年种源进行销售。采收时，各类块根都需收尽，极小、不能作为商品销售的，可作为种源销售和进行无害处理。

【商品规格】

（一）含量测定

按照《中华人民共和国药典》2015 年版一部测定：本品按干燥品计算，含乌头碱（$C_{31}H_{47}NO_{11}$）、次乌头碱（$C_{33}H_{45}NO_{10}$）和新乌头碱（$C_{33}H_{45}NO_{11}$）的总量应为 0.10% ～ 0.50%。

（二）商品规格

草乌的商品规格分为北乌头、华草乌和乌头三种，均为统货。

【贮藏运输】应置于通风干燥处储藏，严防受潮、霉变、虫蛀。运输工具必须清洁、干燥、无异味、无污染。运输时不能与其他有毒、有害的物质混装。运输过程中应有防雨、防潮、防污染等措施。

柴 胡

【药用来源】为伞形科植物柴胡 *Bupleurum chinense* DC. 或狭叶柴胡 *B. scorzonerifolium* Willd. 的干燥根。

【性味归经】辛、苦，微寒。归肝、胆、肺经。

【功能主治】疏散退热，疏肝解郁，升举阳气。用于感冒发热，寒热往来，胸胁胀痛，月经不调，子宫脱垂，脱肛。

【植物形态】多年生草本植物，高 40 ～ 70 cm。主根圆柱形，坚硬，茎丛生或单生，实心，上部多分枝略呈"之"字形弯曲。基生叶倒披针形或狭椭圆形，早枯；中部叶倒披针形叶或宽条状披针形，长

3～11 cm，下面具有粉霜。复伞形花序腋生兼顶生，花黄色，前端向内反卷；雄蕊5；子房下位，椭圆形，花柱2。双悬果长圆状椭圆形或长卵形，果枝明显，棱狭翅状。花期7—9月，果期8—10月。

【植物图谱】见图17-1～图17-8。

图 17-1　柴胡山地仿野生种植

图 17-2　柴胡（大田）

图 17-3　野生柴胡（北柴胡）

图 17-4　狭叶柴胡（南柴胡）

图 17-5 北柴胡（承德栽培）

图 17-6 北柴胡花

图 17-7 北柴胡根（又称黑柴胡）

图 17-8 北柴胡饮片

【生态环境】北柴胡多野生于阳坡和半阳坡的林间草地、林中空隙地、草丛、路边、沟旁、田埂等地。喜冷凉稍湿润的气候环境，耐严寒，耐干旱。对土壤要求不十分严格，在中性或近中性的壤土、砂质壤土或腐殖土的地块均适宜北柴胡生长。盐碱地土壤、黏重土壤、低洼易涝积水地块不适宜北柴胡生长。生长最适温度 20 ～ 25℃。

【生物学特性】柴胡为伞形科多年生草本植物，柴胡（北柴胡）和狭叶柴胡（南柴胡）两个品种的种子均在 18℃开始发芽。植株生长随气温升高而加快，但升至 35℃以上生长受到抑制，6—9 月生长迅速；后期根的生长增快。

【栽培技术】

（一）选地、整地

1．选地　选择土层深厚疏松，避风向阳，排水良好的中性或微偏酸，忌碱性的砂壤土或腐殖土的地块种植。

2．整地

（1）人工整地：4月上中旬进行，深翻30 cm以上，每亩施腐熟有机肥3000～4000 kg，磷酸二铵复合肥7.5～10 kg，深翻入土混合均匀后施入耕层做基肥，整平耙细作畦。畦宽140 cm，畦间距40 cm宽，畦长视实际需要而定，浇足底墒水。

（2）机械整地：使用翻转犁深耕灭茬45 cm以上，翻耕后用旋耕机或圆盘耙对表层土壤进行细碎和平整处理，达到地表平整、土壤细碎疏松、上实下虚，便于机械播种的要求。深耕后使用旋耕起垄施肥机，均匀施入肥料，做到全层施肥，然后立即混土5～10 cm，达到畦面平整，耕层松软。

（二）种子处理

1．药剂处理　用0.8%～1%高锰酸钾溶液浸种10～15分钟，然后用清水洗2～3遍，出苗率可提高15%左右。

2．温水沙藏　用40～50℃温水浸种24小时，捞出浮在水面上的瘪粒后，与3份湿沙混合，放置在20～25℃环境条件下催芽7～10天，少部分种子裂口露白时，去掉沙土即可播种。

（三）播种

柴胡播种一般选择春季，4月中下旬，当土壤5 cm土层稳定达到10℃以上时开始播种。无水浇条件地块，大多选择雨季播种，6月中下旬至7月下旬。在整好的畦面上，按行距20 cm开深1～1.5 cm的浅沟，每亩播种量1～1.5 kg，将种子均匀撒入沟内，覆土1～1.5 cm，稍加镇压，有条件的地方可以用草苫覆盖，播后保持土壤湿润，可以提高出苗率。

（四）雨季套种

在玉米、豆类等地中套种。播种前用工具顺垄浅锄一遍，然后用手将种子均匀撒播，每亩用种量3～4 kg。手撒播种可将种子用5～6倍的细沙土混匀后播种，以保证下籽均匀，播后不必盖土。

（五）田间管理

1．中耕除草　出苗后结合除草，进行中耕松土，中耕宜浅，以免伤根埋苗。

2．间苗、定苗、补苗　当幼苗长到3～5 cm高时进行疏苗；幼苗长到5～7 cm高时，按株距8～10 cm进行定苗；如果有缺苗，带土补植；缺苗过多时，以补播种子为宜。

3．追肥　6月中下旬追施一次肥料，每亩施有机肥1500～2000 kg或磷酸二铵10～15 kg，追肥后浇水或中耕深埋。

4．灌水与排水　雨季应及时排水，以免烂根，防止根腐病发生。

5．摘除花蕾　非留种田，植株长到8—9月时，应及时打薹，减少营养消耗。花蕾期，进行2～3次摘除花蕾，促进根系生长，提高北柴胡产量。

6．越冬田管理　秋季，北柴胡地上部分干枯，应割除，并清除枯枝落叶。封冻前浇一次越冬水。

（六）病虫害防治

1．病害

（1）根腐病：主要危害根部。发病初期只是个别支根和须根变成褐色、腐烂，而后逐渐向主根扩展，根全部或大部分腐烂，地上部分枯死。防治方法：一是农业防治：增施磷肥、钾肥，增强植株抗病能力；忌连作，最好与禾本科作物轮作；加强田间管理，防止积水。二是药剂防治：发病初期用15%噁霉灵水剂750倍液或3%甲霜·噁霉灵水剂1000倍液喷淋根茎部，每7～10天喷药1次，连用2～3次；或用50%托布津1000倍液浇灌病株。

（2）锈病：主要危害茎叶。发病初期，叶片及茎上发生零星锈色斑点，后逐渐扩大侵染，严重的遍及全株，严重影响植株的生长发育及根的质量。防治方法：一是农业防治：清理田园，秋季采收后及时将田内杂草和柴胡病残株彻底清理干净，运出田外集中深埋或烧掉；实行轮作；合理施用氮肥，适当增施磷肥、钾肥。二是药剂防治：发病初期及时喷药防治，可用 30% 戊唑·咪鲜胺可湿性粉剂 500 倍液或 20% 烯肟·戊唑醇悬浮剂 1500 倍液喷雾，每 5 ~ 7 天喷洒一次，连用 2 ~ 3 次。

（3）斑枯病：主要危害叶片。患病植株在叶片上产生直径为 3 ~ 5 mm 的圆形或不规则形暗褐色病斑，中央稍浅，有时呈灰色。严重时病斑常融合，导致叶片枯死。防治方法：发病前或发病初期用 68.75% 噁酮·锰锌水分散粒剂 1000 倍液或 70% 丙森锌可湿性粉剂 600 倍液喷雾，每 5 ~ 7 天喷洒一次，连续 2 ~ 3 次。

2．虫害

（1）蚜虫：防治方法：用 33% 氯氟·吡虫啉乳油 3000 倍液，或用 10% 吡虫啉粉剂 1500 倍液喷雾。

（2）黄凤蝶：防治方法：用 5% 氯虫苯甲酰胺 1000 倍液喷雾或 4.5% 高效氯氰菊酯乳油 1500 倍液喷雾。

（3）赤条蝽：防治方法：用 33% 氯氟·吡虫啉乳油 1500 倍液喷雾防治。

（4）红蜘蛛：防治方法：用 20% 丁氟螨酯悬浮剂 1500 倍液喷雾。

【留种技术】留种田，一般 8—10 月是北柴胡种子成熟的季节，由于种子成熟时间不同，当种子表皮变褐色，子实变硬时开始采收种子。种子采收后，去除杂质和瘪子，晒干后放置干燥地方贮藏。

【采收加工】

（一）采收

播种第二年寒露后即 10 月上旬采收。选择晴天，采挖前割去地表茎秆，柴胡根较浅，可用拖拉机顺利翻出地面，或者用人工采挖，但不得碰破根皮，以免影响商品品质。

（二）产地加工

趁鲜剪掉芦头和毛根，按 400 ~ 500 g 重量为一捆，捆三道，晾晒干燥。均匀摆至烘干室干燥，温度 50 ~ 60℃，要求受热均匀，温度过低或过高影响等级。干燥至含水量为 10% 左右为佳。

【商品规格】

（一）含量测定

按照《中华人民共和国药典》2015 年版一部测定：本品按干燥品计算，含柴胡皂苷 a（$C_{42}H_{68}O_{13}$）和柴胡皂苷 d（$C_{42}H_{68}O_{13}$）的总量不得少于 0.30%。

（二）商品规格

统货：干货。呈圆锥形，上粗下细，顺直或弯曲，多分枝。头部膨大，呈疙瘩状，残茎不超过 1 cm。表面灰褐色或土棕色，有纵皱纹。质硬而韧，断面黄白色。显纤维性。微有香气，味微苦辛。无须毛、杂质、虫蛀、霉变。

【贮藏运输】储藏于清洁、阴凉、干燥、通风、无异味的专用仓库中，温度控制在 30℃ 以下，相对湿度控制在 60% ~ 70%，商品安全水分为 11% ~ 13%。运输时不能与其他有毒、有害的物质混装。运输过程中应有防雨、防潮、防污染等措施。

车 前 子

【药用来源】为车前科植物车前 *Plantago asiatica* L. 或平车前 *Plantago depressa* Willd. 的干燥成熟种子。

【性味归经】甘、寒。归肝、肾、肺、小肠经。

【功能主治】清热利尿通淋，渗湿止泻，明目，祛痰。用于热淋涩痛，淋浊带下，水肿胀满，暑湿泄泻，目赤肿痛，痰热咳嗽。

【植物形态】叶丛生，直立或展开，方卵形或宽卵形，长 4 ~ 12 cm，宽 4 ~ 9 cm，全缘或有不规则波状浅齿，弧形脉。花茎长 20 ~ 45 cm，顶生穗状花序。蒴果卵状圆锥形，周裂。

【植物图谱】见图 18-1、图 18-2。

图 18-1　车前草原植物

图 18-2　车前草果序

【生态环境】车前适应性强，在温暖、潮湿、向阳、沙质土壤上生长良好，车前根为须根系，根多，吸水肥能力强，因此也耐旱、耐瘠薄。

【生物学特性】20 ~ 24℃种子发芽较快，5 ~ 28℃茎叶正常生长，气温超过 32℃，地上的幼嫩部分首先凋萎枯死，叶片逐渐枯萎。苗期喜潮湿，耐涝，进入抽穗期受涝渍易枯死。

【栽培技术】

（一）繁殖材料

种子繁殖。

（二）选地、整地

1．选地　选择阳光充足，地势平坦，土壤肥沃，湿润疏松，富含腐殖质的砂质壤土为宜。

2．整地

（1）人工整地：5 月中下旬进行，深翻 25 cm 以上，每亩施腐熟有机肥 3000 ~ 4000 kg，深翻入土混合均匀后施入耕层做基肥，整平耙细作畦。畦宽 140 cm，畦间距 40 cm 宽，畦长视实际需要而定，浇足底墒水。

（2）机械整地：使用翻转犁深耕灭茬 45 cm 以上，翻耕后用旋耕机或圆盘耙对表层土壤进行细碎和平整处理，达到地表平整，土壤细碎疏松、上实下虚，便于机械播种的要求。深耕后使用旋耕起垄施肥机，均匀施入肥料，做到全层施肥，然后立即混土 5 ~ 10 cm，达到畦面平整，耕层松软。

（三）繁殖

1．繁殖时间　4 月中下旬至 5 月上旬

2．繁殖方法　按行距 20 ~ 25 cm，开深 1 ~ 1.5 cm，宽 5 ~ 6 cm 的浅沟，每亩播种量 0.5 kg，将种子均匀撒入沟内，覆土 1 ~ 1.5 cm，稍加镇压，播后保持土壤湿润。

（四）田间管理

1．间苗、补苗　苗高 5 ~ 6 cm 时间苗，按株距 15 ~ 20 cm 留 2 ~ 3 株健壮苗。若有缺苗，从周围匀苗补栽。同时进行中耕除草，浅松土。封行后不再中耕，见草就拔除。

2．追施　苗期增施氮肥提苗壮兜，生长期增施磷肥、钾肥壮籽。可分别在间苗时及生长旺盛

初期各追施一次肥料，第一次每亩施稀薄人畜粪水 1000 ～ 1200 kg。第二次每亩施人畜粪水 1500 ～ 2000 kg，并增施过磷酸钙 25 kg，硫酸钾 10 kg。

3. 灌水与排水　定苗后，视植株生长情况，进行浇水。多雨季节，要及时排水，避免田间积水，引起烂根。

（五）病虫害防治

1. 病害

（1）穗枯病：主要发生在穗部，穗部从上至下逐渐侵染，呈黑褐色坏死。防治方法：一是开沟排水：做到雨停不积水，降低田间湿度。二是清除车前基部病叶、老叶、烂叶（贴地叶片），菌核清除，剪除车前黑色穗、死穗，带出田外集中销毁。三是药剂防治：在 3—4 月，用 80% 乙蒜素、奥普安轮换使用。施药时要求均匀，叶片的正反面及穗部要喷透，以提高防治效果，7 天后的晴天再喷药一次，如基部感病仍需在喷药前清除。

（2）白粉病：主要危害叶片。防治方法：一是农业防治：田间不宜栽植过密，注意通风透光；科学肥水管理，增施磷肥、钾肥，适时灌溉，提高植株抗病力；冬季清除病落叶及病残体集中深埋或烧毁。二是药剂防治：发病初期开始喷洒 36% 甲基硫菌灵悬浮剂 500 倍液或 60% 防霉宝 2 号水溶性粉剂 800 倍液、40% 达科宁悬浮剂 600 ～ 700 倍液、47% 加瑞农可湿性粉剂 700 ～ 800 倍液、20% 三唑酮乳油 1500 倍液，隔 7 ～ 10 天喷施一次，连续防治 2 ～ 3 次。病情严重的可选用 25% 敌力脱乳油 4000 倍液、40% 福星乳油 9000 倍液。

【留种技术】选择生长健壮、无病虫害、种子种脐明显的优势植株，剪取充分成熟、穗长并且种子饱满的种穗，晾晒或阴干使种子脱粒，清除杂质和空粒、瘪粒，储存于专用袋中。

【采收加工】6 月中下旬，当种子呈黑褐色时即可采收。车前子是分期成熟，应做到边成熟边采收。晴天，用镰刀将果穗割回，在室内堆放 1 ～ 2 天，然后置于篾垫上，放在太阳下曝晒，待干燥后用手揉搓，除去杂物，用筛子将种子筛出，再用风车去壳。一般亩产 120 ～ 150 kg。

【商品规格】

（一）含量测定

按照《中华人民共和国药典》2015 年版一部测定：本品按干燥品计算，含京尼平苷酸（$C_{16}H_{22}O_{10}$）不得少于 0.50%，毛蕊花糖苷（$C_{29}H_{36}O_{15}$）不得少于 0.40%。

（二）商品规格

不分等级，均为统货。

【贮藏运输】储藏于清洁、阴凉、干燥、通风、无异味的专用仓库中，商品安全水分为 10% ～ 13%。运输工具必须清洁、干燥、无异味、无污染。运输时不能与其他有毒、有害的物质混装。运输过程中应有防雨、防潮、防污染等措施。

赤 芍

【药用来源】为毛茛科植物芍药 *Paeonia lactiflora* Pall. 的干燥根。

【性味归经】苦，微寒。归肝经。

【功能主治】清热凉血，散瘀止痛。用于热入营血，湿毒发斑，吐血衄血，目赤肿痛，肝郁胁痛，经闭痛经，癥瘕腹痛，跌打损伤，痈肿疮疡。

【植物形态】多年生草本，株高 60～100 cm，根粗肥壮，圆柱形或圆锥形，外皮褐色，断面白色或微带粉红，茎丛生直立，紫色或青紫色至绿色，光滑无毛。叶互生、具长柄，茎下部叶为 2 回 3 出复叶；小叶 3～5 片，长椭圆形至披针形，全缘，春季萌发的茎叶为紫红色，后渐变成绿色。花大，顶生或腋生，白色或粉红色，栽培品种多为重瓣，种子黑褐色。花期 5—7 月，果期 5—8 月。

【植物图谱】见图 19-1～图 19-8。

【生态环境】野生芍药主要分布于北方海拔 1000～1500 m 之间的山坡、谷地、灌木丛、深草丛、林下、林缘及草原的天然植物群落中。川赤芍主要生长在海拔 1400 m 以上的高山、峡谷。喜气候温和、阳光充足、雨水适量的环境，耐干旱，抗寒能力较强，也耐高温。雨水过多或土壤积水不利于其生长，水淹 6 小时以上植株则死亡。对土壤要求不严，以土质肥沃、土层深厚、疏松、排水良好的砂质壤土为好，pH 中性、稍偏碱性均可。

【生物学特性】种子需要经过低温条件，才能打破胚的休眠而发芽。秋播后经过越冬低温条件，翌春才能出苗。为多年生宿根生物，2—3 月露芽出苗，4—6 月进入生长旺盛期，5—7 月开花，9 月左右

图 19-1　赤芍苗（栽培）

图 19-2　万亩野生赤芍（拍摄地：内蒙古）

图 19-3　野生白花赤芍（拍摄地：内蒙古）

图 19-4　野生赤芍（花色变粉）

图 19-5　赤芍花

图 19-6　赤芍果实

图 19-7　赤芍鲜根

图 19-8　赤芍根断面（粉茬糟皮）

种子成熟，根部此时生长最快，有效成分的积累也在此阶段达到高峰。此后，地上部分枯萎，植株进入休眠期。

【栽培技术】

（一）选地、整地

1．选地　应选择土层深厚，排水良好、疏松肥沃的壤土或沙壤土种植。

2．整地

（1）人工整地：4月上中旬进行，深翻40 cm以上，每亩施腐熟有机肥3000 ～ 4000 kg，深翻入土混合均匀后施入耕层做基肥同，整平耙细，起垄做畦。畦高15 ～ 25 cm，畦宽140 cm，畦间距40 cm宽，畦长视实际需要而定，浇足底墒水。

（2）机械整地：使用翻转犁深耕灭茬45 cm以上，翻耕后用旋耕机或圆盘耙对表层土壤进行细碎和平整处理，达到地表平整，土壤细碎疏松、上实下虚，便于机械播种的要求。

深耕后使用旋耕起垄施肥机，均匀施入肥料，做到全层施肥，然后立即混土 5 ～ 10 cm。整成 140 cm 的宽畦，畦高 25 cm，垄间距 40 cm，畦面平整，耕层松软。

（二）育苗

8 月上旬，将赤芍种子成熟后，采下立即播种。或将种子用 40 ～ 50℃温水浸种 24 小时，捞出浮在水面上的瘪粒后，与 3 份湿沙混合，湿度标准以手攥成团，一碰即开为宜。在室外选一处地势高燥砂质壤土的地方挖坑贮藏，至翌年春季播种。撒播，将种子均匀撒播于床面，盖消毒的细土 3 ～ 4 cm 厚，稍加镇压，每亩用种量 50 kg。播种后加强田间管理，第一年只长出种芽和根，少有出土，第二年生长 15 ～ 20 cm 高，培育 2 ～ 3 年后成苗定植。

（三）种栽移栽

挖取赤芍根，于 9 月适期栽种。栽种前，将赤芍按大小分级分别下种，有利出苗整齐，管理方便。栽时按行株距 60 cm×40 cm 挖穴栽种，穴深 12 cm，直径 20 cm，深挖疏松底土，施入草木灰，与底土拌匀，厚 5 ～ 7 cm。然后每穴栽入芍芽 1 ～ 2 个，芽头朝上，摆于正中，用手边覆土边固定芍芽，深度盖住芍芽 3 ～ 5 cm 为宜。冬季，采用翻松畦沟土，提土培垄，盖土稍高出畦面，呈小丘状，以利越冬，翌年 3 月上旬，在芍芽萌发前将壅土耙开整平。

（四）田间管理

1．中耕除草　栽后第 2 年早春土壤解冻后，开始中耕除草，尤其是 1 ～ 2 年生幼苗，要保持田间无杂草，避免草荒。第三年中耕除草 3 ～ 4 次，中耕宜浅，不要伤根。

2．追肥　赤芍喜肥，除施足基肥外，于栽种后第 2 年开始，每年追肥 3 ～ 4 次，每亩施有机肥 1000 ～ 2000 kg。越冬前每亩还要加施过磷酸钙 30 kg。此外，从第二年开始，每年在 5—6 月生长旺盛期和开花期，需肥量较大时，还应喷施磷酸二氢钾，增产效果明显。

3．培土　10 月上旬，在离地 6 ～ 9 cm 处剪去枝，并于根际培土 15 cm，以保护赤芍芽越冬。

4．摘除花蕾　非留种田，于第二年春季现蕾时，摘除全部花蕾，起到控上促下作用，以利于增产。

（五）病虫害防治

1．病害

（1）灰霉病：主要危害叶、茎、花等部位。一般在开花以后发病，出现圆形、淡褐色病斑，上有不规则的轮纹，后长出灰色霉状物；茎上病斑褐色，棱形，造成茎部腐烂。防治方法：一是农业防治：发病后清除被害枝叶，集中烧毁或深埋。采取轮作或选用无病种芽，平时应加强田间管理，及时排水，保持通风、透光。二是药剂防治：发病初期，喷施 22.5% 啶氧菌酯悬浮剂 1500 倍液（严禁与乳油类农药及有机硅混用）或 40 g/L 嘧霉胺悬浮剂 1000 倍液喷雾，连用 2 ～ 3 次。

（2）叶斑病：主要危害叶片。病株叶片早落，植株生长衰弱。防治方法：一是农业防治：发现病叶，及时剪除，清扫落叶集中烧毁。二是药剂防治：发病前或发病初期用 68.75% 噁酮·锰锌水分散粒剂 1000 倍液或 70% 丙森锌可湿性粉剂 600 倍液喷雾，每 5 ～ 7 天喷洒一次，连续 2 ～ 3 次。

（3）锈病：5 月上旬发生，初为叶背出现黄色颗粒夏孢子堆，后期叶面出现圆形或不规则的灰褐色病斑，背面出现刺毛状冬孢子。防治方法：发病初期及时喷药防治，可用 30% 戊唑·咪鲜胺可湿性粉剂 500 倍液或 20% 烯肟·戊唑醇悬浮剂 1500 倍液喷雾，每 5 ～ 7 天喷洒一次，连用 2 ～ 3 次。

2．虫害

主要有蛴螬、地老虎，咬噬根茎，伤害幼苗。防治方法：用 90% 晶体美曲膦酯 800 ～ 1000 倍液或 40% 辛硫磷乳油 800 ～ 1000 倍液浇灌。

【留种技术】留种田，一般 8 月开始成熟，果实呈黑褐色，要随熟随采，除去杂质后将种子贮藏或秋季播种。

【采收加工】

（一）采收

种子繁殖的赤芍，5年后采收；茅头繁殖者，4年采收。8—9月为最佳采收期，此时地下根条肥壮、皮宽、粉足、有效成分积累最多。选择晴天开挖，先割去地上部分，小心挖取全根，抖去泥土，切下芍药根加工。留下茅头作种用。

（二）产地加工

除去地上部分及泥土，洗净摊开晾晒至半干，再捆成小捆，晒至足干。按粗细长短分开，捆成把即可。

【商品规格】

（一）含量测定

按照《中华人民共和国药典》2015年版一部测定：本品按干燥品计算，含芍药苷（$C_{23}H_{28}O_{11}$）不得少于1.8%。

（二）商品规格

一等：干货。呈圆柱形，稍弯曲，外表有纵沟或皱纹，皮较粗糙。表面暗棕色或紫褐色。体轻质脆。断面粉白色或粉红色，中间有放射性状纹理，粉性足。气特异，味微苦酸。长16 cm以上，柄端粗细较匀。中部直径1.2 cm以上。无疙瘩头、空心、须根、杂质、霉变。

二等：干货。呈圆柱形，稍弯曲，外表有纵沟或皱纹，皮较粗糙。表面暗棕色或紫褐色。体轻质脆。断面粉白色或粉红色，中间有放射性状纹理，粉性足。气特异，味微苦酸。长15.9 cm以下，柄端粗细较匀。中部直径0.5 cm以上。无疙瘩头、空心、须根、杂质、霉变。

【贮藏运输】应置于通风干燥处储藏，严防受潮、霉变、虫蛀。运输工具必须清洁、干燥、无异味、无污染。运输时不能与其他有毒、有害的物质混装。运输过程中应有防雨、防潮、防污染等措施。

穿 山 龙

【药用来源】为薯蓣科植物穿龙薯蓣 *Diosorea nipponica* Makino 的干燥根茎。

【性味归经】甘、苦，温。归肝、肾、肺经。

【功能主治】祛风除湿，舒筋活络，活血止痛，止咳平喘。用于风湿痹痛，关节肿胀，疼痛麻木，跌打损伤，闪腰岔气，咳嗽气喘。

【植物形态】多年生缠绕草本。根茎横生，圆柱形，多分枝。茎左旋，长达5 m，近乎无毛。叶互生，具长柄，卵形或宽卵形，长5～12 cm，通常5～7裂，基部心形，顶端裂片有长尖，叶脉基出，9条，支脉网状。花雌雄异株，雄花为腋生序复穗状，雌花序穗状；雄花小，钟形，花被6片，雄蕊6；雌花花被6，矩圆形，柱头3裂，裂片再2裂。蒴果倒卵状椭圆形，具3翅。种子具长方形翅。花期6—8月。果期8—10月。

【植物图谱】见图20-1～图20-5。

【生态环境】常分布在海拔100～1700 m的河谷两侧半阴半阳的山坡的灌木丛中和稀疏杂木林内及林缘。分布于河北各地、山西南部（晋城）、陕西、甘肃南部、山东、江苏、安徽、浙江、江西、福建、台湾、河南、湖北、湖南、广东、广西、四川、贵州、云南。河北承德地区野生资源丰富。

图 20-1 穿山龙（大田）

图 20-2 穿山龙茎叶

图 20-3 穿山龙果实

图 20-4 穿山龙根（药材）

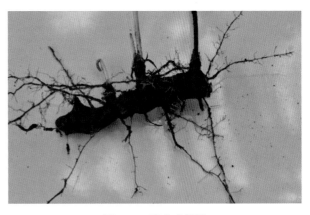

图 20-5 穿山龙鲜根

【生物学特性】穿龙薯蓣对温度适应的幅度较广，在 8 ～ 35℃均能生长，但以 15 ～ 25℃最适宜。耐旱，幼苗后期至成龄植株需要光照。喜肥沃、疏松、湿润、腐殖质较深厚的黄砾壤土和黑砾壤土。

【栽培技术】

（一）选地、整地

以疏松、肥沃的砂质壤土为宜。壤土和黏壤土亦可栽种。

（二）繁殖方式

可分为种子繁殖和根茎繁殖。

1. 种子繁殖　春播育苗，第 2 年春季移栽，行距 45 ～ 60 cm，株距 20 ～ 30 cm。

2. 根茎繁殖　春季萌芽前，将根茎幼嫩部分切成 3 ～ 5 cm 小段后，按行距 45 ～ 60 cm，株距 30 cm，沟深 10 ～ 15 cm，将根茎栽于沟中，覆土压实。

（三）田间管理

每年中耕除草 3 ～ 4 次，并搭架。第 3、4 年需分次追肥，增施磷肥、钾肥。

（四）病虫害防治

1. 立枯病　用 60% 代森锰锌可湿性粉剂 500 倍液喷洒植株茎部，每隔 7 ～ 10 天喷 1 次，连喷 2 ～ 3 次。褐斑病用 50% 福美双可湿性粉剂 500 ～ 800 倍液喷雾防治。

2. 炭疽病　用 80% 代森锰锌可湿性粉剂 500 ～ 600 倍液喷雾防治。

3. 锈病　发病初期可用 12.5% 腈菌唑可湿性粉剂 1000 倍液，或 15% 三唑酮可湿性粉剂 600 倍液，或 65% 世高可湿性粉剂 800 倍液对植株茎叶防治喷雾。

4. 根腐病　用 50% 多菌灵可湿性粉剂 500 倍液，或 20% 双效灵水剂 200 倍液灌根防治，灌药量为每株 100 ～ 200 ml。

【留种技术】当果种子成熟时，将种子采下，阴干，贮于干燥通风处贮藏。

【采收加工】春、秋二季采挖，洗净，除去须根和外皮，晒干。

【商品规格】

（一）含量测定

按照《中华人民共和国药典》2015 年版一部测定：本品按干燥品计算，含薯蓣皂苷（$C_{45}H_{72}O_{16}$）不得少于 1.3%。

（二）商品规格

均为统货，不分等级。

【贮藏运输】应置于通风干燥处储藏，严防受潮、霉变、虫蛀。运输工具必须清洁、干燥、无异味、无污染。运输时不能与其他有毒、有害的物质混装。运输过程中应有防雨、防潮、防污染等措施。

川　芎

【药用来源】为伞形科多年生草本植物川芎 *Ligusticum chuanxiong* Hort. 的干燥根茎。

【性味归经】辛，温。归肝、胆、心包经。

【功能主治】活血行气，祛风止痛。用于胸痹心痛，胸胁刺痛，跌打肿痛，月经不调，经闭痛经，癥瘕肿块，脘腹疼痛，头痛眩晕，风湿痹痛。

【**植物形态**】株高 40 ～ 70 cm，全株有浓烈香气。块茎呈不规则的结节拳状团块，有多数芽眼；表面棕褐色。茎直立，圆柱形，中空，下部的节膨大成盘状。种源培育中的茎作为繁殖材料，其节剪制后俗称苓子。叶互生，叶柄长 3 ～ 10 cm，基部扩大抱茎；3 ～ 4 回三出羽状复叶，小叶 4 ～ 5 对，羽状深裂；茎上部叶逐渐简化。复伞形花序顶生或侧生，总苞 3 ～ 6，线形；伞辐 7 ～ 20 mm；小总苞 2 ～ 7，线形，略带紫色；萼齿不发育；花瓣白色，内曲；雄蕊 5；花柱 2，向下反曲。双悬果广卵形两侧压扁，长 2 ～ 3 mm；背棱槽内有油管 1 ～ 5，侧棱槽内有油管 2 ～ 3，合生面有油管 6 ～ 8。花期 6—8 月，幼果期 9—10 月。

【**植物图谱**】见图 21-1 ～图 21-4。

图 21-1　川芎（原植物）

图 21-2　川芎（大田）

图 21-3　川芎药材

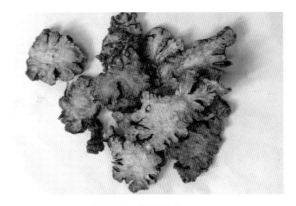

图 21-4　川芎饮片

【**生态环境**】川芎喜气候温和、湿润、日照充足的环境，宜种植在土层深厚、疏松肥沃、排水良好、有机质含量丰富、中性或微酸性的砂质壤土，忌涝洼地、荫蔽地。

【**生物学特性**】川芎生长周期为 280 ～ 290 天，利用苓子无性繁殖，2 ～ 3 天出苗。9 月中旬至 11 月中旬，地上部分生长迅猛，后期根茎开始快速生长。12 月是根茎干物质积累的最适时期。

【**栽培技术**】

（一）选地、整地

1．选地　应选土地平坦、土质疏松、排水良好的砂质壤土，土质黏重、排水不良及低洼地不宜种植。

2．整地　川芎是一种耐肥植物，必须施足基肥，每亩施农家肥 2500 kg 或腐殖质 ≥ 45% 以上的优质腐熟有机肥 3000 kg，并深翻土壤 30 cm 以上，整平耙细。

（二）**繁殖方法**

1．苓种处理　川芎用苓子栽种，选茎秆中间部位茎节，从两个节盘中间剪，剪成 3 ～ 4 cm 长的段，每节有 1 个节盘，每个节盘有芽 1 ～ 2 个，即"苓子"。每根茎秆可剪 6 ～ 9 个苓子。剪好后用 50% 多菌灵可湿性粉剂 1∶500 倍溶液浸泡 15 ～ 25 分钟，捞出晾干待栽。

2．苓子栽种　在 4 月底或 5 月初，选晴天栽种，按行距 30 ～ 35 cm 划出深度 10 cm 的浅沟栽种，株距为 17 ～ 20 cm，将苓子平放沟内，芽头向上并按紧，覆土深度 2 cm 左右，镇压后浇水，并覆盖草苫保湿。此外，每隔 5 ～ 10 行的行间应密栽苓子 1 行，以备补苗，每亩用种量 40 ～ 50 kg。

（三）**田间管理**

1．定植与补苗　栽种后 10 天左右，选择晴天及时揭开稻草晾晒 2 ～ 3 天，进行定植与补苗，以保证田间川芎生长整齐。

2．中耕除草　生长中需要进行四次中耕除草，第一次在栽种后 20 天左右进行浅松表土、除草；第二次在 9 月中旬进行松表土、除草；第三次在 9 月底至 10 月初进行，只除草，不松土；第四次在进入越冬期时进行，先去除枯死的地上部分和田间里枯死的杂草，并取行间土壤铲松后培于行上，保护川芎根免受霜雪冻害。

3．追肥　苗期每亩施清粪水 1000 kg、腐熟的油枯 30 kg 混匀淋穴，促进生根和幼苗生长；发茎期每亩施粪水 2000 kg、腐熟的油枯 40 kg 混匀淋穴，促进茎生长；越冬期每亩施腐熟的油枯 60 kg、草木灰 100 kg、堆肥 300 kg，混匀后施到植株周围，再取行间土壤培于行上覆盖肥料；翌年返青后，每亩施用粪水 1500 kg 促进茎快速生长。

4．灌溉与排水　要保持土壤湿润，遇干旱时要及时浇水，雨季要注意及时排水防涝，以免烂根死苗，降低产量和品质。

5．疏茎叶　地上茎高 15 cm 左右时，要疏一次茎，去掉各株长出过密的茎秆，尽量疏除根茎中间茎秆，每株外缘可保留 6 ～ 8 个，疏茎的同时将保留茎秆下部的老叶打去，以利通风透光，减少病虫害及防止烂根。

6．除蕾　在花蕾初期剪去花序，以利根茎生长。

7．越冬管理　一般在"立冬"后，在畦面上可覆盖一层腐熟牛马粪或圈肥，既作越冬肥，又起防寒作用。无牛马粪可在根茎上覆盖草苫或培土厚度 6 ～ 9 cm，第二年春暖萌发之前去除覆盖物或培土，以利出苗。

（四）**病虫害防治**

1．病害

（1）白粉病：主要危害叶片，在叶片表面形成白色霉层，严重时叶片脱绿变黄干枯。防治方法：一是农业防治：轮作；收获苓种时清除病株、病残叶深埋。二是药剂防治：在发病初期，喷施 430 g/L 戊唑醇悬浮剂 3000 倍液（苗期 6000 倍液）或 75% 肟菌·戊唑醇水分散粒剂 3000 倍液喷雾，每 5 ～ 7 天喷洒一次，连用 2 ～ 3 次。

（2）根腐病：收获时，有部分根茎内部完全变成黄褐色的糊糊状，并散发出特殊的臭味，染病植株根茎腐烂掉，地上部凋萎枯死。防治方法：发病初期用 15% 噁霉灵水剂 750 倍液或 3% 甲霜·噁霉灵水剂 1000 倍液喷淋根茎部，每 7 ～ 10 天喷药 1 次，连用 2 ～ 3 次。

【留种技术】7 月下旬至 8 月上旬，采收春季种植的川芎茎秆，放入地窖中，用湿润沙土覆上薄薄一层，每周翻动一次，防止发霉。8 月上旬取出茎秆，剪切成 3 ～ 4 cm 长的小节，进行分级、刷选。挑选健壮、无病害、大小均一、有活力的作种。

【采收加工】

（一）采收

栽培后翌年秋季采收。过早挖，地下根茎尚未充分成熟，产量低；过迟挖，根茎已熟透，在地下易腐烂。采挖宜选晴天，挖起全株。

（二）产地加工

采收后，磕去根茎上的泥土，除去茎叶，用微火炕烤后，放入竹笼里抖动，去掉泥土及须根。

【商品规格】

（一）含量测定

按照《中华人民共和国药典》2015 年版一部测定：本品按干燥品计算，含阿魏酸（$C_{10}H_{10}O_4$）不得少于 0.10%。

（二）商品规格

一等：干货。呈绳结状，质坚实。表面黄褐色。断面灰白色或黄白色。有特异香气，味苦辛、麻舌。每千克 44 个以内，单个的重量不低于 20g。无山川芎、空心、焦枯、杂质、虫蛀、霉变。

二等：干货。呈绳结状，质坚实。表面黄褐色。断面灰白色或黄白色。有特异香气，味苦辛、麻舌。每千克 70 个以内。无山川芎、空心、焦枯、杂质、虫蛀、霉变。

三等：干货。呈绳结状，质坚实。表面黄褐色。断面灰白色或黄白色。有特异香气。味苦辛、麻舌。每千克 70 个以上，个大空心的属此类。无山川芎、苓珠、苓盘、焦枯、杂质、虫蛀、霉变。

【贮藏运输】应放置在通风、干燥、避光和阴凉低温的仓库或室内贮藏，切忌受潮、受热。运输工具必须清洁、干燥、无异味、无污染。运输时不能与其他有毒、有害的物质混装。运输过程中应有防雨、防潮、防污染等措施。

华北大黄

【药用来源】为蓼科植物华北大黄 *Rheum franzenbachii* Munt. 的干燥根和根茎。

【性味归经】苦、寒。归脾、胃、大肠、肝、心包经。

【功能主治】泻热通便，行瘀破滞。用于大便热秘，经闭腹痛，湿热黄疸；外用治口疮糜烂，烫火伤。

【植物形态】

多年生高大草本，高 50 ～ 90 cm，直根粗壮，内部土黄色；茎具细沟纹，常粗糙。基生叶较大，叶片心状卵形到宽卵形，长 12 ～ 22 cm，宽 10 ～ 18 cm，基出脉 5（7）条，叶上面灰绿色或蓝绿色，通常光滑，下面暗紫红色；叶柄半圆柱状，常暗紫红色；基生叶较小，叶片三角状卵形；越向上叶柄越短，到近无柄；托叶鞘抱茎，长 2 ～ 4 cm，棕褐色，外面被短硬毛。大型圆锥花序，具 2 次以上分枝，轴及分枝被短毛；花黄白色，3 ～ 6 朵簇生；花梗细，关节位于中下部，花被片 6，外轮 3 片稍小，宽椭圆形，内轮 3 片稍大，极宽椭圆形到近圆形，长约 1.5 mm；雄蕊 9。瘦果宽椭圆形，有翅，翅宽 1.5 ～ 2 mm。种子卵状椭圆形，宽约 3 mm。花期 6—7 月，果期 8—9 月。

【植物图谱】见图 22-1 ～图 22-6。

图 22-1　华北大黄原植物

图 22-2　华北大黄花蕾期

图 22-3　华北大黄花蕾初期

图 22-4 华北大黄的花

图 22-5 华北大黄叶（祁大黄）

图 22-6 华北大黄果实

【生态环境】生于山地林缘或草坡，喜欢阴湿的环境，野生或栽培。

【生物学特性】喜冷凉气候，耐寒，忌高温。野生于我国山西、河北、内蒙古南部及河南北部等地海拔 1000～1400 m 的山坡石滩或林缘；家种多在海拔 1000 m 以上的地区。冬季最低气温为 –10℃ 以下，夏季气温不超过 30℃，无霜期 150～180 天，年雨量为 500～1000 mm。对土壤要求较严，一般以土层深厚，富含腐殖质，排水良好的壤土或砂质壤土最好，黏重酸性土和低洼积水地区不宜栽种。忌连作，须经 4～5 年后再种。

【栽培技术】

（一）繁殖材料

主要用种子繁殖和子芽繁殖。种子繁殖又分直播和育苗移栽两种方法。

（二）选地、整地

1．选地　应选择阴凉湿润的半阴半阳地，缓坡，保水但不积水，土质疏松，肥力中等，富含腐殖质的砂质壤土为宜。

2．整地

（1）大田整地：选定种植地后，深翻土壤 30 cm 以上，结合整地施入基肥，每亩施腐熟有机肥 3000～4000 kg，使基肥与土充分混合后，平整后作高畦，畦宽 140 cm，高 15～20 cm，畦沟宽 40 cm。四周开好排水沟，以利于排水。

（2）机械整地：使用翻转犁深耕灭茬 45 cm 以上，翻耕后用旋耕机或圆盘耙对表层土壤进行细碎和平整处理，达到地表平整，土壤细碎疏松、上实下虚，便于机械播种的要求。深耕后使用旋耕起垄施肥机，均匀施入肥料，做到全层施肥，然后立即混土 5～10 cm。整成 140 cm 的宽畦，畦高 20～25 cm，垄间距 40 cm，畦面平整，耕层松软。

（三）繁殖

1．繁殖时间　4 月中旬至 5 月上旬。

2．繁殖方法

（1）直播：按行株距 60 cm×45 cm 穴播，穴深 3 cm 左右，每穴播种 5～6 粒，覆土 2～3 cm。每亩用种量 2～2.5 kg。

（2）育苗移栽：春播 3 月中旬进行，条播行距 25 cm，沟深 3～4 cm，宽 3～5 cm，覆土 2～3 cm。每亩用种量 4～5 kg。播种后应适当浇水，以促进种子的发芽。翌年 4 月中下旬开始定植，行株距各 68 cm 左右，穴深 17 cm，每亩需种苗 1500～2000 株，栽后浇定根水。

（3）子芽繁殖：在收获华北大黄时，将母株根茎上的萌生健壮且较大的子芽摘下，按行株距各 55 cm 挖穴，每穴放 1 子芽，芽眼向上，覆土 6～7 cm，踏实。栽种时在切割伤口涂上草木灰，以防腐烂。

（四）田间管理

1．中耕除草　栽后第 2 年进行中耕除草 3 次。第 3 年在春、秋季各进行 1 次。第 4 年在春季进行 1 次。

2．追肥　在每次中耕除草后进行，春夏季施油饼或人畜粪水，秋季施土杂肥及炕土灰壅蔸防冻，如堆肥中加入磷肥效果更好。

3．培土　华北大黄根茎肥大，不断向上生长，所以每次中耕除草、追肥时，都应培土，以促进根茎生长，又能防冻。

4．摘薹　华北大黄移栽后在第 3、4 年的 5—6 月间，抽薹开花，除留种者以外，均应及时摘除花薹，以免消耗大量养料，以利根茎发育。

（五）病虫害防治

1．病害

（1）根腐病：多在雨季发生。防治方法：选地势较高，排水良好的地方种植，忌连作，经常松土，增加透气度；并进行土壤石灰消毒，拔除病株烧毁。

（2）叶斑病：防治方法：于发病初期，每7～10天喷次1∶1∶100的波尔多液，共喷3～4次。

2．虫害

（1）蚜虫：成虫或若虫吸食叶片、花蕾叶液。防治方法：用33%氯氟·吡虫啉乳油3000倍液，或用10%吡虫啉粉剂1500倍液喷雾。

（2）蛴螬：防治方法：一是每亩用50%辛硫磷颗粒剂1～1.5 kg与225～450 kg细土混合制成"毒土"顺垄撒施在大黄幼苗附近，雨前施下，效果更佳。二是大量发生时用50%辛硫磷1000～1500倍液或90%美曲膦酯1000倍液灌根，每穴50～100 ml。

【留种技术】华北大黄花期6—7月，果熟期8月中旬至9月下旬，随熟随采。采收的种子晾晒2～3天，除去杂质，放入专用袋中保存。贮藏期不超过9个月。

【采收加工】秋末茎叶枯萎或次春发芽前采挖，除去细根，刮去外皮，切瓣或段，用绳穿成串干燥或直接干燥。

【商品规格】

（一）含量测定

按照《中华人民共和国药典》2015年版一部测定：本品按干燥品计算，含总蒽醌以芦荟大黄素（$C_{15}H_{10}O_5$）、大黄酸（$C_{15}H_8O_6$）、大黄素（$C_{15}H_{10}O_5$）、大黄酚（$C_{15}H_{10}O_4$）和大黄素甲醚（$C_{16}H_{12}O_5$）的总量计，不得少于1.5%。

（二）商品规格

统货：干货。去粗皮，纵切或横向联合切成瓣段，块片大小不分。表面黄褐色，断面具放射状纹理及明显环纹。髓部有星点或散在颗粒。气清香，味苦微涩，中部直径在2 cm以上，糠心不超过15%。无杂质、虫蛀、霉变。

【贮藏运输】储藏于清洁、阴凉、干燥、通风、无异味的专用仓库中，温度控制在25℃以下，相对湿度小于70%，商品安全水分为10%以下，储存时间12个月。运输工具必须清洁、干燥、无异味、无污染。运输时不能与其他有毒、有害的物质混装。运输过程中应有防雨、防潮、防污染等措施。

丹 参

【药用来源】为唇形科植物丹参 *Salvia miltiorrhiza* Bge. 的干燥根及根茎。

【性味归经】苦，微寒。归心、肝经。

【功能主治】活血祛瘀，通经止痛，清心除烦，凉血消痈。用于胸痹心痛，脘腹胁痛，癥瘕积聚、热痹疼痛，心烦不眠，月经不调，痛经经闭，疮疡肿痛。

【植物形态】丹参高30～80 cm，全株密被黄白色柔毛及腺毛。茎四方形。叶对生，通常为奇数羽状复叶；小叶3～5片，卵形或椭圆状卵形，长1.5～7 cm，两面被柔毛。轮伞状花序组成顶生或腋生总状花序式，密被腺毛和柔毛；花夏季开放，蓝紫色；苞片披针形，被绿毛；花萼钟状，长约1.1 cm，

11脉，有一倾斜毛环，下唇中裂片扁心形；雄蕊有长17～20 cm的药隔，其下臂短而粗，长3 mm左右，顶端靠接。小坚果，椭圆形，黑色。根肉质，圆柱形，外皮朱红色。

【植物图谱】见图23-1～图23-5。

【生态环境】喜温和、光照充足、空气湿润的环境，适宜种植在土层深厚、排水良好、肥力充足的沙壤土中。土壤酸碱度以近中性或微酸性为好，过砂或过黏的土壤均不宜种植。一般栽种在海拔较低的丘陵地带，在年平均气温为17.5℃，平均相对湿度为76%，海拔400～900m地带内种植最为适宜。

图23-1　丹参药材（栽培）

图23-2　丹参原植物

图23-3　丹参花序

图 23-4 丹参唇形花冠（近照）

图 23-5 丹参鲜根

【生物学特性】丹参在 1 月下旬至 2 月中旬栽培，3 月中旬至 5 月出苗，出苗期较长。9 月以前主要是地上部分生长，以后生长重心由茎叶转向根部，12 月中下旬植株的干物质积累量达峰值，此时为最佳采收期。

【栽培技术】

（一）繁殖材料

丹参主要采用分根繁殖或扦插育苗移栽，也可以用种子直播或育苗移栽。一般多采用分根直播或育苗移栽。种源以陕西商洛或山东蒙阴、临邑等地原产的唇型科植物丹参为主要种源。种植区域在海拔 400 m 以下、年平均气温在 8.5 ～ 9℃、≥ 0℃积温 3800℃以上、≥ 10℃积温 3400℃以上、无霜期 160 天以上、年降雨量 600 mm 以上的地区。

（二）选地、整地

1．选地　选择土层深厚、土质疏松、富含有机质，透水透气良好并靠近水源或有灌溉条件的沙壤土或轻壤土为宜，土壤 pH 为 5.5 ～ 7.5。

2．整地

（1）大田整地：选定种植地后，深翻土壤 30 cm 以上，结合整地施入基肥，每亩施腐熟有机肥 3000 ～ 4000 kg，磷酸二铵复合肥 10 ～ 15 kg，使基肥与土充分混合后，平整后作高畦，畦宽 140 cm，高 20 cm，畦沟宽 40 cm。四周开好排水沟，以利于排水。

（2）机械整地：使用翻转犁深耕灭茬 45 cm 以上，翻耕后用旋耕机或圆盘耙对表层土壤进行细碎和平整处理，达到地表平整，土壤细碎疏松、上实下虚，便于机械播种的要求。深耕后使用旋耕起垄施肥机，均匀施入肥料，做到全层施肥，然后立即混土 5 ～ 10 cm。整成 140 cm 的宽畦，畦高 25 cm，垄间距 40 cm，畦面平整，耕层松软。

（三）育苗技术

将种子与 2 ～ 3 倍细土或小米混匀后，分两次均匀地撒在做好的苗床上，用扫帚或铁锨拍打，使种子和土壤充分接触，并用田园土覆盖 1 cm，或用麦秸、麦糠盖严至不露种子为宜，浇透水，保持湿润。每亩用种量 2.7 ～ 4 kg。播种后，每天检查苗床一次，观察苗床墒情和出芽情况。如天旱可在田园土或覆盖物上喷洒清水，以保持苗床湿润；雨季要做好排水；并及时拔掉杂草。播种后 4 天开始出苗，15

天苗基本出齐。当出苗开始返青时，对苗床上的覆盖物，在傍晚或阴天逐渐多次揭去，防止覆盖物揭得太迟将苗捂黄或捂死。当苗过稠或过稀时，应及时间苗、补苗，幼苗行株距应保持在 5 cm 左右。当种苗因缺肥瘦弱时，可结合灌溉或雨天施尿素每亩 5 ～ 10 kg。苗床上的杂草，要及时拔除。

（四）种栽繁殖

在育苗地选择一年生丹参，直径为 1 cm，外表鲜红色，新鲜无瘢痕、无病虫害感染的根作为种栽；也可选直径为 1.5 cm，顶端有宿芽 3 ～ 5 个或有茎痕，上部紫棕色或棕黑色，下部紫红色，无损伤及病虫害感染，并带有 1.5 ～ 2.5 cm 长细根的芦头作为种栽。秋季栽种在 10 月下旬至 11 月上旬进行，春季在 4 月中下旬。行株距为 25 cm×25 cm，土壤肥沃，行株距可增大。栽植方法为挖穴或开沟，深度以芦头所带细根能自然伸直或种根能放入为宜，一般在 5 ～ 7 cm，并按种栽生长方向栽种，每穴栽入 1 段，覆细土 2 ～ 3 cm，栽后覆盖地膜。也可在畦上先覆盖地膜后，按行株距 25 cm×25 cm，开穴，下种，覆土。

（五）田间管理

1. 除草　除草一般可分为出苗期（苗高 5 ～ 10 cm）、开花前期（5 月中下旬）、果实采收后（8 月中下旬）三个时期，对于畦上草随时用手拔掉，床帮和畦沟草用锄头除掉，做到除草及时。

2. 追肥　在基肥充足的情况下，一般可不追肥。若基肥较少或未施基肥的情况下，可结合中耕除草进行追肥。第一次在丹参返青时（3 月下旬）结合灌水施提苗肥，每亩施沤熟的人粪尿 400 kg；第二次施促花肥（4 月下旬至 5 月上旬），每亩施沤熟的人粪尿 500 kg 和饼肥 50kg；第三次施壮根肥或长根肥（7 月下旬至 8 月上旬），每亩施沤熟的人粪尿 800 kg、过磷酸钙 20 kg、氯化钾 10 kg。第二次、第三次追肥以沟施或穴施为好，施后即覆土盖没肥料。

3. 摘蕾控苗　丹参生产田必须摘蕾控苗。摘蕾控苗时间以丹参主轴上和侧枝上有蕾芽出现时为宜，选晴天上午 10 时至下午 5 时，通过手掐或剪刀剪除的方法剪除蕾芽。

4. 灌溉排水　5—7 月干旱，造成土壤墒情较差时，应及时由畦沟放水渗透或喷灌，禁用漫灌。8—10 月连续阴雨天气，造成土壤出现积水时，应及时疏通并加深田间的排水沟。

（六）病虫害防治

1. 病害

（1）根腐病：发病初期，须根、支根变褐色腐烂，向主根蔓延，最后导致全根腐烂，外皮变为黑色；地上茎叶自下而上逐渐枯萎，最终全株枯死。拔出病株，可见茎地下部和主根上部变黑，病部稍凹陷，纵剖病根，维管束呈褐色。防治方法：一是可抑制土壤病菌的积累，减少连作带来的土壤养分消耗，实现土壤养分平衡；一般以丹参与禾本科作物、豆科作物轮作。二是采用高畦深沟栽培，防止积水；避免大水漫灌；发现病株及时拔除。三是幼苗移栽前用 50% 多菌灵或 70% 甲基托布津 800 倍液蘸根处理 10 分钟后阴干移栽。四是发病初期用 50% 多菌灵或 70% 甲基托布津 1000 倍液灌根，每株灌液量 250ml；也可用 70% 甲基托布津 500 倍液或 75% 百菌清 600 倍液喷射茎基部，每隔 10 天喷一次，连喷 2 ～ 3 次。

（2）根结线虫病：丹参根部生长出许多瘤状物，致使植株矮小，发育缓慢，叶片退绿变黄，最后全株枯死。拔起病株，须根上有许多虫瘿壮的瘤，瘤的外面粘着土粒，难以抖落掉。防治方法：一是同一块地丹参种植不超过 2 个周期，最好与禾本科植物如玉米、小麦轮作。二是在根结线虫等病害多发区，结合土壤整地，每亩施入 3% 辛硫磷颗粒 3 kg，撒入地面，翻入土中，进行土壤消毒；或用 50% 辛硫磷乳油 3 ～ 3.75 kg 加 10 倍水稀释成 30 ～ 37.5 kg，喷洒在 375 ～ 450 kg 细土上，拌匀，制成"毒土"，结合整地撒在地面，翻入土中。

2．虫害

（1）蛴螬：5—6月大量发生，全年危害。在地下咬食丹参植株的根、茎，使植株逐渐萎蔫、枯死，造成缺苗断垄。防治方法：一是结合整地，精耕细作，深耕多耙，合理轮作倒茬，合理施肥和灌水，都可降低虫口密度，减轻危害。二是人工捕杀；或每亩用50%辛硫磷颗粒剂1～1.5 kg与225～450 kg细土混合制成"毒土"，顺垄撒施在丹参幼苗附近，雨前施下，效果更佳。三是在蛴螬大量出现时用50%辛硫磷1000～1500倍液或90%美曲膦酯1000倍液灌根，每穴50～100 ml。四是采用黑光灯诱杀成虫。

（2）金针虫：5—8月大量发生，全年危害。将丹参植株的根部咬食成凹凸不平的空洞或咬断，使植株逐渐枯萎、死亡。在生地和施入未腐熟的厩肥地块危害严重。防治方法同蛴螬。

【留种技术】7月上中旬，丹参果穗的2/3果壳变黄时，用剪刀剪下果穗，去掉果穗顶端未成熟部分，捆扎成束，置通风处晾3～5天后脱粒，然后用筛子和簸箕将杂质、瘪粒、草子去掉。

【采收加工】

（一）采收

丹参栽种后，在大田生长1年或1年以上，根部化学成分达到质量标准时，于11月上中旬，丹参地上部分开始枯萎、土壤干湿度合适时，选晴天采挖。

（二）产地加工

采挖出的丹参先置于原地晒至根上泥土稍干燥，剪去杆茎、芦头等地上部分，抖落泥土（忌用水洗），装筐或装袋。采挖丹参时应尽量深挖，减少产量损失。装运过程中不得挤压、践踏，以免药材受损。

【商品规格】

（一）含量测定

按照《中华人民共和国药典》2015年版一部测定：本品按干燥品计算，含丹酚酸（$C_{36}H_{30}O_{16}$）不得少于3.0%。

（二）商品规格

1．丹参（野生）规格标准

统货：干货。呈圆柱形，条短粗，有分支，多扭曲。表面红棕色或深浅不一的红黄色，皮粗糙，多鳞片状，易剥落。体轻而脆。断面红黄色或棕色，疏松有裂隙，显筋脉白点。气微，味甘微苦。无芦头、毛须、杂质、霉变。

2．丹参（家种）规格标准

一等：干货。呈圆柱形或长条状，偶有分支。表面紫红色或棕黄色。有纵皱纹。质坚实，皮细而肥壮。断面灰白色或棕黄色，无纤维。气弱，味甜微苦。多为整枝，头尾齐全，主根上中部直径在1 cm以上。无芦茎、碎节、须根、杂质、虫蛀、霉变。

二等：干货。呈圆柱形或长条形，偶有分枝。表面紫红色或黄红色，有纵皱纹。质坚实，皮细而肥壮。断面灰白色或棕黄色，无纤维。气弱、味甜、微苦。主根上中部直径1 cm以下，但不得低于0.4 cm。有单枝及撞断的碎节。无芦茎、须根、杂质、虫蛀、霉变。

【贮藏运输】应置于通风干燥处储藏，货堆下面必须垫高15 cm，以利防潮。储藏期间应保持环境清洁，发现受潮及轻度霉变、虫蛀，要及时晾晒或翻垛通风。储藏温度不超过30℃，相对湿度为70%～75%为宜。商品安全水分为11%～14%。运输工具必须清洁、干燥、无异味、无污染。运输时不能与其他有毒、有害的物质混装。运输过程中应有防雨、防潮、防污染等措施。

当 归

【药用来源】为伞形科植物当归 *Angelica sinensis* (Oliv.) Diels 的干燥根。

【性味归经】甘、辛，温。归肝、心、脾经。

【功能主治】补血活血，调经止痛，润肠通便。用于血虚萎黄，眩晕心悸，月经不调，经闭痛经，虚寒腹痛，风寒痹痛，跌打损伤，痈疽疮疡，肠燥便秘。酒当归活血通经，用于经闭痛经，风湿痹痛，跌打损伤。

【植物形态】多年生草本，茎带紫色，有纵直槽纹。叶为二至三回奇数羽状复叶，叶柄基部膨大呈鞘，叶片卵形或卵状披针形，近顶端一对无柄，一至二回分裂，裂片分缘有缺刻。复伞形花序顶生，无总苞或有 2 片。双悬果椭圆形，分果有 5 棱，侧棱有翅，每个棱槽有 1 个油管，结合面 2 个油管。

【植物图谱】见图 24-1 ～图 24-4。

图 24-1 当归（大田）

图 24-2 当归花

图 24-3 当归原植物

图 24-4 当归种子

【生态环境】当归适宜在海拔 1500 ～ 3000 m 的高寒山区，土层深厚，疏松肥沃，排水良好，富含有机质的微酸性至中性沙壤土、腐殖土中生长，忌连作，轮作期 2 ～ 3 年。

【生物学特性】野生当归长于高山地区，对温度的要求严格，喜气候凉爽，怕高温酷热。对水分的要求也比较严格，抗旱性和抗涝性都较弱。当归种子在室温下 1 年即失去发芽能力，在低温干燥环境下种子可储存 3 年。当归播种后第三年才开花。当归从播种育苗到开花结籽需要经历两冬跨 3 年，历时 860 天。

【栽培技术】

（一）选地、整地

1．选地　育苗地可以选择阴凉、湿润、肥沃的生荒地或熟地，要求土层深厚、肥沃疏松、富含腐殖质的沙壤土，pH 近中性。移栽地应选择土层深厚、疏松肥沃、排水良好、富含腐殖质的荒地或休闲地。以阳坡为好，阴坡生长慢。

2．整地

（1）大田整地：选定种植地后，深翻土壤 30 cm 以上，结合整地施入基肥，每亩施腐熟有机肥 3000 ～ 4000 kg，磷酸二铵复合肥 7.5 ～ 10 kg，使基肥与土充分混合后，平整后作高畦，畦宽 140 cm，高 20 cm，畦沟宽 40 cm。四周开好排水沟，以利于排水。

（2）机械整地：使用翻转犁深耕灭茬 45 cm 以上，翻耕后用旋耕机或圆盘耙对表层土壤进行细碎和平整处理，达到地表平整，土壤细碎疏松、上实下虚，便于机械播种的要求。深耕后使用旋耕起垄施肥机，均匀施入肥料，做到全层施肥，然后立即混土 5 ～ 10 cm。整成 140 cm 的宽畦，畦高 25 cm，垄间距 40 cm，畦面平整，耕层松软。

（二）播种

5 月中下旬至 6 月上旬，在整好的畦面上，按行距 30 ～ 40 cm，开深 2 ～ 3 cm，宽 5 ～ 8 cm 的浅沟，每亩播种量 3.5 kg，将种子均匀撒入沟内，覆土 2 ～ 3 cm，稍加镇压，播种后保持土壤湿润。

（三）育苗移栽

1．育苗　在整好的畦面上，按行距 20 cm，开深 2 ～ 3 cm，宽 5 ～ 8 cm 的浅沟，每亩播种量 7.5 kg，将种子均匀撒入沟内，覆土 2 ～ 3 cm，稍加镇压。播种后必须保持苗床湿润，同时盖草保墒。育苗期间保持畦面无杂草，并结合除草进行间苗，去弱留强，保持株距 1 cm 左右。幼苗末期可进行追肥，追肥以速效氮肥为好，如人畜粪水或碳酸氢铵，追施适量氮肥可以降低种苗的含糖量，从而降低抽薹率。

2．起苗贮藏　当归苗应在入冬前起回，田间越冬抽薹率高。起苗时间以气温下降到 5℃ 左右，地上叶片开始枯黄时为宜。起苗时应力求根系完整，严禁损伤芽和根体，抖掉泥土，去掉苗叶，保留 1 cm 的叶柄。去除病、残、伤、烂苗后，按大、中、小分开，每 100 株捆成一把，摆放在阴凉干燥处的生干土上（土层 5 cm 厚）晾 5 ～ 7 天，使鲜苗外皮稍干，根体开始变软（含水量 60% ～ 65%），叶柄萎缩后就可室内贮藏。先在地上铺一层厚约 5 cm 的生干土，然后将苗把头尾交叉横摆一层，把与把相间约 1 cm，摆好一层后，上覆细土 1 ～ 2 cm，再依次连摆 2 ～ 3 层，上盖 20 cm 的细土即可。

3．移栽　一般为春栽，时间以清明前后为宜。过早，幼苗出土后易遭晚霜危害；过迟，种苗已萌动，容易伤芽，成活率降低。栽植方式分穴栽和沟栽。

（1）穴栽：在整好的栽植地上，按行株距 33 cm×27 cm×27 cm 三角形错开挖穴，穴深 15 cm。然后每穴按品字形排列栽入大、中、小苗各 1 株，边覆土边压紧，覆土至半穴时，将种苗轻轻向上提一下，使根系舒展，然后盖土至满穴，施入适量的火土灰或土杂肥，覆盖细土没过种苗根茎 2 ～ 3 cm 即可。

（2）沟栽：在整好的畦面上，横向开沟，沟距40 cm，沟深15 cm，按3～5 cm的株距将大、小苗相间摆于沟内，根茎低于畦面2 cm，盖土2～3 cm。

（四）田间管理

1．中耕除草　从出苗后至封垄前，中耕除草3～4次。浇水和雨后及时中耕，保持田间土壤疏松无杂草。第2年返青前，及时清理田园；返青后至封垄前视情况中耕除草2～3次。

2．间苗、定苗、补苗　当归移栽后20天左右便可陆续出苗，苗高3 cm时开始间苗；苗高10 cm，按株距20 cm定苗；如有缺苗，应及时于阴天或傍晚带土补栽，栽后及时灌水。

3．追肥　适宜追肥的时间在6月下旬叶生长盛期和8月上旬根增长期，这是两个需肥高峰期。通常使用磷酸二氢钾、磷酸二铵和氮磷钾复合肥作追肥。追肥数量应根据生长情况而定，主要是保证磷、钾肥要有相应的增加。

4．灌水与排水　当归生长需要较湿润的土壤环境，天旱时应进行适量的灌溉，雨水过多时要注意开沟排水，特别是在生长的后期，田间不能积水，否则会引起根腐病，造成烂根。

5．培土　当归生长到中后期，根系开始发育，生长迅速。此时培土，可促进归身的发育，有助于提高产量和质量。

6．打老叶　当归封畦后，下部老叶因光照不足而发黄，要及时摘除，这既可避免不必要的养分消耗，又能改善植株内部的通风透光条件。

7．打薹　早期抽薹的植株，根部逐渐木质化，失去药用价值。要及时全部拔除，以免消耗地力，影响未抽薹植株的正常生长。

（五）病虫害防治

1．病害

（1）根腐病：发病植株根部组织初呈褐色，进而腐烂变成黑色水浸状，只剩下纤维状物。地上部叶片变褐至枯黄，变软下垂，最终整株死亡。5月初开始发病，6月危害严重，直至收获。防治方法：一是选择排水良好、透水性强的砂质土壤作栽培地；高畦栽种，忌连作；选用健壮无病种苗移栽；发现病株及时拔除，集中烧毁。二是发病初期用15%噁霉灵水剂750倍液或3%甲霜·噁霉灵水剂1000倍液喷淋根茎部，每7～10天喷药1次，连用2～3次。

（2）麻口病：主要发生在根部，发病后，根表皮出现黄褐色纵裂，形成累累伤斑，内部组织呈海绵状、木质化。防治方法：每亩（1亩≈666.67 m^2）用40%多菌灵胶悬剂250 g或70%托布津600 g加水150 kg，每株灌稀释液50 g，5月上旬和6月中旬各灌1次。

（3）白粉病：发病初期，叶面上出现灰白色粉状病斑。后期病斑上出现黑色小颗粒，病情发展迅速，全叶布满白粉，逐渐枯死。防治方法：在发病初期，喷施430 g/L戊唑醇悬浮剂3000倍液（苗期6000倍液）或75%肟菌·戊唑醇水分散粒剂3000倍液喷雾，每5～7天喷洒一次，连用2～3次。

（4）锈病：主要危害当归叶片，夏孢子堆散生或群生在叶背面，裸露，褐色。冬孢子堆叶两面生，裸露，黑色。可多次重复侵染。在温度18～22℃，相对湿度75%～80%的条件下，蔓延迅速。防治方法：发病初期及时喷药防治，可用30%戊唑·咪鲜胺可湿性粉剂500倍液或20%烯肟·戊唑醇悬浮剂1500倍液喷雾，每5～7天喷洒一次，连用2～3次。

2．虫害

（1）黄凤蝶：以幼虫为害，幼虫于夜间咬食叶片，造成缺刻，严重时将叶片吃光，仅剩叶柄和叶脉。5月至6月开始危害，7月下旬至8月危害较重。防治方法：用5%氯虫苯甲酰胺1000倍液喷雾或4.5%高效氯氰菊酯乳油1500倍液喷雾。

（2）蝼蛄：以成虫和幼虫取食种子和幼苗。蝼蛄活动形成的隧道又可使幼苗的根与土壤分离，失水干枯而死亡。防治方法：每亩用 90% 晶体美曲膦酯 200 g 拌煮好的谷子或炒香的豆饼、棉籽饼、麦麸等 3 ~ 5 kg 制成毒饵，于无风闷热的傍晚成小堆分散施入田间，也可在播种时将毒饵撒入播种沟、穴中。

（3）地老虎：以幼虫为害，昼伏夜出，咬断根茎，造成缺苗。防治方法：用 90% 晶体美曲膦酯 800 ~ 1000 倍液或 40% 辛硫磷乳油 800 ~ 1000 倍液浇灌。

【留种技术】留种地的当归不挖出，于早春拔除杂草，8 月中旬种子由红色转为粉白色时分批采收。将收获的果穗扎成把放在阴凉处晾干，冬闲时晒干脱粒放在阴凉通风干燥处保藏，不能受热、受潮，但第二年播种和第三年播种发芽率会大大降低。

【采收加工】

（一）采收

育苗移栽后当年或种子繁殖的第二年 10 月下旬或 11 月上旬采收。采挖时小心把全根挖起，抖去泥土。

（二）加工

当归运回后，不能堆置，应选择干燥通风处，及时摊开，晾晒几天，直到侧根失水变软，残留叶柄干缩为止。切忌在阳光下暴晒，以免起油变红。晾晒期间，每天翻动 1 ~ 2 次，并注意检查，如有霉烂，及时剔除。晾晒好的当归，将其侧根用手理顺，切除残留叶柄。

【商品规格】

（一）含量测定

按照《中华人民共和国药典》2015 年版一部测定：本品按干燥品计算，含阿魏酸（$C_{10}H_{10}O_4$）不得少于 0.050%。

（二）商品规格

1. 全当归规格标准

一等：干货。上部主根圆柱形，下部有多条支根，根梢不细于 0.2 cm。表面棕黄色或黄褐色。断面黄白色或淡黄色，具油性。气芳香，味甘微苦。每千克 40 支以内。无须根、杂质、虫蛀、霉变。

二等：干货。上部主根圆柱形，下部有多条支根，根梢不细于 0.2 cm。表面棕黄色或黄褐色。断面黄白色或淡黄色，具油性。气芳香，味甘微苦。每千克 70 支以内。无须根、杂质、虫蛀、霉变。

三等：干货。上部主根圆柱形，下部有多条支根，根梢不细于 0.2 cm。表面棕黄色或黄褐色，断面黄白色或淡黄色，具油性。气芳香，味甘微苦。每千克 110 支以内。无须根、杂质、虫蛀、霉变。

四等：干货。上部主根圆柱形，下部有多条支根，根梢不细于 0.2 cm。表面棕黄色或黄褐色，断面黄白色或淡黄色，具油性。气芳香，味甘微苦。每千克 110 支以上。无须根、杂质、虫蛀、霉变。

五等：（常行归）干货。凡不符合以上分等的小货，全归占 30%，腿渣占 70%，具油性。无须根、杂质、虫蛀、霉变。

2. 当归规格标准

一等：干货。纯主根，呈长圆形或拳状，表面棕黄色或黄褐色。断面黄白色或淡黄色，具油性。气芳香，味甘微苦。每千克 40 支以内。无油个、枯干、杂质、虫蛀、霉变。

二等：干货。纯主根，呈长圆形或拳状。表面棕黄色或黄褐色。断面黄白色或淡黄色，具油性。气芳香，味甘微苦。每千克 80 支以内。无油个、枯干、杂质、虫蛀、霉变。

三等：干货。纯主根，呈长圆形或拳状。表面棕黄色或黄褐色，断面黄白色或淡黄色，具油性。气芳香，味甘微苦。每千克 120 支以内，无油个、枯干、杂质、虫蛀、霉变。

四等：干货。纯主根，呈长圆形或拳状。表面棕黄色或黄褐色，断面黄白色或淡黄色，具油性。气芳香，味甘微苦。每千克 160 支以内，无油个、枯干、杂质、虫蛀、霉变。

【贮藏运输】因当归易受潮，应存放于清洁、阴凉、干燥通风、无异味的仓库中，并防回潮、防虫蛀。运输工具必须清洁、干燥、无异味、无污染。运输时不能与其他有毒、有害的物质混装。运输过程中应有防雨、防潮、防污染等措施。

党　参

【药用来源】为桔梗科植物党参 *Codonopsis pilosula*（Franch.）Nannf. 的干燥根。

【性味归经】甘，平。归脾、肺经。

【功能主治】健脾益肺，养血生津。用于脾肺气虚，食少倦怠，咳嗽虚喘，气血不足，面色萎黄，心悸气短，津伤口渴，内热消渴。

【植物形态】多年生草质藤本。全株断面具白色乳汁，并有特殊臭味。根长圆柱形，少分枝，肉质，表面灰黄色至棕色，上端部分有细密环纹，下部则疏生横长皮孔皮。根头膨大，具多数瘤状茎痕，习称"狮子盘头"，茎细长多分枝，幼嫩部分有细白毛。叶互生，对生或假轮生，叶片卵形或广卵形，基部近心形，两面有毛，全缘或浅波状。花单生，腋生；花萼 5 裂，绿色，花冠钟状，5 裂，黄绿色带紫斑。蒴果圆锥形种子多数，细小椭圆形，棕褐色，具光泽。花期 8—10 月，果期 9—10 月。

【植物图谱】见图 25-1 ～图 25-4。

【生态环境】喜温和、凉爽环境，怕热，较耐寒，各个生长期对温度要求不同。对光照要求较严格，幼苗喜荫，成株喜光。宜生长在土层深厚、疏松、排水良好、富含腐殖质的砂质壤土中，土壤酸碱度以中性或偏酸性土壤为宜，一般 pH6.0 ～ 7.5 之间。黏性较大的土壤或盐碱地、涝洼地上生长不良。对水分的要求不甚严格，一般在年降水量 600 ～ 1200 mm，平均相对湿度 70% 左右的条件下即可生长。

【生物学特性】植株一般 3 月至 4 月初出苗，然后进入缓慢生长的苗期。6 月中旬至 10 月中旬，植株进入营养生长快速期，8—10 月部分植株可开花结籽，但秕籽率较高。10 月中下旬地上部分枯萎进入休眠期。植株根的生长情况基本上是第一年伸长生长为主，第 2 年到第 7 年以加粗生长为主，特别是第 2 ～ 5 年根的加粗生长很快，党参种子以当年产的最优，新产种子发芽快，发芽率高，一般发芽率可达 65% ～ 75%，隔年种子发芽率极低。

图 25-1　党参（大田）

图 25-2　党参茎叶

图 25-3　党参花　　　　　　　　　　　　图 25-4　党参种子

【栽培技术】

（一）选地、整地

1．选地　应选择土层深厚、疏松肥沃、排水良好、富含腐殖质的荒地或休闲地。以阳坡为好，阴坡生长慢。以海拔 2000 m 以下为宜。忌连作，前茬以玉米、水稻、马铃薯为好。

2．整地

（1）大田整地：选定种植地后，深翻土壤 30 cm 以上，结合整地施入基肥，每亩施腐熟有机肥 3000 ～ 4000 kg，使基肥与土充分混合后，平整后作高畦，畦宽 140 cm，高 20 ～ 25 cm，畦沟宽 40 cm。四周开好排水沟，以利于排水。

（2）机械整地：使用翻转犁深耕灭茬 45 cm 以上，翻耕后用旋耕机或圆盘耙对表层土壤进行细碎和平整处理，达到地表平整，土壤细碎疏松、上实下虚，便于机械播种的要求。深耕后使用旋耕起垄施肥机，均匀施入肥料，做到全层施肥，然后立即混土 5 ～ 10 cm。整成 140 cm 的宽畦，畦高 25 cm，垄间距 40 cm，畦面平整，耕层松软。

（二）繁殖方法

用种子繁殖，常采用育苗移栽，少用直播。

1．种子处理　用 40 ～ 50℃的温水，边搅拌边放入种子，至水温与手温差不多时，再放 5 分钟，然后移置纱布袋内，用清水洗数次，再整袋置于温度 15 ～ 20℃的室内沙堆上，每隔 3 ～ 4 小时用清水淋水 1 次，5 ～ 6 天种子裂口即可播种。

2．育苗　一般在 7—8 月雨季或秋冬封冻前播种，在有灌溉条件地区也可采用撒播、条播或春播。撒播：将种子均匀撒于畦内，再稍盖薄土，以盖住种子为度，随后轻镇压使种子与土紧密结合，以利出苗，每亩用种 1kg。条播：按行距 10 cm 开 1 cm 浅沟，将种子均匀撒于沟内，同样盖以薄土，每亩用种子 0.6 ～ 0.8 kg，然后畦面用玉米秆等覆盖保湿，以后适当浇水，经常保持土壤湿润。春播可覆盖地膜，以利出苗。当苗高约 5 cm 时逐渐揭去覆盖物，苗高约 10 cm 时，按株距 2 ～ 3 cm 间苗。见草就除，并适当控制水分，宜少量勤浇。

3．移栽　参苗生长 1 年后，于秋季 10 月中旬至 11 月封冻前，或早春 3 月中旬至 4 月上旬化冻后，幼苗萌芽前移栽。在整好的畦上按行距 20 ～ 30 cm 开 15 ～ 20 cm 深的沟，山坡地应顺坡横向开沟，按株距 6 ～ 10 cm 将参苗斜摆沟内，芽头向上，然后覆土 5 cm，每亩用种参约 30 kg。

（三）田间管理

1．遮阴植株　幼苗细弱，喜湿润，怕旱、怕涝，喜阴，怕阳光直射，必须进行遮阴。常用的遮阴方法：

（1）盖草遮阴：4月初天气逐渐转热时，用谷草、树枝、苇帘、麦草、麦糠、玉米秆等覆盖厢面，以保湿和防止日晒。一般开始全遮阴，主要以保湿为目的，待参苗发芽出土后，使透光率达到15%左右，至苗高10 cm时逐渐揭去覆盖物，不可一次揭完，以防幼苗被烈日晒死。苗高15 cm左右时选择在阴天或傍晚将覆盖物揭完。

（2）塑料薄膜遮阴：春播后，搭塑料棚，苗出齐后逐渐放风，待长至2～3片真叶时，把塑料薄膜掀去，白天用草帘子覆盖遮阴，夜间揭去（风天除外）或改用盖草覆盖。

2．中耕除草　出苗后见草就除，松土宜浅，勿伤幼苗根部，封垄后停止除草。

3．追肥　育苗时一般不追肥。移栽后，通常在搭架前追施1次人粪尿，每亩施1000～1500 kg，然后培土。

4．灌排　移栽后要及时灌水，以防参苗干枯，保证出苗，成活后可不灌或少灌，以防参苗徒长。雨季注意排水，防止烂根。

5．搭架　党参茎蔓长可达3 m以上，故当苗高30 cm时应搭架，以便茎蔓攀架生长，利于通风透光，增加光合作用面积，提高抗病能力。架材就地取材，如树枝、竹竿均可。

6．疏花　植株开花较多，除留种株外应及时疏花，防止养分消耗，以利根部生长。疏花比不疏花产量高35%～45%，且收获的根部含水溶性物质多，质量好。

（四）病虫害防治

1．病害

（1）根腐病：5—6月发生。主要危害根部。发病初期下部须根或侧枝首先出现暗褐色病斑，接着变黑腐烂，病害扩展到主根后，主根自下而上逐步呈水渍状腐烂。地上部分由下而上叶片逐渐变黄枯死。防治方法：选用无病健壮参秧，苗床用25%多菌灵1∶500倍液或38%～40%甲醛溶液1∶50倍液处理土壤后播种，用甲醛溶液处理土壤必须用塑料薄膜覆盖3～5天，揭膜透气1周后方可播种；发病高峰期发现病株立即用25%多菌灵1∶500倍液或50%甲基托布津1∶1500倍液浇灌病篼及周围的植株，以防病害蔓延，还可用石灰进行消毒。

（2）锈病：7—8月发生。主要危害叶、茎、花托等。发病初期叶面出现浅黄病斑，扩大后中心淡褐色或褐色，周围有明显的黄色晕圈。病部叶背略隆起，呈黄褐色斑状，后期表皮破裂，并散发出锈黄色的粉末。严重时叶片枯黄萎死。防治方法：选育抗病品种，高畦种植，注意排水，实行轮作；发病初期喷50%二硝散200倍液、敌锈钠200倍液或用25%粉锈宁1000倍液浇灌，亦可用50%托布津800倍液喷雾。

2．虫害

（1）蚜虫：主要危害嫩梢。造成叶片发黄，花果脱离或干瘪，对产量影响较大。防治方法：用2.5%美曲膦酯粉剂喷施，每隔3天喷1次，连续2～3次。

（2）蛴螬：幼虫咬食叶柄基部，严重时可将幼苗成片咬断。防治方法：人工捕杀；用90%美曲膦酯1000～1500倍液浇注。

（3）红蜘蛛：主要危害叶、花、果实。成、幼虫群集于叶背拉丝结网并吸食汁液，使叶变黄、枯萎脱落。果盘和果实受害后造成萎缩、干瘪。防治方法：3月下旬以后喷波美0.2～0.3度石硫合剂，每隔7天喷一次，连喷2～3次。

【留种技术】一般在5月至6月采种。种子成熟不一致，应随熟随采，以种子棕黄色将要变黑褐

82

色时采收为好。亦可等待种子大部分由棕黄色将要变黑褐色、茎秆将近枯萎时连梗割回，放室内阴晾6～7天后，脱粒，簸净杂质。

【采收加工】

（一）采收

以种植后3～4年采收为好。育苗1年移栽第二年采收的方法，即从播种到收获仅需两年的时间。以秋季地上部分完全枯死后采收的药材粉性充足，折干率高，质量好。采收时要选择晴天。采收时先除去支架和割掉参蔓，再在畦的一边用镢头开深约30 cm的沟，小心刨挖出参根。较大的根条运回加工，细小的参根可作移栽材料，集中栽培于大田里让其再长1～2年。

（二）产地加工

将挖出的党参剪去藤蔓，抖去泥土，用水洗净，按大小粗细分为老、大、中条，分别晾晒至三四成干后，在沸水中略烫，再晒或烘（烘干只能用微火，温度以60℃左右为宜）至表皮略起润发软时（绕指而不断），将党参一把一把地顺握放木板上，用手搓揉，如参梢太干可先放水中浸一下再搓，搓后再晒，反复3～4次，直至晒干。搓揉的目的是使根条顺直，干燥均匀。应注意，搓的次数不宜过多，用力也不宜过大，否则会变成油条，影响质量。每次搓过应置室外摊晒，以防霉变，晒至八九成干后即可收藏。

【商品规格】

（一）商品规格

1．西党规格标准

一等：干货。呈圆锥形，头大尾小，上端多横纹。外皮粗松，表面米黄色或灰褐色。断面黄白色，有放射状纹理。糖质多、味甜。芦下直径1.5 cm以上。无油条、杂质、虫蛀、霉变。

二等：干货。呈圆锥形，头大尾小，上端多横纹，外皮粗松，表面米黄色或灰褐色。断面黄白色，有放射状纹理。糖质多、味甜。芦下直径1 cm以上。无油条、杂质、虫蛀、霉变。

三等：干货。呈圆锥形，头大尾小，上端多横纹，外皮粗松，表面米黄色或灰褐色。断面黄白色，有放射状纹理。糖质多、味甜。芦下直径0.6 cm以上，油条不超过15%。无杂质、虫蛀、霉变。

2．条党规格标准

一等：干货。呈圆锥形，头上茎痕较少而小，条较长。上端有横纹或无，下端有纵皱纹，表面糙米色。断面白色或黄白色，有放射状纹理。有糖质、甜味。芦下直径1.2 cm以上，无油条、杂质、虫蛀、霉变。

二等：干货。呈圆锥形，头上茎痕较少而小，条较长，上端有横纹或无，下端有纵皱纹，表面糙米色。断面白色或黄白色，有放射状纹理。有糖质、味甜。芦下直径0.8 cm以上，无油条、杂质、虫蛀、霉变。

三等：干货。呈圆锥形，头上茎痕较少而小，条较长，上端有横纹或无，下端有纵皱纹，表面糙米色。断面白色或黄白色，有放射状纹理。有糖质、味甜。芦下直径0.5 cm以上，油条不超过10%，无参秧、杂质、虫蛀、霉变。

3．潞党规格标准

一等：干货。呈圆柱形，芦头较小，表面黄褐色或灰黄色，体结而柔。断面棕黄色或黄白色，糖质多，味甜。芦下直径1 cm以上，无油条、杂质、虫蛀、霉变。

二等：干货。呈圆柱形，芦头较小。表面黄褐色或灰黄色，体结而柔。断面棕黄色或黄白色。糖质多，味甜，芦下直径0.8 cm以上，无油条、杂质、虫蛀、霉变。

三等：干货。呈圆柱形，芦头较小。表面黄褐色或灰黄色，体结而柔。断面棕黄色或黄白色。糖质多，味甜，芦下直径0.4 cm以上，油条不得超过10%，无杂质、虫蛀、霉变。

4．东党规格标准

一等：干货。呈圆锥形，芦头较大，芦下有横纹。体较松质硬。表面土黄色或灰黄色，粗糙。断面黄白色，中心淡黄色、显裂隙、味甜。长 20 cm 以上，芦头下直径 1 cm 以上，无毛须、杂质、虫蛀、霉变。

二等：干货。呈圆锥形，芦头较大，芦下有横纹。体较松质硬。表面土黄色或灰褐色。粗糙。断面黄白色，中心淡黄色，显裂隙，味甜。长 20 cm 以下，芦下直径 0.5 cm 以上，无毛须、杂质、虫蛀、霉变。

5．白党规格标准

一等：干货。呈圆锥形，具芦头。表面黄褐色或灰褐色。体较硬。断面黄白色，糖质少，味微甜，芦下直径 1 cm 以上，无杂质、虫蛀、霉变。

二等：干货。呈圆锥形，具芦头，表面黄褐色或灰褐色。体较硬，断面黄白色，糖质少，味微甜。芦下直径 0.5 cm 以上。间有油条、短节。无杂质、虫蛀、霉变。

【贮藏运输】储藏于清洁、阴凉、干燥、通风、无异味的专用仓库中，温度控制在 30℃ 以下，相对湿度控制在 70% ~ 80%，商品安全水分为 10% ~ 13%。运输工具必须清洁、干燥、无异味、无污染。运输时不能与其他有毒、有害的物质混装。运输过程中应有防雨、防潮、防污染等措施。

地 黄

【药用来源】为玄参科植物地黄 *Rehmannia glutinosa* Libosch. 的新鲜或干燥块根。

【性味归经】甘，寒。归心、肝、肾经。

【功能主治】清热凉血，养阴生津。用于热入营血，湿毒发斑，吐血衄血，热病伤阴，舌绛烦渴，津伤便秘，阴虚发热，骨蒸劳热，内热消渴。

【植物形态】多年生草本植物，高可达 30 cm，根茎肉质，鲜时黄色，在栽培条件下，茎紫红色。直径可达 5.5 cm，叶片卵形至长椭圆形，叶脉在上面凹陷，花在茎顶部略排列成总状花序，花冠外紫红色，内黄紫色，药室矩圆形，蒴果卵形至长卵形，花果期 4—7 月。

【植物图谱】见图 26-1 ~图 26-5。

图 26-1　地黄苗期

图 26-2　地黄生长环境

图 26-3　地黄原植物

图 26-4　地黄花

图 26-5　地黄鲜根

【生态环境】多生于山坡、田埂、路旁。喜温和气候，需充足阳光，耐寒，喜干燥，最忌积水。以土层深厚、疏松肥沃、排水良好的中性或微碱性砂质土壤为好。

【生物学特性】地黄的生长发育分为四个阶段：幼苗生长期、抽薹开花期、丛叶繁茂期、枯萎采收期。

1. 幼苗生长期　地黄萌动发芽的适宜温度为 18 ~ 20℃，栽种后约 10 天出苗。如温度在 10℃ 以下，则块根不能萌芽，且容易造成腐烂，因此栽种地黄应在早春地温稳定超过 10℃ 方可下种。

2．抽薹开花期　地黄出苗后，20天左右就能抽薹开花。开花的早晚、数量与地黄的品种、栽培的部位和气候等因素有关。为控制或减少地黄的抽薹开花，在栽培时应选择优良品种，适时播种，并创造良好的生态环境。一旦开花要及早摘除花蕾，减少营养物质的消耗。

3．丛叶繁茂期　7—8月期间光照充足，地温一般在25～30℃之间，其地上部位生长最为旺盛。地下块根也迅速膨大伸延，是增产的关键时期。

4．枯萎收获期　9月下旬，地黄的生长速度放慢，进入生长后期，其地上部出现"炼顶"现象，即地上心部叶片开始枯死，叶片中的营养物质逐渐转移至块根中，10月上旬生长基本停滞。

【栽培技术】

（一）选地、整地

1．选地　选择地势高燥、土层深厚疏松、排水良好的砂质壤土种植。

2．整地

（1）人工整地：4月上中旬进行，深翻30 cm以上，每亩施腐熟有机肥3000～4000 kg，磷酸二铵复合肥7.5～10 kg，深翻入土混合均匀后施入耕层做基肥，整平耙细作畦。畦宽140 cm，畦间距40 cm宽，畦长视实际需要而定，浇足底墒水。

（2）机械整地：使用翻转犁深耕灭茬45 cm以上，翻耕后用旋耕机或圆盘耙对表层土壤进行细碎和平整处理，达到地表平整，土壤细碎疏松、上实下虚，便于机械播种的要求。深耕后使用旋耕起垄施肥机，均匀施入肥料，做到全层施肥，然后立即混土5～10 cm，达到畦面平整，耕层松软。

（二）繁殖方法

生地黄繁殖方法有两种：有性繁殖和无性繁殖。大面积生产普遍采用根茎繁殖，种子繁殖多在育种时采用。

1．育种技术　地黄于秋天采收后用地窖储藏，次春选粗细均匀无病虫害的块茎，取中部折成6～8 cm长的小段，每段要求有2～3个芽眼，断口处粘一些草木灰或稍风干后作栽种使用。春栽地黄要先进行育苗，于7月末挖出来，切成1 cm长的小段，按株行距12 cm×24 cm栽种。栽后注意田间管理，越冬第二年刨出作种栽，最好随挖随种。

2．移栽　4月下旬至5月上旬移栽。在整好的畦面上按行距45 cm开深7 cm左右、宽10～12 cm的沟，以25～30 cm株距。错开放入根茎，覆土盖平畦面。如果早春栽植，开沟深10～15 cm，将挖出的土盖在种沟上面，在沟内浇水。当大部分种子生芽时，把沟填平，做成平畦，保持地温和水分。每公顷地用种栽35～40 kg。

3．间套作　地黄苗期较长，在畦埂上，可间作一些矮小的早熟作物，如早熟玉米等分枝少的植物。

（三）田间管理

1．中耕除草　地黄出苗后至封垄前中耕除草3次，第一次中耕除草，应特别小心，勿伤害幼苗，中耕深度3 cm以内。

2．追肥　结合中耕除草，追施两次肥，以农家肥为主，每次每亩1000 kg左右，第一次在苗高6～10 cm时追施，第二次在苗高15～25 cm时，开沟施于行间。

3．灌水排水　地黄既怕旱又怕涝。春季栽种时，天旱必须浇水。栽种后第一次可多浇水，以后保持土壤含水量在30%即可，雨季注意排水，防止烂根。

（四）病虫害防治

1．病害

（1）斑枯病：真菌中的半知菌感染，主要危害地黄叶片。发病时叶面上有圆形不规则的黄褐色斑，并带有小黑点。防治方法：发病初期喷1∶1∶150的波尔多液，12天左右喷一次，连续3～4次；或用 60% 代森锌 500 ～ 600 倍液 12 天左右喷一次，连续 3 ～ 4 次；烧毁病叶，并做好排水工作。

（2）枯萎病：真菌中半知菌感染，主要危害叶片。发病初期叶柄呈水浸状的褐色斑，叶柄腐烂，地上部分枯萎下垂。防治方法：设排水沟；4 年左右轮作 1 次；发病初期用 50% 退菌特 1000 ～ 1500 倍液或用 50% 多菌灵 1000 倍液浇灌，7 ～ 10 天浇灌 1 次，连续 2 ～ 3 次。

（3）黄斑病：由蚜虫和叶蝉带病毒而感染，使叶面变成黄白色近圆形斑，叶脉隆起，凹凸不平，皱缩。防治方法：用 33% 氯氟·吡虫啉乳油 3000 倍液，或用 10% 吡虫啉粉剂 1500 倍液喷雾。

2．虫害

红蜘蛛：红蜘蛛的成虫和幼虫 5 月在叶背面吸食汁液，被害处呈黄白色小斑，至叶片褐色干枯。防治方法：用 33% 氯氟·吡虫啉乳油 3000 倍液，清除枯枝落叶。

【留种技术】根据地区的不同留种技术各不相同。在比较温暖的地区，地黄采收后，选择健壮、无病害的留在地里，作翌年种苗使用。春季栽种地黄要先育苗，于 7 月末，挖出来，分段处理，每段 1 cm 左右，按株距 12 cm，行距 25 cm 栽种。种植过后注意田间管理，最好随挖随种。寒冷地区，为防止地黄冻害，秋季采收过后，储藏在地窖里，下年春季栽种时，挑选粗细均匀、无病害的根茎分段处理，每段 6 ～ 8 cm，最好带有 2 ～ 3 个芽眼，切口处用草木灰处理或稍晾干处理后种植。

【采收加工】

（一）采收

栽后当年寒露至立冬时，地上茎叶枯黄且带斑点时采挖。先割去茎叶，在畦的一端开深 35 ～ 40 cm 的沟，小心采挖。

（二）产地加工

去茎叶、须根、泥土，忌水洗，大小分开，置火炕上，先微火烘烤 3 天，待大部分生地黄发汗后可加大火。头 1 ～ 3 天，每天翻一次，以后每天翻 2 ～ 3 次，一直到生地黄发软，内没有硬核，颜色变黑，外皮变硬时取出来即为生地黄。

将地黄切成小块或片干燥成生地黄，将生地黄再进行蒸晒炮制，即为熟地黄。

【商品规格】

（一）含量测定

按照《中华人民共和国药典》2015 年版一部测定：本品按干燥品计算，含梓醇（$C_{15}H_{22}O_{10}$）不得少于 0.20%，含毛蕊花糖苷（$C_{29}H_{36}O_{15}$）不得少于 0.020%。

（二）商品规格

一等：干货。呈纺锤形或条形圆根。体重质柔润。表面灰白色或灰褐色。断面黑褐色或黄褐色，具有油性。味微甜。每千克 16 支以内。无芦头、老母、生心、焦枯、杂质、虫蛀、霉变。

二等：干货。呈纺锤形或条形圆根。体重质柔润。表面灰白色或灰褐色。断面黑褐色或黄褐色，具有油性。味微甜。每千克 32 支以内。无芦头、老母、生心、焦枯、杂质、虫蛀、霉变。

三等：干货。呈纺锤形或条形圆根。体重质柔润。表面灰白色或灰褐色。断面黑褐色或黄褐色，具有油性。味微甜。每千克 60 支以内。无芦头、老母、生心、焦枯、杂质、虫蛀、霉变。

四等：干货。呈纺锤形或条形圆根。体重质柔润。表面灰白色或灰褐色。断面黑褐色或黄褐色，具有油性。味微甜。每千克 100 支以内。无芦头、老母、生心、焦枯、虫蛀、霉变。

五等：干货。呈纺锤形或条形圆根。体质柔润。表面灰白色或灰褐色。断面黑褐色或黄褐色，具油性。味微甜。但油性少，支根瘦小。每千克 100 支以上，最小货直径 1 cm 以上。无芦头、老母、生心、焦枯、杂质、虫蛀、霉变。

【贮藏运输】鲜地黄埋在沙土中，防冻；生地黄置通风干燥处，防霉，防蛀；熟地黄置通风干燥处。

运输工具必须清洁、干燥、无异味、无污染。运输时不能与其他有毒、有害的物质混装。运输过程中应有防雨、防潮、防污染等措施。

地　榆

【药用来源】为蔷薇科植物地榆 *Sanguisorba officinalis* L. 或长叶地榆 *Sanguisorba officinalis* L.var. longifolia（Bert.）Yü et Li 的根。

【性味归经】苦、酸、涩，微寒。归肝、大肠经。

【功能主治】凉血止血，解毒敛疮。用于便血，痔血，血痢，崩漏，水火烫伤，痈肿疮毒。

【植物形态】为多年生草本，高 50 ～ 100 cm，茎直立，有细棱。奇数羽状复叶，基生叶丛生，具长柄，小叶通常 4 ～ 9 对，小叶片卵圆形或长卵圆形，边缘具尖锐的粗锯齿，小叶柄基部常有小托叶；茎生叶有短柄，托叶抱茎，镰刀状，有齿。花小暗紫色，密集成长椭圆形穗状花序。瘦果暗棕色，被细毛。

【植物图谱】见图 27-1 ～图 27-5。

【生态环境】喜温暖湿润气候，耐寒，在高温多雨季节生长最快，怕干旱。生长于山坡、谷地、草丛以及林缘或林内。适应性很强，抗寒、耐旱、喜光。除寒冷的冬季外，其余季节均可长出新叶。在贫瘠、干旱的土壤中生长更旺。

【生物学特性】

喜温暖湿润气候、耐寒，北方栽培幼龄植株，冬季不需要覆盖防寒物。生长期为 4—11 月，以 7—8 月生长最快。在富含腐殖质的砂壤土、壤土及黏壤土中生长较好。种子发芽率约 55%，如温度在 17 ～ 21℃、湿度适宜时，7 天左右即可出苗。当年播种的幼苗，仅形成叶簇，不开花结子。翌年 7 月

图 27-1　地榆原植物

图 27-2　地榆花

图 27-3　地榆大田

图 27-4　地榆茎叶

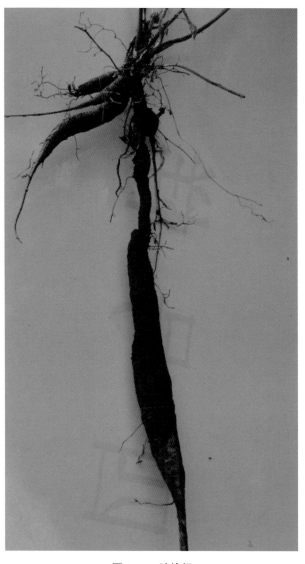

图 27-5　地榆根

开花，9 月中下旬种子成熟。

【栽培技术】

（一）繁殖材料

地榆可以用种子和分根繁殖。

（二）选地、整地

1. 选地　应选择地势平坦、排水良好、疏松肥沃的砂质壤土种植。

2. 整地

（1）人工整地：5 月中下旬进行，深翻 25 cm 以上，每亩施腐熟有机肥 3000 ~ 4000 kg，深翻入土混合均匀后施入耕层做基肥，整平耙细作畦。畦宽 140 cm，畦间距 40 cm 宽，畦长视实际需要而定，浇足底墒水。

（2）机械整地：使用翻转犁深耕灭茬 45 cm 以上，翻耕后用旋耕机或圆盘耙对表层土壤进行细碎和平整处理，达到地表平整、土壤细碎疏松、上实下虚，便于机械播种的要求。深耕后使用旋耕起垄施肥机，均匀施入肥料，做到全层施肥，然后立即混土 5 ~ 10 cm，达到畦面平整，耕层松软。

（三）繁殖

1．播种繁殖　春播或秋播均可，北方露地栽培，春季至夏末均可直播。如果田间地较贫瘠，宜多施基肥，一般每亩施肥量 2500 kg，深耕 25～30 cm，耙细整平后按畦宽 130～150 cm 作畦播种。条播或穴播亦可，条播时，按行距 40 cm 开深 2～3 cm 的沟，将种子均匀撒入沟内，覆土，稍加镇压，再浇水。穴播时，株距 25 cm 开浅穴，每穴 2～3 粒种子，覆土 1 cm。出苗前保持土壤湿润，约 2 周出苗。每亩播种量 3 kg 左右。

2．分根繁殖　多在春季地榆萌芽前或秋季采挖地榆时，将粗根切下入药，用带茎、芽的小根作种苗，每株可分成 3～4 小株进行穴植，按行距 30～40 cm、株距 25 cm 挖穴，每穴栽 1 株，穴深视种苗大小而定，栽后覆土，浇足定根水。

（四）田间管理

1．间苗定苗　直播苗在幼苗高 5～7 cm 时，按株距 10 cm 间苗。苗高 10～15 cm 时，按株距 22～25 cm 定苗。

2．中耕除草　幼苗期可结合间苗进行除草、松土，为防止倒伏，松土后可在根部培土壅根。

3．灌溉　地榆生长环境粗放，但若长期干旱，会使植株提前抽薹开花，趋向野生状态。为取得品质好、产量高的产品，需经常灌溉，使土壤保持见干见湿状态。

4．施肥　生长期间要少量多次施用氮肥。特别是每次采割后宜增施肥料，做到少施勤施。

（五）病虫害防治

1．病害

白粉病：春季开始发生。防治方法：以勤除杂草，合理密植，使田间通风透光，避免湿度过高的方法来预防。

2．虫害

金龟子：防治方法：危害期间用 50% 马拉硫磷 800～1000 倍浇灌防治幼虫。

【留种技术】选择二年生以上的地块，于 9—10 月当 80% 以上的种子成熟时，把果序剪下，晒干拍打出种子，净选后晾干，放入编织袋内，放置阴凉干燥处贮藏备用。

【采收加工】种子繁殖的生长期 2～3 年，分株繁殖的生长期 1 年。春、秋两季均可采收，除去残茎、须根及泥土，晒干。或趁鲜切片晒干。

【商品规格】

（一）含量测定

按照《中华人民共和国药典》2015 年版一部测定：本品按干燥品计算，含没食子酸（$C_7H_6O_5$）不得少于 1.0%。

（二）商品规格

1．地榆　统货。本品呈不规则纺锤形或圆柱形，稍弯曲，长 5～25 cm，直径 0.5～2 cm。表面灰褐色至暗棕色，粗糙，有纵纹。质硬，断面较平坦，粉红色或淡黄色，木部略呈放射状排列。气微，味微苦涩。

2．绵地榆　统货。本品呈长圆柱形，稍弯曲，着生于短粗的根茎上，表面棕红色或棕紫色，有细纵纹。质坚韧，断面棕黄色或棕红色，皮部有多数黄白色或棕黄色绵状纤维。气微，味微苦涩。无杂质、虫蛀、霉变。

【贮藏加工】储藏于清洁、阴凉、干燥、通风、无异味的专用仓库中，并定期检查，防止虫蛀、霉变、腐烂、泛油等现象的发生。运输工具必须清洁、干燥、无异味、无污染。运输时不能与其他有毒、有害的物质混装。运输过程中应有防雨、防潮、防污染等措施。

防　风

【药用来源】为伞形科植物防风 *Saposhnikovia divaricate* (Turcz.) Schischk. 的干燥根。

【性味归经】辛、甘，微温。归膀胱、肝、脾经。

【功能主治】祛风解表，胜湿止痛，止痉。用于感冒头痛，风湿痹痛，风疹瘙痒，破伤风。

【植物形态】多年生草本，高达 80 cm，茎基密生褐色纤维状的叶柄残基。茎单生，二歧分枝。基生叶有长柄，2 ～ 3 回羽裂，裂片楔形，有 3 ～ 4 缺刻，具扩展叶鞘。复伞形花序，总苞缺如，或少有 1 片；花小，白色。双悬果椭圆状卵形，分果有 5 棱，棱槽间，有油管 1，结合面有油管 2，幼果有海绵质瘤状突起。花期 7—8 月，果期 8—9 月。

【植物图谱】见图 28-1 ～图 28-5。

【生态环境】防风野生于草原及向阳山坡，具有耐寒、耐干旱，怕水涝的特点。适宜于夏季凉爽、地势高燥的地方种植。对土壤要求不严，宜在排水良好的砂质壤土中栽培或含石灰质的壤土中栽培。黏性土壤和盐碱地不宜栽培。

【生物学特性】防风为多年生草本，防风种子容易萌发，在 15 ～ 25℃均可萌发，新鲜种子发芽率在 75% ～ 80%，贮藏 1 年以上的种子发芽率显著降低，故生产上以新鲜种子做种为好。防风发芽的适宜温度为 15℃。防风以种子繁殖为主，种子在春季播种 20 天左右出苗，秋播翌年春天出苗。

【栽培技术】

（一）选地、整地

1. 选地　防风是是深根系植物，应选择土层深厚、排水良好、阳光充足的砂质壤土种植。低洼易涝地、重盐碱地不宜种植。

2. 整地

（1）大田整地：选定种植地后，深翻土壤 30 cm 以上，结合整地施入基肥，每亩施腐熟有机肥

图 28-1　防风（大田）

图 28-2　防风原植物

图 28-3　防风花期（大田）

图 28-4　防风花

图 28-5　防风根

3000 ～ 4000 kg，磷酸二铵复合肥 7.5 ～ 10 kg，使基肥与土充分混合后，平整后作高畦，畦宽 140 cm，高 20 ～ 25 cm，畦沟宽 40 cm。四周开好排水沟，以利于排水。

（2）机械整地：使用翻转犁深耕灭茬 45 cm 以上，翻耕后用旋耕机或圆盘耙对表层土壤进行细碎和平整处理，达到地表平整，土壤细碎疏松、上实下虚，便于机械播种的要求。深耕后使用旋耕起垄施肥机，均匀施入肥料，做到全层施肥，然后立即混土 5 ～ 10 cm。整成 140 cm 的宽畦，畦高 25 cm，垄间距 40 cm，畦面平整，耕层松软。

（二）播种

播种可分为春播和夏播。春播，4 月中下旬，以 5 cm 土层地温稳定在 10℃ 以上时为宜；夏播，在 6—7 月进行。

1．人工播种　在整好的畦面上，条播按行距 30 ～ 40 cm，开深 1.5 ～ 2 cm、幅宽 5 ～ 7 cm 的浅沟，每亩播种量 1.5 ～ 2 kg，将种子均匀撒入沟内，覆土 1.5 ～ 2 cm，稍加镇压，播种后保持土壤湿润。

2．机械播种　播种机播种一般为 6 垄，播种深度 2 cm，株距 2 ～ 3 cm，覆土 2 cm，每亩播种量 2.5 kg，播后适当镇压并保持土壤湿润。

（三）育苗移栽

1．春播　每年 4 月，选择背风向阳、土质肥沃、土壤疏松的地块做苗床，床宽 120 ～ 140 cm，长度视需要而定。整地后在育苗床上开沟，行距 10 ～ 15 cm，沟深 1.5 ～ 2 cm，覆土 1.5 ～ 2 cm，每亩播种量 5 ～ 6 kg。然后拱棚、扣膜，膜内温度保持在 18 ～ 22℃，出苗后及时通风炼苗，逐渐去除薄膜，拔除杂草、浇水。

2．移栽　在翌年春季，以 4 月中下旬为宜，选择条长、苗壮、少分枝、无病虫伤斑的幼苗移栽，行距 30 ～ 40 cm，株距 8 ～ 10 cm，沟深 5 ～ 7 cm，采用斜栽或平栽，覆土 3 ～ 4 cm，栽后压实并适时浇水，以利缓苗。

（四）田间管理

1．中耕除草　防风出苗缓慢，播种后田间出现杂草应及时拔除，保持田间无杂草。封垄前进行 3 ～ 4 次中耕除草。

2．间苗、定苗、补苗　当苗高 4 ～ 5 cm 时进行疏苗，除去弱小和过密苗；苗高 8 ～ 10 cm 时，按株距 12 ～ 15 cm 定苗。如果有缺苗，带土补植；缺苗过多时，以补播种子为宜。

3．追肥　每年的 6 月上旬和 8 月下旬，各追肥一次，每亩追施有机肥 1000 ～ 2000 kg，过磷酸钙 15 kg，结合培土施入沟内即可，覆土后及时浇水。

4．灌水与排水　播种或栽种后，应保持土壤湿润。雨季如遇积水，应及时排涝，防止烂根。

5．摘薹　非留种田，2 年以上的植株，发现抽薹应立即摘除，减少养分消耗和根系木质化的形成，否则根将失去药用价值。

6．越冬田管理　秋季，地上部分植株枯萎，应割除并清除枯枝落叶。封冻前浇一次封冻水。

（五）病虫害防治

1．病害

（1）白粉病：夏秋季发生。主要危害叶片，在叶两面呈白粉状斑，后期逐渐长出小黑点（病菌的闭囊壳），严重时使叶片早期脱落，只剩茎秆。防治方法：一是秋季落叶后清理田园，将残株落叶清出田外，集中烧毁，杜绝病原菌来源；加强田间管理，注意通风透光，增施磷肥、钾肥，增强抗病力；不选用低洼地种植防风，雨后及时排水；与禾本科作物轮作，都能减轻病害发生。二是在发病初期，喷施 430 g/L 戊唑醇悬浮剂 3000 倍液（苗期 6000 倍液）或 75% 肟菌·戊唑醇水分散粒剂 3000 倍液喷雾，每 5 ～ 7 天喷洒一次，连用 2 ～ 3 次。

（2）斑枯病：主要危害叶片，呈圆形或近圆形，直径 2 ~ 5 mm 中心部分淡褐色，边缘褐色，后期病斑上产生小黑点。防治方法：一是秋季清理田园，将病残植株集中烧毁，减少翌年病源。二是发病前或发病初期用 68.75% 噁酮·锰锌水分散粒剂 1000 倍液或 70% 丙森锌可湿性粉剂 600 倍液喷雾，每 5 ~ 7 天喷洒一次，连续 2 ~ 3 次。

（3）立枯病：根、枝条、茎整株均受危害。受害后主根表皮破裂，部分干腐，病斑红褐色条状，有白色菌丝体和黑褐色菌核，枝条呈褐色或黑色焦枯，茎基部呈现长条形黑色病斑，病斑很快扩大呈水渍状，病部逐渐萎缩、腐烂，最后整株枯死。防治方法：一是合理密植，注意通风透光，及时摘掉下部枯叶，清出田外烧毁或深埋，减少传染源。二是在发病初期用 15% 噁霉灵水剂 750 倍液或 3% 甲霜·噁霉灵水剂 1000 倍液喷淋根茎部，每 7 ~ 10 天喷药 1 次，连用 2 ~ 3 次。

（4）根腐病：在多雨季节发生。发病初期叶片萎蔫，根部与地面交接处变黑腐烂，根皮脱落，几天后整株死亡。防治方法：一是选择土层深厚、排水良好，疏松干燥的砂质壤土种植较好，雨季注意排水，防止积水烂根。二是发病初期用 15% 噁霉灵水剂 750 倍液或 3% 甲霜·噁霉灵水剂 1000 倍液喷淋根茎部，每 7 ~ 10 天喷药 1 次，连用 2 ~ 3 次；或用 50% 托布津 1000 倍液浇灌病株。

2. 虫害

（1）黄凤蝶：5 月开始为害，幼虫危害叶片和花蕾，将叶片咬成缺刻，或将花蕾吃掉，仅剩花梗，严重时整个叶片被吃光。防治方法：用 5% 氯虫苯甲酰胺 1000 倍液喷雾或 4.5% 高效氯氰菊酯乳油 1500 倍液喷雾。

（2）黄翅茴香螟：发生在现蕾开花期，幼虫在花蕾上结网，取食花与果实，8 月上中旬是为害果实盛期。防治方法：用 5% 氯虫苯甲酰胺 1000 倍液喷雾或 4.5% 高效氯氰菊酯乳油 1500 倍液喷雾。

（3）蚜虫：主要危害叶片及嫩茎，严重时茎叶布满蚜虫，吸取汁液，使叶片卷曲干枯，嫩茎萎缩，影响药材产量及质量。防治方法：用 33% 氯氟·吡虫啉乳油 3000 倍液，或用 10% 吡虫啉粉剂 1500 倍液喷雾。

【留种技术】选留植株生长整齐一致、健壮的田块作留种田，不进行打薹。8—9 月，防风种子由绿色变成黄褐色，轻碰即成两半时采收。不能过早采收未成熟种子，否则影响发芽率或不发芽。也可割回种株后放置阴凉处后熟 1 周左右，再进行脱粒。晾干种子放置布袋贮藏备用。

【采收加工】

（一）采收

在种植第二年 10 月下旬至 11 月中旬，或春季萌芽前采收。

（二）加工

防风根挖出后，去除残留茎叶和泥土，晒至半干时去掉须根，再晒至八九成干时按根的粗细长短分级，捆成重约 1 kg 的小捆，继续晒干或烘干。

【商品规格】

（一）含量测定

按照《中华人民共和国药典》2015 年版一部测定：本品按干燥品计算，含升麻素苷（$C_{22}H_{27}O_{11}$）和 5-O- 甲基维斯阿米醇苷（$C_{22}H_{28}O_{10}$）的总量不得少于 0.24%。

（二）商品规格

一等：干货。根呈圆柱形。表面有皱纹，顶端带有毛须。外皮黄褐色或灰黄色。质松较柔软。断面棕黄色或黄白色，中间淡黄色。味微甜。根长 15 cm 以上，芦下直径 0.6 cm 以上。无杂质、虫蛀、霉变。

二等：干货。根呈圆柱形，偶有分枝。表面有皱纹，顶端带有毛须。外皮黄褐色或灰黄色，质松较柔软。断面棕黄色或黄白色，中间淡黄色。味微甜。芦下直径 0.4 cm 以上。无杂质、虫蛀、霉变。

【贮藏运输】包装后置于通风、干燥、低温、防鼠的库房中贮藏，定期检查，防止霉变、虫蛀、变质、鼠害等，发现问题及时处理。运输工具必须清洁、干燥、无异味、无污染。运输时不能与其他有毒、有害的物质混装。运输过程中应有防雨、防潮、防污染等措施。

甘 草

【药用来源】为豆科植物甘草 *Glycyrrhiza uralensis* Fisch.、胀果甘草 *G. inflate* Bat. 或光果甘草 *G. glabra* L. 的干燥根及根茎。

【性味归经】甘，平。归心、肺、脾、胃经。

【功能主治】补脾益气，清热解毒，祛痰止咳，缓急止痛，调和诸药。用于脾胃虚弱，倦怠乏力，心悸气短，咳嗽痰多，脘腹四肢挛急疼痛，痈肿疮毒，缓解药物毒性、烈性。

【植物形态】根呈长圆柱形，长 25 ～ 100 cm，直径 0.6 ～ 3.5 cm，表面棕红色或棕灰色，外皮松紧不一，具明显纵皱纹、沟纹、皮孔及稀疏的细根痕。质坚实，断面略显纤维性，有裂隙，黄白色，粉性，形成层环纹明显，有放射状纹理。根茎呈圆柱形，表面有芽痕，断面中部有髓。气微，味甜而特殊。其去皮者，表面淡黄色，为粉甘草。光果甘草根及根茎质地较坚实，有的分枝、外皮不粗糙，表面棕灰色；断面纤维性，裂隙较少。胀果甘草根及根茎质粗壮，有的分枝，外皮粗劣，多棕灰色或灰褐色，质坚硬，木质纤维多，粉性差，根茎不定芽多而粗大，味甜或带苦。

【植物图谱】见图 29-1 ～ 图 29-4。

【生态环境】广泛分布于温带干旱半干旱地区、暖温带、寒温带大陆性季风气候区内。北纬37° ～ 47°，东经 73° ～ 125° 均有甘草分布。喜凉爽、干燥气候。喜光、耐旱、耐寒。甘草原野生于草原钙质土上，是抗盐性很强的植物。其根入地较深，能吸收地下水，适应干旱和寒冷的环境条件，能耐 –30℃ 的低温。夏季炎热的荒漠、半荒漠地带生长良好，同时也有忍耐强高温的能力。甘草是强喜光植物，光照不足，茎长而细、叶片变薄，长期遮光会导致死亡。对土壤适应性较强，适合生长于各种类

图 29-1 甘草（大田）

图 29-2 甘草原植物（野生）

图 29-3　甘草茎叶　　　　　　　　　　　　　　　图 29-4　甘草果实

型的钙质土壤上，尤其喜生于砂土和砂壤土，在黏性土壤上生长较差。土壤 pH8.0、土壤含盐量 0.2% 是最适条件。

【生物学特性】每年的春季 3—4 月开始发芽，5 月中下旬至 8 月上旬开花结实，8—10 月种子成熟。甘草是深根性植物，根系非常发达，主根粗壮，在地下可深达 3.5 m 以下。甘草根茎有顶芽和侧芽，顶芽可连续生长，并能向周围空地水平延伸生长成新的植株。甘草在物质积累和生长速度上，地上部分的增长远小于地下部分的增长。甘草一般在每年 5、6、7 三个月中，地上和地下茎都生长较快，但根系生长特别是主根增粗很慢。8、9 月甘草地上茎停止生长，而主根生长增粗很快。甘草根茎萌发力强，在地下呈水平方向伸延，一株甘草数年可生长出新植株数十株。垂直根茎和水平根茎均可长根，一般深 1～2 m，最深可达 10 m 以下。人工种植的甘草，第六年才有部分植株开始开花结实，但这样的开花结实只是部分植株地下茎长出来的，而从根头长出的地上茎并不开花结实，野生甘草也同样存在这种情况。因此，人工种植甘草，6 年以后采挖药用，主根米黄色，甜味加浓，主根可达到国家一级收购标准。

【栽培技术】

（一）繁殖材料

甘草的繁殖方法有种子繁殖和根茎繁殖，以种子繁殖为主要方式。

（二）选地、整地

1．选地　应选择地势高燥、土层深厚、排水良好的砂质壤土或风沙土，以 pH7～8.5 的微碱性土壤为宜。低洼易涝、盐碱地或重黏土地不适宜。

2．整地

（1）大田整地：选定种植地后，深翻土壤 30 cm 以上，结合整地施入基肥，每亩施腐熟有机肥 3000～4000 kg，使基肥与土充分混合后，平整后作高畦，畦宽 140 cm，高 20 cm，畦沟宽 40 cm。四周开好排水沟，以利于排水。

（2）机械整地：使用翻转犁深耕灭茬 45 cm 以上，翻耕后用旋耕机或圆盘耙对表层土壤进行细碎和平整处理，达到地表平整，土壤细碎疏松、上实下虚，便于机械播种的要求。深耕后使用旋耕起垄施肥机，均匀施入肥料，做到全层施肥，然后立即混土 5～10 cm。整成 140 cm 的宽畦，畦高 25 cm，垄间距 40 cm，畦面平整，耕层松软。

（三）种子处理

用碾米机进行破皮处理，破皮率达 90% 以上；或用 45℃ 的温水浸泡种子 10 小时后播种。

（四）播种

4 月下旬至 5 月下旬，按行距 20 cm、播幅 5 ～ 7 cm、播深 2 ～ 3 cm 进行条播，播后适当镇压。每亩播种量 5 ～ 7 kg。

（五）根茎繁殖

4 月上旬或 10 月下旬，选择粗 0.5 ～ 1.5 cm 的根茎，切成长 15 ～ 25 cm 的段，每段应有 3 ～ 5 个芽，按行距 40 ～ 50 cm、株距 25 cm、深度 15 cm 进行栽种，栽后适当镇压。

（六）田间管理

1．中耕除草　幼苗出土后及时除草，第一次中耕要深，以后几次要浅中耕。植株封行后，不再中耕，株间杂草用手拔。大雨过后，及时排水锄松表土。

2．追肥　施足基肥后，一般追肥一次，在 6 月中下旬，植株生长旺期，每亩追施磷酸二铵 30 kg 或尿素 30 kg，施肥后浇水。

3．排灌水　甘草应少浇水，忌积水，遇雨水浸泡要及时疏流排水沟，降低田间温度。8 月初至 9 月中旬正值根膨大期，若遇干旱情况要及时进行浇水。

（七）病虫害防治

1．病害

（1）锈病：主要危害叶片。春季幼苗出土后即在叶背后生圆形、灰白色小疱斑，发病后期整株叶片布满粉堆。病株显矮小，丛生，死亡率均在 95% 以上。防治方法：发病初期可用 25% 粉锈宁 1500 倍液或用农抗 120 水剂（抗生素）兑水稀释开沟灌根，每亩 0.8 kg。

（2）褐斑病：7 ～ 8 月发生，受害叶片产生圆形或不规则形病斑，病斑中央灰褐色，边缘褐色，在病斑的正反面均有灰黑色霉状物。防治方法：喷无毒高脂膜 200 倍液保护；发病初期喷 1∶1∶150 波尔多液或 70% 甲基托布津 1500 ～ 2000 倍液；发病期喷施 65% 代森锌 500 倍液或 50% 多菌灵 500 倍液。

（3）白粉病：主要危害叶片。染病叶片正反面产生白粉，后期叶黄枯死。防治方法：喷 0.2 ～ 0.3 波美度石硫合剂。

2．虫害

（1）宁夏胭珠蚧：为一种刺吸式害虫，危害甘草的根部。5—6 月危害状况不明显。6 月下旬后可见受害株下部叶枯黄，7 月中旬后达到为害高峰期，受害严重者根茎腐烂，死亡植株顶部为青枯状。防治方法：虫害盛期可喷施 4.5% 甲敌粉 1 ～ 2 次，每亩用 2.5 ～ 4 kg，于无风的中午前后施药最佳；4 月中旬前后，可用 50% 锌硫磷根施，每亩 0.5 kg，一般可在雨前或雨后开沟、施药、复土；在株体尚未成熟前的 6—7 月挖甘草，株体因脱离寄主而死亡，可减少翌年的发生量。

（2）跗粗角萤叶甲：危害甘草地上部分。严重时仅剩茎秆和叶脉，造成植株细弱，甚至死亡。防治方法：在 5—6 月发现虫密度较大时，可用美曲膦酯 1000 倍混合液喷雾杀虫，每亩用药 2.5 kg 左右；越冬前清园，降低害虫越冬成活率。

（3）叶蝉：成虫和幼虫危害叶片。危害初期叶正面出现黄白色小点，之后叶片失绿或呈淡黄色，叶背可见虫蜕。严重时全叶苍白，提早落叶。防治方法：喷洒 50% 马拉松 2000 倍液或 90% 美曲膦酯 1000 ～ 1500 倍液；用草蛉、瓢虫等天敌进行防治。

（4）短毛草象：5—9 月均可为害。导致叶片残缺而影响产量。防治方法：甘草生产田地避免靠近林带；选用 90% 美曲膦酯 1000 倍液喷杀。

（5）甘草豆象：成虫取食甘草叶，幼虫主要危害贮藏的甘草种子。防治方法：在结荚期用 90% 美曲腾酯 1000 倍液喷施几次；甘草贮藏使用气调养护。

【留种技术】8 月下旬至 9 月中旬，荚果开始成熟时采收种子。采收回来的荚果晾晒至充分干燥后，利用粉碎机使果皮与种子完全分离，除去杂质后将种子贮藏。

【采收加工】

（一）采收

根茎及分株繁殖可第 3 年采收，育苗移栽种植 2 年的甘草也可采收。现在生产中一般采用育苗移栽 2 年采收的方法。在人少地多的地区，直播甘草以 3 ~ 4 年生采收为宜。春、秋两季均可采挖，春季由清明至夏至采收；秋季由白露至地冻采收。传统认为宜春季采收。因各地的气候、土壤条件差异很大，采收期也不尽相同。采挖时应顺着根系生长的方向深挖，尽量不刨断，不伤根，简便方法是先刨出 25 cm，然后用力拔出。

（二）加工

采收后除去残茎、须根，按规格要求切成段，晾至半干，然后按每根的大小、粗细分等级，捆成小捆，继续晒至全干。有的将外表栓皮剥去，商品称"粉草"。为便于加工成形，提高成品甘草的质量和等级，要做到随挖随加工。

【商品规格】

（一）含量测定

按照《中华人民共和国药典》2015 年版一部测定：本品按干燥品计算，含甘草苷（$C_{21}H_{22}O_9$）不得少于 0.50%，甘草酸（$C_{42}H_{62}O_{16}$）不得少于 2.0%。

（二）商品规格

1．西草

（1）大草规格标准

统货：干货。呈圆柱形。表面棕红色、棕黄色或棕灰色，皮细紧，有纵纹，斩去头尾，切口整齐。质坚实、体重。断面黄白色，粉性足。味甜。长 25 ~ 50 cm，顶端直径 2.5 ~ 4 cm，黑心草不超过总重量的 5%。无须根、杂质、虫蛀、霉变。

（2）条草规格标准

一等：干货。呈圆柱形，单枝顺直。表面棕红色、棕黄色或棕灰色，皮细紧，有纵纹，斩去头尾，口面整齐。质坚实、体重。断面黄白色，粉性足。味甜。长 25 ~ 50 cm，顶端直径 1.5 cm 以上。间有黑心。无须根、杂质、虫蛀、霉变。

二等：干货。呈圆柱形，单枝顺直。表面棕红色、棕黄色或棕灰色，皮细紧，有纵纹，斩去头尾，口面整齐。质坚实、体重。断面黄白色，粉性足。味甜。长 25 ~ 50 cm，顶端直径 1 cm 以上，间有黑心。无须根、杂质、虫蛀、霉变。

三等：干货。呈圆柱形，单枝顺直。表面棕红色、棕黄色或棕灰色，皮细紧，有纵纹，斩去头尾，口面整齐。质坚实、体重。断面黄白色，粉性足。味甜。长 25 ~ 50 cm，顶端直径 0.7 cm 以上。无须根、杂质、虫蛀、霉变。

（3）毛草规格标准

统货：干货。呈圆柱形弯曲的小草，去净残茎，不分长短。表面棕红色、棕黄色或棕灰色。断面黄白色，味甜。顶端直径 0.5 cm 以上。无杂质、虫蛀、霉变。

（4）草节规格标准

一等：干货。呈圆柱形，单枝条。表面棕红色、棕黄色或棕灰色，皮细，有纵纹。质坚实、体重。断面黄白色，粉性足。味甜。长 6 cm 以上，顶端直径 1.5 cm 以上。无须根、疙瘩头、杂质、虫蛀、霉变。

二等：干货。呈圆柱形。单枝条。表面棕红色、棕黄色或棕灰色，皮细，有纵纹。质坚实、体重。断面黄白色，粉性足，有甜味。长 6 cm 以上，顶端直径 0.7 cm 以上。无须根、疙瘩头、杂质、虫蛀、霉变。

（5）疙瘩头规格标准

统货：干货。系加工条草砍下之根头，呈疙瘩头状。去净残茎及须根。表面黄白色。味甜。大小长短不分，间有黑心。无杂质、虫蛀、霉变。

2．东草

（1）条草规格标准

一等：干货。呈圆柱形，上粗下细。表面紫红色或灰褐色，皮粗糙。不斩头尾。质松体轻。断面黄白色，有粉性。味甜。长 60 cm 以上。芦下 3 cm 处直径 1.5 cm 以上。间有 5% 20 cm 以上的草头。无杂质、虫蛀、霉变。

二等：干货。呈圆柱形，上粗下细。表面紫红色或灰褐色，皮粗糙。不斩头尾。质松体轻。断面黄白色，有粉性。味甜。长 50 cm 以上，芦下 3 cm 处直径 1 cm 以上，间有 5% 20 cm 以上的草头。无杂质、虫蛀、霉变。

三等：干货。呈圆柱形，间有弯曲有分叉细根。表面紫红或灰褐色，皮粗糙。不斩头尾。质松体轻。断面黄白色。有粉性。甜味。长 40 cm 以上，芦下 3 cm 处直径 0.5 cm 以上。间有 5% 20 cm 以上的草头，无细小须子、杂质、虫蛀、霉变。

（2）毛草规格标准

统货：干货。呈圆柱形弯曲的小草。去净残茎，间有疙瘩头。表面紫红色或灰褐色。质松体轻。断面黄白色。味甜。不分长短，芦下直径 0.5 cm 以上。无杂质、虫蛀、霉变。

【贮藏运输】应置于通风干燥处储藏，严防受潮、霉变、虫蛀。运输工具必须清洁、干燥、无异味、无污染。运输时不能与其他有毒、有害的物质混装。运输过程中应有防雨、防潮、防污染等措施。

藁　本

【药用来源】为伞形科植物藁本 *Ligusticum sinense* Oliv. 或辽藁本 *Ligusticum jeholense* Nakai et Kitag. 的干燥根茎和根。

【性味归经】辛，温。归膀胱经。

【功能主治】祛风，散寒，除湿，止痛。用于风寒感冒，巅顶疼痛，风湿痹痛。

【植物形态】藁本植株高 15 ～ 70 cm，叶片轮廓宽卵形。8 月上旬至 9 月上旬为开花期，花序生长在植株的顶部或侧面，呈复伞形，花瓣白色，长圆状倒卵形，有清香味，结果期在 9—10 月。藁本主根不明显，根茎呈不规则圆柱状或团块状，长 10 ～ 20 cm。

【植物图谱】见图 30-1 ～图 30-3。

【生态环境】生于山地林缘，以及多石砾的山坡林下。喜冷凉湿润气候，耐寒，怕涝。对土壤要求不严格，但以土层深厚、疏松肥沃，排水良好的砂质壤土栽种生长最好，不宜在黏土和贫瘠干燥的地方种植。忌连作。

图 30-1　藁本（大田）

图 30-2　藁本花

图 30-3　藁本花、茎叶、叶柄鞘

【生物学特性】藁本年生育期约为 220 天，物候期可划分为返青期、营养生长期、孕蕾期、开花期、果期、枯萎期。地上部各器官生长发育表现为株高增长曲线呈单 S 形，叶面积随株高的增高而增大，孕蕾期叶面积最大，叶面积指数最高，此后叶面积指数逐渐下降。藁本为有限花序。根部返青后生长速度较快，开花期至坐果期生长缓慢，坐果期至枯萎期根重、根粗又呈现快速增长的趋势，而根长此时则处于平缓增长状态。

【栽培技术】

（一）繁殖材料

采用种子繁殖和根茎繁殖。

（二）选地、整地

1. 选地　应选择土壤肥沃、土质良好、灌排方便的地块。

2. 整地

（1）大田整地：选定种植地后，深翻土壤 30 cm 以上，结合整地施入基肥，每亩施腐熟有机肥 3000 ~ 4000 kg，使基肥与土充分混合后，平整后作高畦，畦宽 140 cm，高 15 ~ 20 cm，畦沟宽 40 cm。四周开好排水沟，以利于排水。

（2）机械整地：使用翻转犁深耕灭茬45 cm以上，翻耕后用旋耕机或圆盘耙对表层土壤进行细碎和平整处理，达到地表平整，土壤细碎疏松、上实下虚，便于机械播种的要求。深耕后使用旋耕起垄施肥机，均匀施入肥料，做到全层施肥，然后立即混土5～10 cm。整成140 cm的宽畦，畦高20～25 cm，垄间距40 cm，畦面平整，耕层松软。

（三）繁殖

1．繁殖时间　4月下中旬至5月上旬。

2．繁殖方法

（1）种子繁殖：行距15～20 cm，播深2～3 cm，覆土2～3 cm，播后及时镇压，每亩用种1～1.5 kg。

（2）根茎繁殖：于9—10月收获时，选无病、肥大的根茎，切去殖茎，去掉细长的支根，将结节状根茎，按芽苞切成小段，繁殖段应有2～3节，随割随种，按行株距各约33 cm开穴，深10～13 cm，每穴放根茎1～2段，施人畜粪水后，盖一层土杂肥或草木灰使其萌芽，晚秋10月下旬地上部枯萎后，将根刨出，每丛分成3～4株，并带有芽。穴栽，每穴1小丛，穴距30 cm×30 cm。春栽覆土至根芽上3 cm；秋栽覆土3～4.5 cm。

（四）田间管理

第2年中耕除草、追肥各3次，第1次在3—4月出苗后，第2次在6月，第3次在10月倒苗后，前2次施人粪尿水，第3次入冬前施土杂肥或草木灰，施后培土防冻，第3年3—4月中耕除草、追肥各1次。辽藁本每年中耕除草3～4次，追肥后更应注意及时除草，中耕时不宜过深，以免碰伤根茎。春天返青前每亩施厩肥2500 kg，开沟施入，或于返青后1个月浇稀粪1次；6月中旬，每亩施过磷酸钙15 kg，施后浇水。

（五）病虫害防治

1．病害

白粉病：主要危害叶片。防治方法：在发病初期，喷施430 g/L戊唑醇悬浮剂3000倍液（苗期6000倍液）或75%肟菌·戊唑醇水分散粒剂3000倍液喷雾，每5～7天喷洒一次，连用2～3次。

2．虫害

（1）地下害虫：以地蛆、金针虫、地老虎为主。防治方法：用50%辛硫磷乳油0.5 kg拌成毒饵诱杀，或用90%晶体美曲膦酯1000倍液拌成毒饵诱杀。

（2）蚜虫：成虫或若虫吸食叶片、花蕾叶液。防治方法：用33%氯氟·吡虫啉乳油3000倍液，或用10%吡虫啉粉剂1500倍液喷雾。

【留种技术】待藁本果序颜色变为褐色时，开始采收种子，可以采用机械采收或人工采收。

【采收加工】秋季茎叶枯萎或次春出苗时采挖，除去泥沙，晒干或烘干。

【商品规格】

（一）含量测定

按照《中华人民共和国药典》2015年版一部测定：本品按干燥品计算，含阿魏酸（$C_{10}H_{10}O_4$）不得少于0.050%。

（二）商品规格

按产地不同分为藁本和辽藁本两种，均为统货，一般大小不一，长4～6 cm，厚0.5 cm左右。

【贮藏运输】储藏于清洁、阴凉、干燥、通风、无异味的专用仓库中，并定期检查，防止虫蛀、霉变、腐烂、泛油等现象的发生。运输工具必须清洁、干燥、无异味、无污染。运输时不能与其他有毒、有害的物质混装。运输过程中应有防雨、防潮、防污染等措施。

枸 杞 子

【药用来源】为茄科植物宁夏枸杞 *Lycium barbarum* L. 的干燥成熟果实。

【性味归经】甘，平。归肝、肾经。

【功能主治】滋补肝肾，益精明目。用于虚劳精亏，腰膝酸痛，眩晕耳鸣，阳痿遗精，内热消渴，血虚萎黄，目昏不明。

【植物形态】落叶灌木，因人工整枝而形成具有树冠的直立灌木，单主干茎粗直径 10 ~ 20 cm，株高 1.6 m 左右，冠径 1.6 m 左右。枝型为直立、斜生、平展和弧垂，具少量棘刺。叶互生或簇生，披针形或长椭圆状披针形，长 3 ~ 10 cm，宽 1.5 ~ 2 cm，略带肉质，叶脉不明显；花萼钟状，长 4 ~ 5 mm；花冠漏斗状，长 9 ~ 15 mm，紫堇色，筒部长 8 ~ 10 mm，自下部向上渐扩大，花开放时平展，雄蕊 4 ~ 5，雌蕊 1，花冠 4 裂，少 4 裂，雄蕊花丝基部及花冠筒内壁生一圈密茸毛，花柱像雄蕊一样由于花冠裂片平展而稍伸出花冠，常异花授粉。上位子房，2 心皮 2 室的中轴胎座，果实为肉质浆果，红色，果形长椭圆状，顶端有短尖或平截，具棱，果表皮附蜡质，皮内肉质，果长 8 ~ 24 mm，直径 5 ~ 12 mm，花期 5—9 月，果期 6—10 月。

【植物图谱】见图 31-1 ~ 图 31-3。

【生态环境】枸杞为茄科多年生落叶灌木或小乔木植物。枸杞适应性强，耐盐碱，耐沙荒，喜冷凉气候，耐寒力很强。主要分布于河北、内蒙古、山西、陕西、甘肃、宁夏、青海、新疆等地。

图 31-1　枸杞（大田）

图 31-2 枸杞花　　　　　　　　　　　　　　图 31-3 枸杞子

【生物学特性】枸杞喜凉爽，喜光，喜肥。当气温稳定在 7℃ 左右时，种子即可萌发，幼苗可抵抗 –3℃ 低温。春季气温在 6℃ 以上时，春芽开始萌动。枸杞在 –25℃ 越冬无冻害。枸杞根系发达，抗旱能力强，在干旱荒漠地仍能生长。生产上为获高产，仍需保证水分供给，特别是花果期必须有充足的水分。长期积水的低洼地对枸杞生长不利，甚至引起烂根或死亡。光照充足，枸杞枝条生长健壮，花果多，果粒大，产量高，品质好。枸杞多生长在碱性土和砂质壤土，最适合在土层深厚，肥沃的壤土上栽培。枸杞萌蘖力强，寿命可达 50 ~ 80 年。

【栽培技术】

（一）繁殖技术

传统繁殖方式为种子繁殖，但种子繁殖幼苗发育阶段比枝条扦插苗缓慢，结果晚，且后代变异率高达 73% 以上。为了保持优良品种的遗传性状，目前生产中多采用无性繁殖，主要是硬枝和嫩枝扦插繁殖。

1．苗圃选择和苗床准备

（1）苗圃选择：宜选择向阳地，土质疏松、肥沃，灌排条件良好，无地下害虫、病害的地段，每亩施充分腐熟厩肥 1500 ~ 2000 kg 作基肥。

（2）苗圃准备：于入冬前先行深翻 25 cm，再灌好冬水进行冻垡。育苗前，再细耙整平，用辛硫磷颗粒剂（或 40% 辛硫磷 500 倍）拌毒土防治地下害虫。

2．扦插苗培育

（1）插条选择：采集树冠中上部着生的 1 ~ 2 年生的无病虫害、生长成熟的徒长枝和中间枝，粗度为 0.5 ~ 0.8 cm，截成 15 ~ 18 cm 长的插条，上端留好饱满芽。

（2）插条截取：插穗上端节间不宜留长，剪平，下端剪成斜口，剪插条时刀口要锋利，切勿将剪口压裂，上部保留饱满芽。

（3）插条处理：为了促进生根和提高成苗率，可将插穗每100条捆成一把，浸于具有生根粉的溶液中，可提高扦插苗的成活率。

（4）扦插时间：3月下旬至4月上旬，此时气温回升，树液开始流动，扦插苗易于成活。

（5）扦插方法：按宽窄行距40 cm、20 cm开沟，然后将插穗按10 cm的株距整齐平列垂直插放在沟内，插的深度以地上部留1 cm、外露一个饱满芽为宜，插后将两侧土踏实，再覆盖经过消毒的细土，插穗稍露出地面。

3. 种子苗培育

（1）选种：选粗壮无病虫害的良种植株作留种母株，加强管理，保证多开花结实。

（2）采种及种子处理：在7—8月当果实成熟，由青色转为红色时采收，揉碎果实，把果实浆汁冲洗干净，取出种子，选色黄、饱满、无病虫的种子进行播种，或放置在冷凉干燥的地方保存到翌年春季播种。切勿把种子放在阳光下晒干贮藏，否则种子易丧失萌芽能力。

（3）播种期：经过层积催芽的种子，最好在翌年3月下旬至5月中旬播种。

（4）播种方法：人工条播，行距40 cm，开沟宽5 cm、深3 cm。将处理过的种子均匀地撒入沟中，覆湿土2 cm，轻踏，盖地膜。经1～2个月，种子便可出芽，幼苗成活率可达90%左右。

4. 绿枝扦插苗培育

（1）插条选择：采集树冠中上部当年生的无病虫害、半木质化的徒长枝和中间枝，粗度为0.2～0.4 cm，截成10 cm长的插条，上端留2片叶。

（2）苗床准备：于5月上旬选择周围有防护林带的沙壤熟地做小畦苗床，先于土壤表层每亩撒施厩肥2000 kg加碳酸氢铵50 kg（兼灭地下害虫），掺入40%辛硫磷乳油拌过的毒土深翻25 cm，将土块打碎起垄，垄高20 cm，宽100 cm，长5～10 m，垄距50 cm，垄面拍平铺盖3 cm厚的细沙。用722 g/L霜霉威盐酸盐600倍液喷洒苗床灭菌消毒。在苗床周围栽木桩，搭荫棚，人为地创造一个阴凉环境。遮光率40%～50%。

（3）插条截取：插穗上端节间不宜留长，剪平，下端剪成斜口，剪插条时刀口要锋利，切勿将剪口压裂，上部保留2片叶。

（4）插条处理：为了促进生根和提高成苗率，选用萘乙酸250 mg/kg，加吲哚乙酸150 mg/kg水溶液掺入适量滑石粉调至糊状，将已剪好的插穗下端蘸入药糊2 cm，可提高扦插苗的成活率。

（5）扦插时间：5月下旬至6月上旬。

（6）扦插方法：将处理好的插条直接插于苗床，行距15 cm，株距3 cm，用略粗于插条的小木棍打孔2 cm，插入插条后，用拇指和示指将插条下部用细沙压紧。插完一畦，立即喷清水于叶片（将喷头朝上，向叶片落雾滴），以叶片截留水珠不下滴为好。畦长10 m、宽1 m的苗床插入插条2000根，产合格苗1000株左右。

（7）盖小拱棚：插完一畦立即盖小拱棚。用1.8 m长的8号铁丝弯成弓形插于苗床两边，上盖塑料膜，两边用土压紧，拱棚高30 cm。

5. 苗木管理

（1）苗圃的管理：种子播种后，在气温17℃以上、0～20 cm土层温度10℃以上、活土层含水18%以上的条件下，10天左右种子即可萌芽至幼苗出土。幼苗出土率在50%左右时，掀开地膜炼苗2天后全部撤除地膜；绿枝扦插前7天，每天上、下午各喷清水1次，拱棚内温度控制在25℃左右，湿度保持80%～90%。新芽萌发、插条生根后每1～2天喷水1次，30天后可撤去拱棚，进入荫棚管理。

（2）灌水：待苗高生长到 15 ~ 20 cm 时灌第 1 次水，每亩入水量为 50 ~ 60 立方米，灌溉均匀，地面不积水。6—7 月灌第 2、3 次水；8 月以后，根据降雨情况控制灌水，促进苗木增粗生长和侧枝的木质化。灌水时严禁大水漫灌、串灌。

（3）中耕除草：幼苗生长高度达 10 cm 以上时，中耕除草，疏松土壤，深 5 cm；6、7、8 月各 1 次，深 10 cm。

（4）间苗：幼苗高达 10 cm 以上时第 1 次间苗，留苗距 10 cm，间苗时按照"去劣留良，去弱留壮"的原则，缺苗处移栽补苗。苗高 20 cm 以上时第 2 次间苗，再次去弱留壮，苗距 15 ~ 20 cm，每亩留壮苗 8000 ~ 10000 株。

（5）追肥：第 1 次间苗与第 2 次间苗后各追肥 1 次（6 月和 7 月）。第 1 次行间开沟每亩施入尿素 15 kg，第 2 次行间开沟施入氮磷复合肥 15 kg 后封沟灌水。

（6）修剪：苗高 40 cm 以上时，先将茎基向上 30 cm 处所萌发侧枝剪除，苗干以上选留不同方向着生的侧枝 3 ~ 4 条，作为苗木移栽后小树冠的第 1 层主枝。苗高生长到 50 cm 时，及时剪顶，促进苗木主干增粗生长和分生侧枝生长，提高苗木木质化程度。

（二）移栽定植

1．整地　头年秋季依地条平整土地，平整高差 < 5 cm，深耕 25 cm，耙糖后每 0.5 ~ 1 亩为一小区，做好隔水埂，灌冬水，以备翌年春季栽植苗木。

2．定植

（1）种植时间：春、秋两季均可定植，以春季为好，春分前后土壤解冻至萌芽前，定植后容易恢复生机；秋季以立秋至秋分前后于土壤结冻前进行。宜选阴天定植。

（2）种植密度：一般行距 3 m、株距 1 m，每亩种 222 株。小面积栽培一般行距 2 m、株距 1 m，每亩种 333 株。

（3）种植方法：按行株距定植点挖坑，规格 30 cm×30 cm×40 cm（长 × 宽 × 深），坑内先施入有机肥，施入量按纯氮 0.07 kg、纯磷 0.05 kg、纯钾 0.06 kg 的标准计算。与土拌匀后准备栽苗。苗木定植前用萘乙酸 100 mg/L 水溶液蘸根 5 小时，放入栽植坑，填湿土，提苗、踏实，填土至苗木茎基处，覆土略高于地面。栽植完毕及时灌水。

（三）田间管理

1．幼龄期管理技术（1 ~ 4 年）

（1）定干：修剪栽植的苗木萌芽后，将主干离地 30 cm（分枝带）以下的萌芽剪除，分枝带以上选留生长不同方向、具有 3 ~ 5 cm 间距的侧枝 3 ~ 5 条作为形成小树冠的骨干枝（树冠的第 1 层冠），于株高 40 ~ 50 cm 处剪顶。

（2）夏季修剪：5 月下旬至 7 月下旬，每间隔 15 天剪除主干分枝带以下的萌条，将分枝带以上所留侧枝于枝长 20 cm 处短剪，促其萌发二次枝；侧枝上向上生长的壮枝选留靠主干不同方向的枝条 2 ~ 3 条（每条间隔 10 cm）作为小树冠的主枝，于 30 cm 处剪顶，促发分枝结秋果。秋季修剪于 9 月剪除植株根基、主干、冠层所抽生的徒长枝。

（3）土壤培肥：4 月中旬、6 月上旬、7 月上旬施用枸杞专用肥，方法为：于树冠外缘开沟，将定量的肥料施入沟内，与土拌匀后封沟灌水。9 月下旬至 10 月上旬进行秋施基肥，以有机肥为主，方法为沿树冠外缘开对称穴坑，将定量的肥料施入坑内混合与土拌匀后封坑，准备灌冬水。叶面喷肥，2 ~ 4 年枸杞植株于 5 月中旬、6 月中旬、7 月中旬、8 月中旬各喷洒 1 次枸杞叶面专用肥。

（4）灌水：每年生育期内（4—9 月）灌水 5 次，每亩进水量 50 m³ 左右；冬水（11 月上旬）每亩进水量 65 m³ 左右。

（5）中耕翻园：5—8月中耕除草4次，深度15 cm；9月翻晒园地1次，深度25 cm，树冠下15 cm，不能碰伤植株茎基。

2. 成龄期管理技术（5年以上）

（1）整形修剪：原则是巩固充实半圆形树型，冠层结果枝更新，控制冠顶优势，调整生长与结果的关系。在枸杞植株休眠期（2—3月）进行树冠总枝量剪、截、留各1/3。修剪的原则：剪横不剪顺，去旧要留新，密处来疏剪，缺空留"油条"，清膛截底修剪好，树冠圆满产量高。

（2）剪：剪除植株根基、主干、膛内、冠顶着生的无用徒长枝及冠层病虫、残枝和结果枝组上过密的细弱枝、树冠下层3年生以上的老结果枝和树膛内3年生以上的老短果枝。

（3）截：交错截短树冠中上部分布的中间枝和强壮结果枝，上部的中间枝从该枝条的1/2处截短，强壮结果枝从该枝条的1/3处截短，冠层、树膛内的横穿枝于不影响旁边枝条生长处截短。

（4）留：选留冠层生长健壮的、分布均匀的1～2年生结果枝，多留健壮结果枝。

在实施剪、截、留各1/3的修剪过程中，要注意树冠的偏冠补正和冠层补空。①偏冠补正：利用徒长枝，选择着生在主枝上的枝条于偏短部位的1/3处截短；②冠层补空：利用中间枝，选择着生在侧枝上的枝条于树冠空间的1/2处截短，促发二次枝完成补型和补空。

（5）时间：春季修剪于4月下旬至5月上旬，主要是抹芽剪干枝。夏季修剪于5月中旬至7月上旬，剪除徒长枝，截短中间枝，摘心二次枝。秋季修剪于9月下旬至10月上旬，剪除植株冠层生长的徒长枝。

3. 土、肥、水管理

（1）土壤耕作：3月下旬至4月上旬，浅耕；中耕除草，5、6、7、8月中旬各1次；9月中旬至10月上旬，翻晒园地。

（2）施肥：根据产量，按照营养均衡原则施肥。农家肥必须经高温腐熟，适量使用化肥。9月下旬至10月中旬，将饼肥、腐熟的厩肥或枸杞专用肥作为基肥，沿树冠外缘开沟，将定量的肥料施入沟内，与土拌匀后封沟略高于地面。4月中旬、6月上旬，沿树冠外缘开沟追施肥料，与土拌匀后封沟。5、6、7月，每个月各2次，叶面喷施枸杞专用营养液肥。

（3）灌水：每年4月下旬至5月上旬灌头水，每亩进水量为70 m³；5、6月采果期是枸杞需水关键期，一般每15天灌水1次，每亩进水量50 m³；9月上旬灌"白露"水，每亩进水量60 m³；11月上旬灌冬水，每亩进水量70 m³。年灌水量控制在350 m³之内。

（四）病虫害防治

1. 病害

（1）炭疽病：发病期在5月中旬至6月上旬，危害枸杞果实。受害青果染病初期首先出现数个小黑点或不规则褐色斑，病斑迅速扩大，2～3天蔓延至全果，黑果缢缩（果实像被绳子勒后呈现的缩痕）。防治方法：秋冬季清园时除去病枝、病果，深埋或烧毁，及时排除田间积水，控制田间湿度；在发病期喷施0.1%～0.3%尿素液，使枸杞叶面光亮，树势强，增强抗病能力；初夏用杀菌剂彻底防治1次，在发病期的无雨日每隔7～10天喷药1次，降雨后24小时内必须补喷。

（2）根腐病：6—8月发病。主要危害根部。发病时受害植株的须根发黑、腐烂、皮层变褐色。防治方法：平整园地，及时排水；翻晒园地，使根部周围耕作层得到充分暴晒；早期发现病株及时挖除消毒；可喷施500～1000倍液的45%代森安和40%灭病威。

（3）流胶病：常在夏季发生，危害树干。其特征是树干受害部位树皮似火烧而呈焦黑，皮层和木质部分离，从中分泌泡沫状带黏性的黄白色胶液，有腥味，常有苍蝇和黑色金龟子聚吸，严重时全株死亡。防治方法：用刀将受害部位的皮层刮净，再用多菌灵原液或2%硫酸铜溶液或5波美度石硫合剂涂刷。

（4）白粉病：7月下旬至9月上旬发病严重。主要危害叶片和嫩枝。受害的叶片两面生白色粉状霉层，后期病叶枯黄坏死，叶片早落。防治方法：3月上旬枝条萌发前喷一次1：1：100波尔多液，7月上旬喷洒25%粉锈灵800倍液、50%多菌灵500倍液等，视病情严重程度喷洒2～3次，间隔10～15天。

（5）灰斑病：夏季高温多湿季节发病，主要危害叶片。发病初期叶表面病斑呈圆形或近圆形。中央部灰白色，边缘褐色，后期病斑变褐色并干枯，叶背面和果实多生有淡黑色的霉状物。防治方法：严禁使用带病的种苗；秋冬季节清园，减少越冬菌源，加强栽培管理，增施有机肥和磷肥、钾肥，提高植株的抗病能力；发病前喷1次1：1：150波尔多液；发病期喷洒77%可杀得600倍液或50%多菌灵500倍液。每10～15天喷1次。连续3～4次。

2．虫害

（1）蚜虫：5月中旬至7月中旬蚜虫密度最大。危害植株的顶梢、嫩芽、花蕾及青果等。蚜虫吮吸汁液，使受害枝叶卷缩，严重时叶、花、果表面全被它的分泌物所覆盖，造成大面积减产。防治方法：秋季9月中、下旬于蚜虫产卵前，用33%氯氟·吡虫啉乳油3000倍液，或用10%吡虫啉粉剂1500倍液喷雾。加强中耕除草，清除残枝并及时烧掉。

（2）木虱：3—4月开始活动，5—6月间暴发，秋季新叶重新生长时再次盛发。危害幼枝，使树势衰弱，早期落叶，受害严重时全株遍布成虫及卵。防治方法：同蚜虫。

（3）瘿螨：5—6月展叶时形成虫瘿，8—9月危害达到高峰。主要危害叶片、嫩梢、花瓣、花蕾及幼果。被害部位呈紫色或黄色痣状虫瘿。防治方法：4月枸杞新叶萌发、新梢生长时进行防治；结合防治蚜虫、锈螨、木虱，用45%～50%硫黄胶悬剂300倍液喷洒树冠；掌握当地出瘿成螨外露期或出蛰成螨活动期，喷洒0.5波美度石硫合剂、4%杀螨威2000倍液或50%硫黄胶悬剂300倍液2～3次。

（4）锈螨：4月中旬植株展叶后开始为害，5—6月危害达高峰期，8月初发出新叶时出现第二次繁殖高峰。主要危害叶片，常集群密布于叶片吸取汁液，使叶片变成铁锈色而早落。防治方法：基本同枸杞瘿螨；用50%硫黄胶悬剂300倍液于5月上旬喷洒树冠。

（5）负泥虫、枸杞跳甲、枸杞小跳甲：6—7月危害叶片，造成叶片残缺不全。防治方法：忌与茄科作物间、套种；用33%氯氟·吡虫啉乳油3000倍液，或用10%吡虫啉粉剂1500倍液喷雾。

（6）枸杞实蝇：俗称果蛆、白蛆。幼虫食害果实。被害果实表面呈白色斑，萎缩畸形，果肉被吃空而塞满虫粪，被称为"蛆果子"。防治方法：每年4月底至5月上旬可进行土壤拌药处理，每亩用90%美曲膦酯75～100g与15～20kg细土混合拌匀，撒于地面。

3．鸟害

鸟啄食成熟的果实，降低枸杞的产量和品质。其中以麻雀的危害最严重。防治方法：主要采取惊吓、驱赶减少危害，现在多采用拉网遮拦的方法防护。

【留种技术】选择生长5～6年以上、果枝节间短、粗壮、刺少、生长健壮、无病虫害的植株做种株，当年6—11月采摘无病害、果大色红、含糖量较高的成熟果实。搓选出饱满种子，晾干后即可播种。如不能及时播种，可将种子与3倍的湿沙混合放入木箱，置于20℃左右的室内，可盖一层塑料布，保持湿沙湿润，翌春在30%～50%的种子露白时进行播种。

【采收加工】

（一）采收

果实膨大后果皮红色、发亮、果蒂松时即可采摘，春果：9～10天采一次；夏果：5～6天采一次；秋果：10～12天采1次最为适宜。枸杞鲜果为浆果，且皮薄多汁，为防止压破，同时也为了采摘方便，采摘所用的果筐不宜过大，容量在 10 kg 左右为宜。

（二）加工

枸杞鲜果含水量78% ～ 82%，必须经过脱水干制后方能成为成品枸杞子。传统的鲜果干制多采用日光晒干的方式，晴朗天气需 5 ～ 6 天，使果实含水量减少至13% 左右。热风烘干法是将热风炉中的热能用引风机送入烘道形成热风，烘道内铺满鲜果，使烘道内鲜果表面的温度提高到45 ～ 65℃，经过50 ～ 60小时的脱水过程，制干后的果实含水量降到13% 以下，即可从烘道内倒出，脱去果柄后分级装袋。

【商品规格】

（一）含量测定

按照《中华人民共和国药典》2015 年版一部测定：本品按干燥品计算，含枸杞多糖以葡萄糖（$C_6H_{12}O_6$）计，不得少于 1.8%；含甜菜碱（$C_5H_{11}NO_2$）不得少于0.30%。

（二）商品规格

1．西枸杞规格

一等：干货。呈椭圆形或长卵形。果皮鲜红、紫红或红色，糖质多。质柔软滋润。味甜。每 50 克370 粒以内。无油果、杂质、虫蛀、霉变。

二等：干货。呈椭圆形或长卵形。果皮鲜红或紫红色，糖质多。质柔软滋润。味甜。每 50 克 580粒以内。无油果、杂质、虫蛀、霉变。

三等：干货。呈椭圆形或长卵形。果皮红褐或淡红色，糖质较少。质柔软滋润。味甜。每 50 克900 粒以内。无油果、杂质、虫蛀、霉变。

四等：干货。呈椭圆形或长卵形。果皮红褐或淡红色，糖质少。味甜。每 50 克 1100 粒以内。油果不超过 15%。无杂质、虫蛀、霉变。

五等：干货。呈椭圆形或长卵形。色泽深浅不一，糖质少，味甜。每 50 克 1100 粒以上，破子、油果不超过 30%。无杂质、虫蛀、霉变。

2．血枸杞规格标准

一等：干货。呈类纺锤形，略扁。果皮鲜红色或深红色。果肉柔润。味甜微酸。每 50 克 600 粒以内。无油果、黑果、杂质、虫蛀、霉变。

二等：干货。呈类纺锤形，略扁。果皮鲜红色或深红色。果肉柔润，味甜微酸。每 50 克 800 粒以内，油果不超过 10%。无黑果、杂质、虫蛀、霉变。

三等：干货。呈类纺锤形，略扁。果皮紫红色或淡红色，深浅不一，味甜微酸。每 50 克 800 粒以上，包括油果。无黑果、杂质、虫蛀、霉变。

【贮藏运输】枸杞子含糖量高，易受潮，应存放于清洁、阴凉、干燥通风、无异味的专用仓库中，并防回潮、防虫蛀。运输工具必须清洁、干燥、无异味、无污染。运输时不能与其他有毒、有害的物质混装。运输过程中应有防雨、防潮、防污染等措施。

何 首 乌

【药用来源】为蓼科植物何首乌 *Polygonum multiflorum* Thunb. 的干燥块根。

【性味归经】味苦、甘、涩，性微温。归肝、心、肾经。

【功能主治】补肝肾、益精血、强筋骨、乌发、安神、止汗、解毒、消痈、润肠通便。用于血虚，头昏目眩，体倦乏力，萎黄；肝肾精血亏虚，眩晕耳鸣，腰膝酸软，须发早白，瘰疬疮痈，风疹瘙痒，肠燥便秘；高脂血症。

【植物形态】多年生草本植物。块根质硬、肥厚，长椭圆形，黑褐色。茎具缠绕性，可达 2 ~ 4 m，多分枝，具棱，无毛，基部木质化。叶为卵形或长卵形，长 3 ~ 7 cm，宽 2 ~ 5 cm，先端渐尖，基部心形或近心形，两面粗糙，全缘；叶柄长 1.5 ~ 3 cm；托叶鞘膜质，无毛，褐棕色，长 3 ~ 5 mm；花序圆锥状，顶生或腋生，长 10 ~ 20 cm，分枝多，具棱，棱上密被小突起；苞片三角状卵形，有小突起，顶端尖，每苞片内有 2 ~ 4 花；花梗纤细，下部具关节，果时延长；花小而密，花被 5 深裂，裂片椭圆形，大小不一，白色或浅绿色，外面 3 片较大背部具翅，果时增大，花被果时外形近圆形；雄蕊 8，基部较宽；花柱 3，极短，柱头头状。瘦果卵形，具 3 棱，黑褐色，有光泽，包于宿存花被内。花期 8—10 月，果期 9—11 月。

【植物图谱】见图 32-1 ~ 图 32-4。

【生态环境】在我国分布范围很广，多生长在海拔 200 ~ 3000 m 的山谷灌丛、山坡林下、沟边石隙等向阳或荫蔽处。喜温暖气候和湿润的环境条件。耐阴，忌干旱，在土层深厚、疏松肥沃、富含腐殖质、湿润的砂质土壤中生长良好。

【生物学特性】何首乌喜阳，耐半阴，喜湿，畏涝，忌干旱，为多年生缠绕草本植物。春季播种或扦插者一般当年均能开花结果。3 月上、中旬左右开始生根发芽，7 月开花，8 月果实成熟，11 月中旬左右地上部分枯萎。何首乌块根生长缓慢，收获期长，种子繁殖需要种植 4 年才能采收。无性繁殖的何首乌不定根较多，3 年即可采收。

图 32-1　何首乌原植物

图 32-2　何首乌藤茎

图 32-3　何首乌花

图 32-4　何首乌根

【栽培技术】

（一）选地、整地

1. 育苗地　选择土层深厚、疏松肥沃、地势平坦、排水灌溉方便的砂壤土作为育苗地。在冻土前深翻整地，第二年春季每亩施腐熟厩肥 2000 kg，过磷酸钙 30 kg，均匀撒在地面上后，再行犁耙。耕细整平后作高畦，畦宽 120 cm，高 20 cm，畦沟宽 40 cm。浇水，保湿保墒。四周开好排水沟，以利于排水。

2. 种植地　宜选半阴半阳的山坡或林地。但均以排水良好、土层深厚、腐殖质丰富、结构疏松的砂质壤土为佳。每亩施厩肥或堆肥 3000 kg，过磷酸钙 50 kg 作基肥，耕细整平，使肥料和土壤混合均匀，做到全层施肥。整好地后，做宽 140 cm，高 20 cm，畦沟宽 40 cm 的畦。浇足水，保湿保墒。四周开好排水沟，以利于排水。

（二）繁殖方式

1. 扦插繁殖

（1）早春老茎扦插育苗：一般选择在春季老茎发芽前进行扦插育苗。挑选直径在 2 mm 以上、生长旺盛、无病害的一年生粗壮藤蔓。取枝分段，每段 15 ～ 20 cm，每段的芽眼不少于 2 ～ 3 个。在整好的苗床上，按行距 25 cm 开沟，沟深 15 cm，株距 10 cm 左右进行扦插，覆土深度以插条上 1 个芽头露出地面为宜。覆土后将插条周围的土壤压实，浇水，覆盖地膜，保温保湿。适宜温度下 10 天左右即可生根发芽。

（2）夏季嫩枝扦插育苗：一般多在 7—8 月高温多雨季节进行。选取健壮无病害的嫩茎作为插条，扦插方法基本和春季老茎扦插育苗相同，扦插后可以根据温度条件选择不盖地膜，保持土壤湿润，适宜条件下 8 ～ 10 天即可生根发芽。扦插成活 50 ～ 60 天，当苗高达 15 ～ 20 cm 时，即可移栽定植。

2. 种子繁殖　一般选择在春季，当气温回升至 20℃以上时播种。条播或撒播，在整好的苗床上按行距 10 ～ 25 cm 开浅沟，将种子均匀撒入沟内，覆土，镇压，浇水，盖草即可。每亩播种量 2 kg 左右。保持苗床的湿润，适宜条件下播后 10 天左右即可出苗。当苗长至 5 ～ 10 cm 时，即可按株距 5 cm 左右进行间苗补苗。当苗高 20 cm 时可进行移栽定苗。

3．分株繁殖　其方法基本上和扦插相同。在采收药材时，把不能做药用的块根做分株繁殖，根据茎蔓芽眼的多少，将母株分成若干子株，可随即栽种，也可贮存到翌年春季栽种，株行距和扦插繁殖相同。

4．压条繁殖　一般采用波状压条法进行压条繁殖，在夏季，植株生长旺盛时期，选近地面的健壮枝条连续弯曲成波状形，然后将其着地部分埋在土中，深 3 cm 左右，保持土壤湿润。待生根后，剪断定苗。

（三）田间管理

1．中耕除草　出苗后要及时中耕除草，一般每年 3 ~ 4 次，第 1 次在清明节前后，第 2 次在立夏前后，第 3 次在小暑前后，第 4 次在立秋前后，也可根据实际情况来调整次数。中耕宜浅锄，以免伤害块根。

2．间苗、定苗　播种后，在苗高达 5 ~ 10 cm 时进行间苗，高达 15 ~ 20 cm 时进行定苗，可结合中耕除草进行。移栽时可以选择春季或夏季，各有优劣。春季移栽发根快，成活率高，但须根多，产量、质量差。夏季移栽，温度高，阳光充足，新根易膨大，产量高。移栽定植时，起苗时要带土，少伤根。栽后浇足水，5 ~ 7 天即可缓苗。移栽时只留基部 20 cm 左右的茎段即可，其余剪掉。种植时，在畦面上按株、行距 20 cm × 20 cm 开穴，每穴一株，覆土压实，浇水，保持土壤湿润。

3．追肥　何首乌喜肥，应在施足基肥的前提下多次追肥。追肥采用前期施有机肥，中期施磷肥、钾肥，后期不施肥的原则。每年需追肥 2 ~ 3 次，4 月中、下旬，何首乌藤蔓进入生长旺盛期，每亩施腐熟粪水 1500 kg、过磷酸钙 15 ~ 25 kg。9 月以后块根开始形成和生长，此时应重施磷肥、钾肥，每亩施腐熟的农家肥 3000 kg、过磷酸钙 60 kg 和氯化钾 50 kg。以后根据植株的生长情况，每年春季和秋季各追施一次有机肥。每次追肥均应结合中耕除草，以防土壤板结。

4．排水灌溉　何首乌忌涝，怕干旱。育苗期，根据干旱情况，及时浇水，保持土壤湿润。移植之后一个月内需水较多，前 10 天要早晚各浇水一次，保持土壤湿润。雨后注意及时排水，防止积水。

5．搭架、修剪及摘花　何首乌为缠绕草本植物，藤蔓多而长。当苗高 10 cm 左右，在植株旁边搭人字架，便于植株缠绕和生长发育。每株只留一枝生长健壮的藤蔓，多余的分蘖苗和基部分枝藤条要剪掉，当茎蔓长达 1 m 以上时才可保留适量分枝。及时打顶，防止地上部分生长过于旺盛。不做留种用的植株，可于花蕾期摘除花蕾，以免养分分散，促进块根生长。

（四）病虫害防治

1．病害

（1）叶斑病：多发生在夏季，田间透光不良时发病严重。主要危害叶片。防治方法：加强栽培管理，注意通风透光，减少病害发生；清洁田园内病害叶片，减少越冬病原；发病初期喷施 1∶1∶150 波尔多液，或用 50% 多菌灵 800 倍液，每隔 7 ~ 10 天喷施 1 次，连续 2 ~ 3 次。

（2）根腐病：多发生在雨季。主要危害根部。染病植株根部腐烂，整株叶片发黄、枯萎。防治方法：选地势高、肥沃的斜坡面种植；雨后及时排水，降低田间湿度，减少病害发生；中耕除草时注意勿伤根部，减轻发病；发病初期，将病株拔除，用石灰粉封穴消毒，防治蔓延；用 70% 托布津可湿性粉剂 800 ~ 1000 倍液或 75% 百菌清 1500 倍液喷施茎基，对根腐病有一定防效。

（3）轮纹病：7—9 月为发病盛期。主要危害叶片。防治方法：同叶斑病。

2．虫害

（1）金龟子：为鞘翅目昆虫。主要危害叶片。轻者将叶片食成缺损状，重者叶片被食光。防治方法：用 90% 美曲膦酯 1000 倍液稀释喷杀，或利用其假死性，在入夜后摇动被害植株，使其掉落，收集杀灭。

（2）蚜虫：为同翅目昆虫。主要通过吸食植株嫩梢、嫩叶中的营养物质，使植株生长发育受到影响。防治方法：用 33% 氯氟·吡虫啉乳油 3000 倍液，或用 10% 吡虫啉粉剂 1500 倍液喷雾。

【留种技术】选取品种纯正、无病虫害、生长健壮的植株作为母株，在 9—10 月种子外表由白色变为褐色，内部为黑褐色时及时采收，将种子装入布袋或纸箱中，放置阴凉干燥通风处。

【采收加工】

（一）采收

一般 3 年即可采收。每年秋冬季叶片脱落或春季未萌芽前采收为宜。拆除支架，割去地上部分，采挖块根。

（二）产地加工

将收获的块根，去掉多余的根茎和杂质，削平块根两端，洗净，晒干或用文火缓缓烘干。块根较大的可对半割开。

【商品规格】

（一）含量测定

按照《中华人民共和国药典》2015 年版一部测定：本品按干燥品计算，含 2, 3, 5, 4′- 四羟基二苯乙烯 -2-O -β-D- 葡萄糖苷（$C_{20}H_{22}O_9$）不得少于 1%；含结合蒽醌以大黄素（$C_{15}H_{10}O_5$）和大黄素甲醚（$C_{16}H_{12}O_5$）的总量计，不得少于 0.05%。

（二）商品规格

商品按加工方法不同分为生首乌和制首乌。规格按个头重量分为首乌王（每个重 200g 以上）、提首乌（每个重 100g 以上）和统首乌（不分大小）。

出口商品按个头重量分为四等：一等，每个 200g；二等，每个 100g；三等，每个 50g；四等，每个 50g 以下。

首乌片、块，统货，不分等级。

【贮藏运输】应置于通风阴凉干燥处储藏，严防受潮、霉变、虫蛀。运输工具必须清洁、干燥、无异味、无污染。运输时不能与其他有毒、有害的物质混装。运输过程中应有防雨、防潮、防污染等措施。

红　花

【药用来源】为菊科植物红花 *Carthamus tinctorius* L. 的干燥花。

【性味归经】辛、温。归心、肝经。

【功能主治】活血通经，散瘀止痛。用于经闭、痛经，恶露不行，癥瘕痞块，胸痹心痛，瘀滞腹痛，胸胁刺痛，跌打损伤，疮疡肿痛。

【植物形态】红花高 30 ～ 100 cm，全株光滑无毛。茎直立，上部有分枝。叶互生，几乎无柄，抱茎，长椭圆形或卵状披针形，长 4 ～ 9 cm，宽 1 ～ 3.5 cm，先端尖，基部渐窄，边缘不规则的锐锯齿，齿端有刺；上部叶渐小，成苞片状，围绕头状花序。夏季开花，头状花序顶生，直径 3 ～ 4 cm；总苞近球形，总苞片多列，最外侧 2 ～ 3 列，上部边缘有不等长锐刺；内侧数列卵形，边缘为白色透明膜质，无刺；最内列为条形，鳞片状透明薄膜质，有香气，先端 5 深裂，裂片条形，初开放时为黄色，渐变淡红色，成熟时变成深红色；雄蕊 5，合生成管状，位于花冠上；子房下位，花柱细长，丝状，柱头 2 裂，裂片舌状。瘦果类白色，卵形，无冠毛。

【植物图谱】见图 33-1～图 33-5。

【生态环境】喜温而较干燥的气候，对环境适应性较强，抗旱、耐寒、耐盐碱，但怕高温、高湿，在花期尤其怕涝、怕梅雨。分布于海拔 300～900 m 处，一般年均气温 15.8～17.4℃，1 月平均气温 5～6.8℃，7 月平均气温 26～28℃，无霜期 290 天左右，降雨量 976 mm 左右。土壤要求地势高、排

图 33-1　红花幼苗

图 33-2　红花茎叶

图 33-3　红花（大田）

图 33-4　红花的花

图 33-5　红花种子

水良好、中等肥沃的沙壤土，重黏土及低洼积水地不易栽培，忌连作。

【生物学特性】红花基本上属于温带地区作物。红花幼苗出土后植株贴近地面，叶片成簇如蓬座状。南方4月现蕾，1个月后开花，花的颜色随花的发育不断发生变化，由淡黄逐渐变为深黄色，后期变成红色，再变为深红色而干枯凋谢。一般花期后30天左右果实成熟，果皮变白色。

【栽培技术】

（一）选地、整地

1．选地　应选择地势平坦、土质深厚、排灌方便的沙壤土及轻黏土，瘠薄的土壤不仅影响产量，而且还影响品质。红花切忌连作，前茬以大豆、玉米、马铃薯为好，小麦次之。土壤含盐量应在0.4%以下，土壤pH在7～8之间。

2．整地

（1）人工整地：4月上中旬进行，深翻25 cm以上，每亩施腐熟有机肥2000～3000 kg，深翻入土混合均匀后施入耕层做基肥，整平耙细作畦。畦宽140 cm，畦间距40 cm宽，畦长视实际需要而定，浇足底墒水。

（2）机械整地：使用翻转犁深耕灭茬45 cm以上，翻耕后用旋耕机或圆盘耙对表层土壤进行细碎和平整处理，达到地表平整，土壤细碎疏松、上实下虚，便于机械播种的要求。深耕后使用旋耕起垄施肥机，均匀施入肥料，做到全层施肥，然后立即混土5～10 cm，达到畦面平整，耕层松软。

（二）播种

4月中下旬开始播种，行距为30～40 cm，播种深度为4～5 cm，播种均匀一致，播后覆土2～3 cm，稍加镇压，播种后保持土壤湿润。每亩用种量1.5～2.0 kg。

（三）田间管理

1．间苗、补苗　红花播后7～10天出苗，当幼苗长出2～3片真叶时进行第一次间苗，去掉弱苗，第二次间苗即定苗，按间距20～25 cm定苗，对缺苗部位进行移栽补苗。要带土移栽，栽后及时浇水，以利成活。

2．中耕除草　一般进行三次，第一、二次与间苗同时进行，锄松表土，深3～6 cm，第三次在植株郁闭之前进行，结合培土。

3．追肥　追三次肥，在两次间苗后进行，每亩施人畜粪水 400～750 kg，第二次追肥每亩施硫酸铵 10 kg，第三次在植株郁闭、现蕾前进行，每亩增施过磷酸钙 15 kg。

4．打顶　第三次中耕追肥后，应进行打顶，促使多分枝，蕾多花大。

5．排水、灌溉　红花耐旱怕涝，一般不需浇水，幼苗期和现蕾期如遇干旱天气，要注意浇水，可使花蕾增多，花序增大，产量提高。雨季必须及时排水。

（四）病虫害防治

1．病害

（1）锈病：主要危害叶片，也可危害苞叶等其他部位。受害幼苗的子叶、下胚轴及根部出现蜜黄色病斑，上密生针头状黄色小颗粒；叶片背部散生锈褐色微隆起的小疱斑，后期形成暗褐色至黑褐色疱状物。严重时花色泽差，种子不饱满，品质与产量降低。防治方法：收获后及时清除田间病株，并集中烧掉；选择地势干燥、排水良好的地块种植；控制灌水，雨后及时开沟排水；适当增施磷肥、钾肥，促进植株健壮；选育并推广抗病或早熟避病良种；幼苗期结合间苗拔出病苗并带出田外深埋；播种前用 25% 粉锈宁按种子重量 0.3%～0.5% 拌种；发病初期和流行期喷洒 25% 粉锈宁 800～1000 倍液，或 97% 敌锈钠 600 倍液，或 62.25% 仙生 500 倍液 2～3 次，每 10 天一次。

（2）枯萎病：主要危害根部和茎部。病菌于苗期侵入，发病初期须根变褐腐烂，扩展后引起支根、主根和茎基部维管束变褐。发病严重时植株茎叶由下而上萎缩变黄，3～4 天全株枯萎死亡。防治方法：选用健康的种子；播种前用 50% 多菌灵 300 倍液浸种 20～30 分钟；选择地势高燥、排水良好的地块种植，雨季及时排除田间积水；发病初期拔除并集中烧掉病株，并用生石灰撒施病穴及周围土壤；发病期用 50% 多菌灵或甲基托布津 800 倍液浇灌病株根部。

（3）茎腐病：主要危害茎。茎的基部出现水渍斑，叶上有白色的菌丝体，植株发黄、萎蔫而枯死。防治方法：实行水旱轮作，不用带病的种子，选育抗茎腐病的品种；及时松土，以减少病原基数；保持田间通气透光，排除积水以降低土壤湿度。适当增施磷肥、钾肥而控制氮肥，防止机械损伤；喷波尔多液或多菌灵；用生石灰消毒病区。

（4）炭疽病：主要危害叶片、叶柄、嫩梢和茎。叶片病斑褐色、近圆形，有时龟裂；茎上病斑褐色或暗褐色、梭形，互相汇合或扩大环绕基部。天气潮湿时，病斑上生橙红色的点状黏稠物质，即病原菌分生孢子盘上大量聚集的分生孢子。严重时造成植株烂梢、烂茎、折倒、死亡。防治方法：选用抗病品种；在分枝前开始喷洒 1∶1∶100 波尔多液、65% 代森锌 500～600 倍液、50% 二硝散 200 倍液，每隔 7～10 天一次，连续 2～3 次。

（5）花芽腐烂病：主要危害花。受害花头部变为淡绿色，逐渐变成白色，皱缩，停止生长。受害严重的花头会折断，这是由于苞片与花梗连接处的组织被损坏所引起的。防治方法：同茎腐病。

（6）黄萎病：主要危害茎及叶。叶子的脉间及叶缘变白，叶片从下部逐渐出现斑点，最后变为白色或棕色，维管束组织出现黑色。危害严重时植株发黄枯死。防治方法：选用没有携带病菌的种子种植；同时用有抗性的作物如玉米、水稻、高粱、甜菜等和红花轮作；培育抗病品种。

2．虫害

（1）红花长须蚜：6—7 月红花开花时危害最重。一般雨季危害减轻，干旱时危害严重。以无翅胎生群集于红花嫩梢上吸取汁液，造成叶片卷缩起疱等。防治方法：发现蚜虫时可喷药防治；释放七星瓢虫作生物防治。

（2）油菜潜叶蝇：主要是幼虫潜入红花叶片，吃食叶肉，形成弯曲不规则的由小到大的虫道。危害严重时，虫道相通，叶肉大部分被破坏，以致叶片枯黄脱落，影响产量。防治方法：90% 美曲膦酯

1200 ～ 1500 倍液。

【留种技术】在盛花期，选生长健壮、植株高矮一致、抗病力强、分枝头、花头大、花冠长、开花整齐的丰产型植株，作为种株。待红花植株变黄，花球上只有少量绿苞叶，花球失水，种子变硬，并呈现品种固有色泽时，选择色白粒大的种子留种。

【采收加工】

（一）采收

在盛花期清晨露水未干时采收，此时花苞及叶上的刺较软，易采摘。每个花序可连续采摘 2 ～ 3 次，可每隔 2 ～ 3 天采摘一次。

（二）产地加工

采回后立即晾晒。日光过强时，用布遮盖，以保持颜色鲜艳。晒时用工具轻翻。如遇阴雨天，可用文火烘干，温度控制在 50℃ 左右。未干透时不能堆置，否则红花发霉变黑。加工时强光曝晒及烈火烘烤以及用手触摸，这些都会使红花变色影响质量。

【商品规格】

（一）含量测定

按照《中华人民共和国药典》2015 年版一部测定：本品按干燥品计算，含羟基红花黄色素 A（$C_{27}H_{32}O_{16}$）不得少于 1.0%，含山奈素（$C_{15}H_{10}O_6$）不得少于 0.05%。

（二）商品规格

一等：干货。管状花皱缩弯曲，成团或散在。表面深红、鲜红色，微带淡黄色。质较软，有香气，味微苦。无枝叶、杂质、虫蛀、霉变。

二等：干货。管状花皱缩弯曲，成团或散在。表面浅红、暗红或黄色。质较软，有香气，味微苦。无枝叶、杂质、虫蛀、霉变。

【贮藏运输】红花易生霉、变色、虫蛀。籽粒湿度过高，会使其发热，并霉烂变质，降低发芽率。因此，红花应贮藏于阴凉干燥处，温度28℃以下，相对湿度70% ～ 75%为宜。商品安全水分10% ～ 13%。红花籽的贮藏，必须在低温、干燥环境下。红花籽粒在贮藏前，必须晒干，使籽粒的含水量降至8%以下。运输工具必须清洁、干燥、无异味、无污染。运输时不能与其他有毒、有害的物质混装。运输过程中应有防雨、防潮、防污染等措施。

黄　柏

【药用来源】为芸香科植物黄檗 *Phellodendron amurense* Rupr. 的干燥树皮。

【性味归经】苦，寒。归肾、膀胱经。

【功能主治】清热燥湿，泻下除蒸，解毒疗疮。用于湿热泻痢，黄疸尿赤，带下阴痒，热淋涩痛，脚气痿躄，骨蒸劳热，盗汗遗精，疮疡肿毒，湿疹湿疮。盐关黄柏滋阴降火，用于阴虚火旺，盗汗骨蒸。

【植物形态】黄柏为落叶乔木，树高 10 ～ 20 m，大树高达 30 m，胸径 1 m。枝扩展，成年树的树皮有厚木栓层，浅灰或灰褐色，深沟状或不规则状开裂，内皮薄，鲜黄色，味苦，黏质，小枝暗紫红色，无毛。奇数羽状复叶对生，叶轴及叶柄均纤细，有小叶 5 ～ 13 枚，小叶薄纸质或纸质，叶卵形或卵状披针形，长 6 ～ 12 cm，宽 2.5 ～ 4.5 cm，顶部长渐尖，基部阔楔形，一侧斜尖，或为圆形，叶缘有细钝齿和缘毛，叶面无毛或中脉有疏短毛，叶背仅基部中脉两侧密被长柔毛，秋季落叶前叶色由绿转黄而明亮。花小，单性，花瓣 5，雄蕊 5；花序顶生；萼片细小，阔卵形，长约 1 mm；花瓣紫绿色，长 3 ～ 4 mm；雄花的雄蕊比花瓣长，退化雄蕊呈鳞片状。花期 5—7 月，核果，圆球形，直径约 1 cm，蓝黑色，通常有 5 ～ 8（～ 10）浅沟，干后较明显；种子通常 5 粒。果期 6—10 月。

【植物图谱】见图 34-1 ～图 34-4。

图 34-1　黄柏树

图 34-2　黄柏茎叶

图 34-3　黄柏树皮（入药部位）

图 34-4　黄柏种子

【生态环境】黄柏对气候适应性强，苗期稍能耐荫，成年树喜阳光，宜于平原或低丘陵坡地、路旁、住宅旁及溪河附近水土较好的地方种植。野生多见于避风山间谷地，混生在阔叶林中，或山区河谷沿岸。喜深厚肥沃土壤，喜潮湿，喜肥，怕涝，耐寒。黄柏幼苗忌高温、干旱。黄柏不耐积水，在底下水位较高或容易积水的地方，黄柏生长会受影响，严重时因根系腐烂而死亡。

【生物学特性】黄柏可耐受 −30℃的低温，适宜生长的温度 23 ～ 26℃，超过 30℃生长缓慢。黄柏种子具休眠特性，低温层积 2 ～ 3 个月能打破其休眠。

【栽培技术】

（一）选地、整地

1．选地　黄柏为阳性树种，喜欢温暖湿润的气候，山区、平原均可种植，最好选择林地附近土壤疏松肥沃、湿润的山间小平地或山坡平缓处、排灌方便、向阳背风的地块。土壤以深厚、肥沃、质地疏松的砂质壤土为好。

2．整地　播种前 2 ～ 3 个月深翻土地 20 ～ 30 cm，结合深耕施足底肥，每亩施农家肥 3000 kg 作基肥。充分粉碎整平后，做成 1.2 ～ 1.5 m 宽的畦。

（二）繁殖方法和技术

1．种子处理　果实采后堆放至房角或木桶内，盖上稻草，堆沤半个月左右，半果肉腐烂，放簸箕等容器内用手搓脱粒，把果皮捣碎，用筛子在清水中漂洗，除去果皮杂质，捞起种子阴干，贮放在干燥通风处供播种用。堆沤时间不宜过长，过长会降低种子萌芽率。黄柏属于休眠种子，但休眠较浅，寿命 2 年以上，在储藏期间要注意通风，不受日光直射和烟熏，温度保持在 0 ～ 5℃之间。

2．选种　用"沉水法"选种，沉在水下面的为饱满种子，漂浮的种子则不够饱满。

3．播种育苗　播种时间一般采用春播，春播宜早不宜晚，最佳时期在清明至谷雨前。播前用 40℃温水浸种 1 天，然后低温或冷冻层积处理 50 ～ 60 天，进行种子催芽，待种子裂口后进行播种。起畦前撒放石灰或敌克松入土消毒，播种时在畦上按行距 30 cm、深 4 cm 开沟，播种后覆土 1 ～ 2 cm。每亩播种量 3 ～ 4 kg，稍加镇压，盖草保墒，有利种子发芽出土。播后要经常检查，掌握幼苗出土情况，出苗后及时揭草。秋播在 11—12 月进行，播前 20 天湿润种子至种皮变软后播种。一般 4—5 月出苗。培育 1 ～ 2 年后，苗高 40 ～ 70 cm 时，即可移栽。时间在冬季落叶后至翌年新芽萌动前，将幼苗带土挖出，剪去根部下端过长部分，每穴栽 1 株，填土一半时，将树苗轻轻往上提，使根部舒展，再填土至平并踏实、浇水。

4．分根繁殖　在休眠期间，选直径 1 cm 左右的嫩根，窖藏至翌年春解冻后扒出，截成 15 ～ 20 cm 长的小段，斜插于土中，上端不能露出地面，插后浇水，也可随刨随插。1 年后即可成苗移栽。

（三）田间管理

1．间苗、补苗、定苗　苗齐后应拔除弱苗和过密苗。一般在苗高 6 ～ 10 cm 时，按株距 3 ～ 4 cm 间苗，把病、弱苗拔除，苗高 15 ～ 20 cm 时，按株距 7 ～ 15 cm 定苗。间苗应本着"间小留大、间劣留好、间稠留稀"的原则，缺苗要补齐，以保证全苗。

2．中耕除草　播种后要经常检查幼苗出土情况，待幼苗出土 60% ～ 70% 时，揭去覆盖草，苗木出土后，要做到有草就除。苗木出土 1 个月后开始松土，在雨后或灌溉后土略干时进行。在生长期内，每年除草 7 ～ 8 次，松土 3 ～ 4 次。

3．合理追肥　追肥要做到量少勤施，浓度逐步加大，早期以施氮肥为主，追施稀薄人粪尿或碳酸氢铵、尿素 2 ～ 3 次，促使枝叶旺盛生长。中期施磷肥 1 ～ 2 次，充实枝干。后期施钾肥，促进苗木木质化。

4．排水、灌水　播种后出苗期间及定植半个月以内，应经常浇水，以保持土壤湿润，夏季高温应及时浇水降温，以利幼苗生长。郁闭后，可适当少浇或不浇。多雨积水时应及时排除，以防烂根。

（四）病虫害防治

1．病害

（1）锈病：锈病夏初发生严重，锈病是由真菌门担子菌亚门冬孢菌纲锈菌目柄锈科鞘锈属的黄檗鞘锈菌引起，危害叶片，发病初期病叶出现黄绿色近圆形病斑，斑驳状边缘有不明显的小点，锈病开始发生时，首先在黄柏的叶片背部出现疹状夏孢子堆，夏孢子堆集中发生在几棵树势衰弱的树上，以这几棵树为发病中心，夏孢子释放反复侵染，随着时间推移，夏孢子堆越来越多，最终布满整个叶片，叶片正面夏孢子对应处褪绿。发病后期叶背出现冬孢子堆，呈橘黄色，较小，柱形。随之有白霉病和轮纹病等病害发生。发病严重时，整个叶片变为黄色，提前脱落，影响黄柏生长发育。防治方法：发病初期及时喷药防治，可用30%戊唑·咪鲜胺可湿性粉剂500倍液或20%烯肟·戊唑醇悬浮剂1500倍液喷雾，每5～7天喷洒一次，连用2～3次。

（2）煤污病：被害树干和树叶出现铅黑色或煤黑色霉状物，常发生在有蚜虫、水虱、蚧壳虫等危害的树枝上。尤在荫蔽、潮湿、高温的环境中发病率高。防治方法：注意排水，及时防治以上虫害。在发病初期喷1∶0.5∶（150～200）的波尔多液，每隔10天左右1次，连续2～3次；或用33%氯氟·吡虫啉乳油3000倍液，或用10%吡虫啉粉剂1500倍液喷雾。冬季要加强幼林抚育管理，适当修枝，改善林地通风透光度，降低林地湿度以减轻或防治发病；其次，喷渍水也能冲掉煤污菌；养殖异色瓢虫既能消灭蚜虫、蚧壳虫，也能防治煤污病。

2．虫害

（1）凤蝶幼虫：危害叶片，食成孔洞，影响生长。凤蝶1年3代，以蛹在叶背、枝干或其他隐蔽场所越冬，第2年4—5月羽化成虫，交尾产卵。第1代幼虫5—6月出现；第2代7—8月出现；第3代9—10月出现。各代幼虫都咬食叶片，尤多发生在5—8月。防治方法：大脚小蜂是凤蝶的天敌，应大力进行生物防治。在凤蝶蛹上曾发现大脚小蜂和寄生蜂。因此，在人工捕捉幼虫和采蛹时把蛹放入纱笼内，保护天敌。寄生蜂羽化后能飞出笼外，继续寄生，为抑制凤蝶发生，在幼虫幼龄期，用5%氯虫苯甲酰胺1000倍液喷雾或4.5%高效氯氰菊酯乳油1500倍液喷雾。

（2）蚜虫：多发生在夏季，蚜虫群集于嫩叶或花蕊吸食汁液，并可传染病毒引起病害。蚜虫不仅阻碍植物生长，形成虫瘿，传布病毒，而且造成花、叶、芽畸形。防治方法：一是生物防治，蚜虫的天敌昆虫很多，尤其是瓢虫、食蚜蝇、草蛉、蚜茧蜂、蜘蛛类，对蚜虫种群的控制作用显著。二是物理防治，利用蚜虫的趋黄性，采用黄板诱杀的方法进行物理防治。三是化学防治，用33%氯氟·吡虫啉乳油3000倍液，或用10%吡虫啉粉剂1500倍液喷雾，连续数次，直到蚜虫被灭完为止。

（3）蛴螬：防治方法：用90%晶体美曲膦酯800～1000倍液或40%辛硫磷乳油800～1000倍液浇灌。

（4）螨类：螨类属节肢动物门蛛形纲，体型小，红色或黄色，主要危害黄柏的幼嫩叶片，多聚集在叶背。叶片受害后，呈现不规则黄斑，叶缘上卷，叶形变小，严重时黄化脱落。因此，黄柏叶片早落可能与螨类危害有关。螨类1年发生多代，从春季5月开始一直到秋季10月，均可危害，但高峰期出现在5—6月和8—9月，育苗期尤为严重。防治方法：用20%丁氟螨酯悬浮剂1500倍液喷雾。

（5）地老虎：以幼虫危害，咬断根茎处，危害幼苗，白天常在被害株根际或附近表土找到，尤在地势低洼、潮湿的地方其危害则更为严重。防治方法：在侧伏的幼苗周围寻找，人工捕杀，将鲜草切成小段，用50%辛硫磷乳油0.5 kg拌成毒饵诱杀，或用90%晶体美曲膦酯1000倍液拌成毒饵诱杀。

（6）蛞蝓：为一种软体动物，以成虫、幼虫舔食叶、茎、幼芽方式危害植株。防治方法：发生期用地瓜皮或嫩绿蔬菜诱杀。6%四聚乙醛颗粒剂地面撒施进行防治。

除此之外，黄柏病虫害还有褐斑病、膏药病、木蠹蛾、银杏大蚕蛾等，但多为局部发生，应采取定点观测防治。

【留种技术】10月下旬，黄柏果实呈黑色，种子即已成熟。黄柏果实采收不宜过早，采收过早，种子量、饱满度降低，出苗率下降。

【采收加工】

（一）采收

1．采收时间　黄柏定植10年后，在坚持"最大持续产量"的原则下，视生长情况合理采收，采收时间在5—6月为宜。此时树身水分充足，有黏液，剥皮比较容易。

2．采收方法

（1）砍伐：采收时把树砍倒，按80～90 cm长度依其原有宽度剥皮，从根部依次把根皮、树皮、枝皮削下。树越粗，树皮质量越好。也可采用不砍树，只纵向剥下一部分树皮，以使树木继续生长。一般在对黄柏林进行合理间伐时使用。

（2）环剥：为了缩短黄柏树皮生长的利用周期，对未间伐部分的黄柏可利用剥皮再生机制，采用环剥技术剥取部分树皮，让原树继续生长，以后再采剥。环剥技术选择适宜的环剥季节和天气条件。以夏初的阴天为宜，这时树叶刚长齐定型，日平均气温22～26℃之间，形成层活动能力旺盛，树皮易剥，剥皮后易再生皮；选择树干10 cm以上，生长正常，枝叶繁茂，叶色深绿，树皮表面皮孔较多，无病虫害的植株为环剥对象。严格掌握剥皮技术。环剥时，先用嫁接刀在选剥树段的上下两端分别围绕树干环剥一圈，切口斜度以45°～60°为宜，再在两横切口之间纵割一刀。三个切口深度均要适当。以能切断树皮又不割伤形成层和木质部为度。然后再用刀柄在纵横切口交接处撬起树皮，向两边均撕剥，用力不能过猛，以免损伤形成层和韧皮部。手和工具不能触伤剥面。剥皮后可用手持喷雾器以100倍液的吲哚乙酸，再用略长于剥皮长度的小竹竿捆在树干上（防塑料薄膜接触形成层），再用等长的塑料薄膜包裹两层，上下捆好，包裹塑料薄膜是形成新皮的关键。在环境卫生条件较差的地方或有病虫害的地方，剥皮前清除杂草灌木，或对剥皮植株进行药物消毒处理。剥皮可连续进行，第二年及第三年剥皮所得的再生皮的厚度和每10 cm²产量约为第一年的1/2。黄柏剥皮后会出现衰弱现象，应及时浇水、施肥、增施铁盐、剪枝去花等加强树势复壮，叶子就会由黄变绿，一年生新皮渐渐增厚。此外，黄柏根皮也含有小檗碱，可供药用。

（二）加工

剥下树皮趁鲜刮去粗皮，至显黄色而又不损伤内皮为度，在阳光下晒至半干后，再一块块相叠成把，用绳子捆扎，再将一把把堆好，用石板等重物压平，以免卷折，再晒至全干即可。

【商品规格】

（一）含量测定

按照《中华人民共和国药典》2015年版一部测定：本品按干燥品计算，含小檗碱以及盐酸小檗碱（C$_{20}$H$_{17}$NO$_4$·HCl），不得少于3.0%。

（二）商品规格

统货：干货。树皮呈片状。表面灰黄色或淡棕黄色，内表面淡黄色或棕黄色。体轻、质较坚硬。断面鲜黄、黄绿或淡黄色，味极苦。无粗栓皮及死树的松泡皮。无杂质、虫蛀、霉变。

【贮藏运输】黄柏质量以身干、皮厚、块大、足干、鲜黄色、粗皮去净者为优质。黄柏打捆包装贮运，放通风干燥处，防受潮发霉和虫蛀。运输工具必须清洁、干燥、无异味、无污染。运输时不能与其他有毒、有害的物质混装。运输过程中应有防雨、防潮、防污染等措施。

黄 精

【药用来源】为百合科植物黄精 *Polygonatum sibiricum* Red. 的干燥根。

【性味归经】甘，平。归脾、肺、肾经。

【功能主治】补气养阴，健脾，润肺，益肾。用于脾胃气虚，体倦乏力，胃阴不足，口干食少，肺虚燥咳，劳嗽咯血，精血不足，腰膝酸软，须发早白，内热消渴。

【植物形态】多年生草本植物，株高 30 ～ 120 cm，全株无毛，株状茎黄白色，味稍甜肥厚肉质，横生由数个形如鸡头的部分连接而成为大头小尾状、生茎的一端较肥大，茎枯后留下圆形茎痕如鸡眼，节明显，节部生有少数根，茎单一稍曲圆柱形。叶通常 4 ～ 5 片轮生、无柄、叶片条状披针形，先端卷曲，下面有灰粉、主脉平行、中央脉粗壮在下面隆起，花夜生，白绿色，下垂伞形花序，总花梗长、顶端常 2 分叉，各生花一朵。浆果球形，成熟时黑色。花期 5—6 月，果期 7—8 月。

【植物图谱】见图 35-1 ～图 35-6。

【生态环境】黄精适应性较差，生境选择性强。喜生于土壤肥沃，土层深厚，表层水分充足，荫蔽，但上层透光性充足的林缘、灌丛、草丛或林下开阔地带，在排水和保水性良好的地带生长良好，土壤以肥沃砂质壤土、黄壤土或黏壤土生长较好，要求土层深厚，质地疏松。土壤酸碱度适中，一般以中性和偏酸性为宜。

图 35-1　黄精原植物

图 35-2　黄精轮生叶

图 35-3　黄精花

图 35-4　黄精果实

图 35-5　野生黄精鲜根（产于承德兴隆）

图 35-6　黄精（栽培）

【生物学特性】多野生于阴湿的山地灌木及林边草丛中，耐寒，幼苗能在田间越冬，但不宜在干燥地区生长。种子不宜萌发，发芽时间长，发芽率为65%～70%，种子寿命为2年。

【栽培技术】

（一）选地、整地

1. 选地　选择阴湿的林下或有林缘的山地，或有荫蔽条件的平地栽培。但以土层深厚，土质疏松肥沃，排水良好的砂质土壤为好。

2. 整地

（1）人工整地：4月上中旬进行，深翻40 cm以上，结合整地施入基肥，每亩施腐熟有机肥3000～4000 kg，使基肥与土充分混合后，整平耙细，起垄做畦。畦高15～25 cm，畦宽140 cm，畦间距40 cm宽，畦长视实际需要而定，浇足底墒水。

（2）机械整地：使用翻转犁深耕灭茬45 cm以上，翻耕后用旋耕机或圆盘耙对表层土壤进行细碎和平整处理，达到地表平整，土壤细碎疏松、上实下虚，便于机械播种的要求。

深耕后使用旋耕起垄施肥机，均匀施入肥料，做到全层施肥，然后立即混土5～10 cm。整成140 cm的宽畦，畦高25 cm，垄间距40 cm，畦面平整，耕层松软。

（二）种子处理

种子沙藏，在背阴处挖深和宽各33 cm的坑，将一份种子与3份细沙充分混拌均匀，沙的湿度以手握成团，松开即散，指间不滴水为度，然后，将混沙种放入坑内，中央插1把秸秆麦草以利于通气。顶上用细沙覆盖，经常检查，保持一定湿润。待第2年春季3月筛出种子进行直播。

（三）播种

按行距15～20 cm，沟深1～2 cm，将种子均匀的播入沟内，覆盖细土2 cm，浇一次水，畦面覆盖草，当气温上升至15℃左右时，15～20天可出苗。苗出后及时揭去盖草，进行中耕除草和追肥，苗高7～10 cm时进行间苗，去弱留强。最后按株距6～7 cm定苗，幼苗培育1年即可移栽于大田。

（四）根茎繁殖

选1～2年生健壮无病虫害的植株，在收获时挖取根状茎，选先端幼嫩部分，截成数段，每段须具有2～3节。待切口稍晾干收浆后，立即栽种，春栽于3月下旬，秋栽在9—10月上旬进行。栽种时，在整好的畦面上按行距25～30 cm，沟深7～10 cm开沟，将种根芽眼向上，每隔10～15 cm平放入一段，覆盖拌有火灰土的细肥土5～7 cm再盖细土与畦面齐平，栽后3～5天浇一次水，以利于成活。秋栽种的，于土壤封冻前于畦面覆盖一层厩肥或堆肥以利于保暖越冬。

（五）田间管理

1. 中耕除草　在生长前期要经常除草，每年于4月、6月、9月、11月各进行中耕除草一次。宜于浅锄避免伤根。

2. 追肥　每年结合中耕除草进行追肥。前三次中耕后每亩施入复合肥40～50 kg。第四次冬肥要重施，每亩施入有机肥1000～1500 kg，过磷酸钙50 kg，于行间开沟施入，施后覆土浇水。

3. 排灌水　雨季要排水，黄精喜湿怕干，田间要经常保持湿润，遇到干旱天气，要及时灌水。雨季要注意清沟排水，以防积水烂根。

4. 摘除花蕾　非留种田，在花蕾形成前，将花蕾分期分批摘除，有控上促下的作用，增产效果显著。

（六）病虫害防治

1. 病害

叶斑病：4—5月发病，侵害叶片，先从叶尖出现椭圆形或不规则形，外缘呈棕褐色、中间淡白色的病斑，然后病斑向下蔓延，使叶片枯焦而死。雨季发病较严重。防治方法：收获后，清洁田园，将枯枝病残体集中烧毁，消灭越冬病原，发病前或发病初期用 68.75% 噁酮·锰锌水分散粒剂 1000 倍液或 70% 丙森锌可湿性粉剂 600 倍液喷雾，每 5 ～ 7 天喷洒一次，连续 2 ～ 3 次。

2. 虫害　黄精的幼苗期害虫主要以蛴螬、地老虎为主，咬噬黄精根茎，伤害幼苗。防治方法：用 90% 晶体美曲膦酯 800 ～ 1000 倍液或 40% 辛硫磷乳油 800 ～ 1000 倍液浇灌。

【留种技术】选择生长健壮、无病虫害的 2 年生植株，于夏季增施磷肥、钾肥，促进植株生长发育健壮和籽粒饱满。当 8 月浆果变黑成熟时采集种子。黄精也可采用根茎繁殖，于晚秋或早春 3 月下旬前后，选取健壮、无病的植株挖取地下根茎即可作为繁殖材料，直接种植。

【采收加工】

（一）采收

根茎繁殖的栽后 2 ～ 3 年，种子繁殖的栽后 3 ～ 4 年采挖，采收期为 11 月中下旬。

（二）加工

黄精挖取后，去掉茎叶，抖去泥土。剪掉须根，用清水洗净，放在蒸笼内蒸 10 ～ 20 分钟蒸至透心后，取出边晒边揉至全干即成商品。

【商品规格】

（一）含量测定

本品浸出物测定，用 60% 乙醇作溶剂，不得少于 45.0%。

按照《中华人民共和国药典》2015 年版一部测定：本品按干燥品计算，含黄精多糖以无水葡萄糖（$C_6H_{12}O_6$）计，不得少于 7.0%。

（二）商品规格

统货。本品呈结节状弯柱形或不规则的圆锥状，形似鸡头（习称"鸡头黄精"），长 3 ～ 10 cm，直径 0.5 ～ 1.5 cm。表面黄白色至棕黄色，半透明，全体有细皱纹及稍隆起呈波状的环节，地上茎痕呈圆盘状，中心常凹陷，根痕多呈点状突起，分布全体或多集生于膨大部分。质硬而韧，不易折断，断面淡棕色，呈半透明角质样或蜡质状，并有多数黄白色点状筋脉。味微甜而有黏性。以块大、肥润色黄、断面透明、质润泽、习称"冰糖渣"者为佳。味苦者不可药用。

【贮藏运输】采用密封的塑料袋比较好，能有效地控制其安全水分（< 18.0%），主要针对黄精易吸潮的特点进行贮藏，同时也可将密封塑料袋装好的药材放入密封木箱或铁桶内，防虫、防鼠。运输工具必须清洁、干燥、无异味、无污染。运输时不能与其他有毒、有害的物质混装。运输过程中应有防雨、防潮、防污染等措施。

黄 芪

【药用来源】为豆科植物蒙古黄芪 *Astragalus membranaceus*（Fisch.）Bge.var.*mongholicus*（Bge）Hsiao 的干燥根。

【性味归经】甘，微温。归肺、脾经。

【功能主治】补气升阳，固表止汗，利水消肿，生津养血，行滞通痹，托毒排脓，敛疮生肌。用于气虚乏力，食少便溏，中气下陷，久泻脱肛，便血崩漏，表虚自汗，气虚水肿，内热消渴，血虚萎黄，半身不遂，痹痛麻木，痈疽难溃，久溃不敛。

【植物形态】蒙古黄芪主根长而粗壮，顺直。茎直立，高 40 ～ 80 cm。奇数羽状复叶，小叶 12 ～ 18 对；小叶片小，宽椭圆形、椭圆形或长圆形，长 5 ～ 10 mm，宽 3 ～ 5 mm，两端近圆形，上面无毛，下面被柔毛；托叶披针形。总状花序腋生，常比叶长，具花 5 ～ 20 余朵；花萼钟状，密被短柔毛，具 5 萼齿；花冠黄色至淡黄色，长 18 ～ 20 mm；旗瓣长圆状倒卵形，翼瓣及龙骨瓣均有长爪；二体雄蕊；子房光滑无毛。花期 6—7 月，果期 7—9 月。

【植物图谱】见图 36-1 ～图 36-6。

图 36-1　黄芪（大田）

图 36-2　黄芪原植物　　　　　　　　　图 36-3　黄芪花期

图 36-4　黄芪果期

图 36-5　野生黄芪根（产自内蒙古）

图 36-6　黄芪种子

【生态环境】喜凉爽，喜光，耐旱，怕涝。多生长在海拔 900～1300 m 之间的山区或半山区的干旱向阳草地上，或向阳林缘树丛间，植物多为针阔混交林或山地杂木林，土壤多为山地森林暗棕壤土。对土壤要求虽不甚严格，但不宜在过酸和过碱的土壤中生长。为深根性植物，平地栽培应选地势高燥，排水良好，疏松而肥沃的沙壤土；山区应选土层深厚，排水好，背风向阳的山坡或荒地栽种，地下水位高，土壤湿度大，质地黏紧，低洼易涝的黏土或土质瘠薄的沙砾土，不宜种植，气候一般为高山或高原气候。

【生物学特性】黄芪从播种到开花结实，需要 1～2 年，2 年以后每年可开花结果。于每年 3 月下旬至 4 月上旬开始萌芽，10℃以上陆续出土；到 6 月上旬 2 年生黄芪在叶腋中出现花蕾，7 月上旬开始

126

开花，花期为 20 ~ 25 天；7 月中旬进入结果期，果期约为 30 天。蒙古黄芪种子具硬实性，一般硬实率在 40% ~ 80%，种子千粒重 5.17 ~ 7.56 g。蒙古黄芪种子吸水膨胀后，发芽最低温度 6 ~ 8℃，最适温度为 20 ~ 25℃，最高温度为 28℃。

【栽培技术】

（一）选地、整地

1. 选地　黄芪是深根系植物，应选择土层深厚疏松、排水良好、阳光充足的砂质壤土，pH 6.5 ~ 8 的土壤最为适宜。

2. 整地

（1）人工整地：4 月上中旬进行，深翻 40 cm 以上，每亩施腐熟有机肥 3000 ~ 4000 kg，磷酸二铵复合肥 7.5 ~ 10 kg，深翻入土混合均匀后施入耕层做基肥，整平耙细，起垄做畦。畦高 15 ~ 25 cm，畦宽 140 cm，畦间距 40 cm 宽，畦长视实际需要而定，浇足底墒水。

（2）机械整地：使用翻转犁深耕灭茬 45 cm 以上，翻耕后用旋耕机或圆盘耙对表层土壤进行细碎和平整处理，达到地表平整，土壤细碎疏松、上实下虚，便于机械播种的要求。

深耕后使用旋耕起垄施肥机，均匀施入肥料，做到全层施肥，然后立即混土 5 ~ 10 cm。整成 140 cm 的宽畦，畦高 25 cm，垄间距 40 cm，畦面平整，耕层松软。

（二）播种

直播：黄芪春、夏、秋三季均可播种，但以春播和秋播较好。春播时间选在当地气温稳定在 5℃ 以上时；秋播时间在当地气温下降到 15℃ 左右。

1. 人工播种　穴播按行距 33 cm，穴距 27 cm 挖浅穴；条播按行距 20 ~ 25 cm，开沟深 2 ~ 3 cm 浅沟，每亩播种量 1.5 ~ 2 kg，将种子均匀撒入沟内，覆土 1 ~ 1.5 cm，稍加镇压，播种后要保持土壤湿润。

2. 机械播种　播种机播种一般为 6 ~ 8 垄，播种深度 1 ~ 2 cm，株距 2 ~ 3 cm，覆土 1 ~ 2 cm，每亩播种量 2 ~ 2.5 kg，播后适当镇压，并保持土壤湿润。

（三）育苗移栽

春播每年 4 月，或秋播 8—9 月，选择背风向阳、土质肥沃、土壤疏松的地块做苗床，床宽 120 ~ 140 cm，长度视需要而定。整地后在育苗床上开沟，行距 25 ~ 30 cm，沟深 1 ~ 1.5 cm，覆土 1 ~ 1.5 cm。每亩播种量 15 ~ 18 kg，并适时覆盖薄膜或草苫保温，温度保持在 18 ~ 22℃。苗期注意排水防涝、灌水防旱、除草防病等。在当年 9 月或第 2 年春季 4 月中下旬，选择条长、苗壮、少分枝、无病虫伤斑的幼苗移栽，行距 30 cm，株距 8 ~ 10 cm，采用斜栽或平栽，沟深根据幼苗大小而定，一般不超过 5 ~ 7 cm，覆土 3 cm，栽后压实并适时浇水，以利缓苗。

（四）田间管理

1. 中耕除草　黄芪出苗后至封垄前，中耕除草 3 ~ 4 次。浇水和雨后及时中耕，保持田间土壤疏松无杂草。第 2 年返青前，及时清理田园；返青后至封垄前视情况中耕除草 2 ~ 3 次。

2. 间苗、定苗、补苗　当幼苗出现 5 片小叶片（苗高 5 ~ 7 cm）时，按株距 4 ~ 5 cm 除去弱小和过密苗；苗高 10 ~ 12 cm 时，按株距 8 ~ 10 cm 定苗；穴播的每穴留苗 2 ~ 3 株。如果有缺苗，带土补植；缺苗过多时，以补播种子为宜。

3. 追肥　每年可结合中耕除草施肥 1 ~ 2 次，每亩沟施腐熟有机肥 1500 ~ 2000 kg。施用化肥应以磷肥、钾肥为主。苗期和花荚期追施磷酸二铵 20 ~ 30 kg，硫酸钾复合肥 5 ~ 10 kg，覆土后及时浇水。

4. 灌水与排水　黄芪"喜水又怕水"，因此，在管理中要注意及时排灌。黄芪的苗期和返青期应及时灌水。出苗后一般可不浇水，但如遇持续干旱时要适当灌水。

5. 越冬田管理　秋季，黄芪地上部分干枯，应割除，并清除枯枝落叶。第二年除草施肥和浇水管理与第一年相同。

（五）病虫害防治

1．病害

（1）根腐病：黄芪根腐病主要危害茎基和根部。染病植株叶变黄枯萎，茎基和主根全部变为红褐色干腐状，上有纵裂或红色条纹，侧根已腐烂或很少，病株易从土中拔出，主根维管束变为褐色，湿度大时根部长出粉霉。防治措施：一是农业防治，控制土壤温度，防治湿气滞留；进行轮作，施行条播或高畦栽培；防止种苗在贮运和移栽过程中造成伤口，注意防治地下害虫。二是药液浸苗，用50%多菌灵与利克菌1：1混配200倍液浸苗5分钟，晾1～2小时后移栽。三是发病初期用15%噁霉灵水剂750倍液或3%甲霜·噁霉灵水剂1000倍液喷淋根茎部，每7～10天喷药1次，连用2～3次；或用50%托布津1000倍液浇灌病株。

（2）白粉病：黄芪白粉病主要危害叶片。初期叶片正、反两面产生圆形白色粉状霉斑，叶柄、茎部染病也生白色霉点或霉斑，严重时整个叶片被白粉覆盖，致叶片干枯或全株枯死。防治方法：一是加强田间管理，秋冬季及时清除病残体可减少越冬菌原，注意田间通风透光。二是在发病初期，喷施430 g/L戊唑醇悬浮剂3000倍液（苗期6000倍液）或75%肟菌·戊唑醇水分散粒剂3000倍液喷雾，每5～7天喷洒一次，连用2～3次。

（3）锈病：黄芪锈病主要危害叶片。病叶正面出现褪绿色斑，背面淡黄色小疱斑。疱斑表面破裂后露出锈黄色夏孢子堆布满全叶，后期产生深褐色冬孢子堆。发生严重时导致叶片枯死。防治方法：一是选择排水良好、向阳坡、土质深厚的砂壤土种植。彻底清除田间病残体，降低越冬菌源基数。二是发病初期及时喷药防治，可用30%戊唑·咪鲜胺可湿性粉剂500倍液或20%烯肟·戊唑醇悬浮剂1500倍液喷雾，每5～7天喷洒一次，连用2～3次。

（4）紫纹羽病：紫纹羽病俗称"红根病"，黄芪发病后，主根和须根的表面出现白色至紫红色的绒状菌丝层，后期菌丝形成膜状菌丝块、菌核或网状菌索。病根由外向内逐渐腐烂，流出无臭味的浆液，后期仅剩下皮壳，植株易从土中拔起。防治方法：一是实行轮作；及时拔除病株，秋冬季及时清除病残体可减少越冬菌原；生长期发现病株应立即拔除，在病穴撒生石灰消毒；控制土壤湿度，防止地面积水，田间注意通风透光，降低病菌侵染。二是发病初期用15%噁霉灵水剂750倍液或3%甲霜·噁霉灵水剂1000倍液喷淋根茎部，每7～10天喷药1次，连用2～3次；或用50%托布津1000倍液浇灌病株。

2．虫害

蚜虫：危害黄芪的蚜虫是槐蚜和无网长管蚜的混合群体，以槐蚜为主，多集中危害枝头幼嫩部分及花穗等，使植株生长不良，造成落花、空荚等，严重时引起枝叶枯萎，甚至整株死亡。蚜虫分泌的蜜露还会诱发煤污病、病毒病并招来蚂蚁危害等。防治方法：用33%氯氟·吡虫啉乳油3000倍液，或用10%吡虫啉粉剂1500倍液喷雾。

【留种技术】蒙古黄芪播种后第二年开花结实，当荚果内种子呈褐色时采收。大面积采收以割取地上部整株晒干后脱粒，去掉杂质和秕粒，放入编织袋内，转移至阴凉干燥处贮藏备用。

【采收加工】

（一）采收

黄芪生长2～3年后即可采收，但质量以3～4年生采挖的为宜。秋季植株地上部分完全枯萎后，或早春未萌动前，将根挖出。黄芪根深，一定要注意深挖缓拔，防止断根。

（二）加工

根挖出后，趁鲜将芦头、须根剪掉，抖净泥土，在日光下晾晒至七八成干时，将根理直，按长短分级，捆成小捆，再晾晒全干。

【商品规格】

（一）含量测定

按照《中华人民共和国药典》2015 年版一部测定：本品按干燥品计算，含黄芪甲苷（$C_{41}H_{68}O_{14}$）不得少于 0.040%，毛蕊异黄酮葡萄糖苷（$C_{22}H_{22}O_{10}$）不得少于 0.020%。

（二）商品规格

特等：干货。呈圆柱形的单条，斩疙瘩头或喇叭头，顶端间有空心，表面灰白色或淡褐色。质硬而韧。断面外层白色，中间淡黄色或黄色，有粉性。味甘、有生豆气。长 70 cm 以上，上部直径 2 cm 以上，末端直径不小于 0.6 cm。无须根、老皮、虫蛀、霉变。

一等：干货。呈圆柱形的单条，斩去疙瘩头或喇叭头，顶端间有空心。表面灰白色或淡褐色。质硬而韧。断面外层白色，中间淡黄色或黄色，有粉性。味甘、有生豆气。长 50 cm 以上，上中部直径 1.5 cm 以上，末端直径不小于 0.5 cm。无须根、老皮、虫蛀、霉变。

二等：干货。呈圆柱形的单条，斩去疙瘩头或喇叭头，顶端间有空心，表面灰白色或淡褐色，质硬而韧。断面外层白色，中间淡黄色或黄色，有粉性。味甘、有生豆气。长 40 cm 以上，上中部直径 1 cm 以上，末端直径不小于 0.4 cm，间有老皮，无须根、虫蛀、霉变。

三等：干货。呈圆柱形单条，斩去疙瘩头或喇叭头，顶端间有空心。表面灰白色或淡褐色。质硬而韧。断面外层白色，中间淡黄色或黄色，有粉性。味甘、有生豆气。不分长短，上中部直径 0.7 cm 以上，末端直径不小于 0.3 cm，间有破短节子。无须根、虫蛀、霉变。

【贮藏运输】储藏于清洁、阴凉、干燥、通风、无异味的专用仓库中，温度控制在 30℃以下，相对湿度控制在 60%～70%，商品安全水分为 11%～13%。运输工具必须清洁、干燥、无异味、无污染。运输时不能与其他有毒、有害的物质混装。运输过程中应有防雨、防潮、防污染等措施。

黄 芩

【药用来源】为唇形科植物黄芩 *Scutellaria baicalensis* Georgi. 的干燥根。

【性味归经】苦，寒。归肺、胆、脾、大肠、小肠经。

【功能主治】清热燥湿，泻火解毒，止血，安胎。用于湿温、暑湿，胸闷呕恶，湿热痞满，泻痢，黄疸，肺热咳嗽，高热烦渴，血热吐衄，痈肿疮毒，胎动不安。

【植物形态】多年生草本，茎基部伏地，上升，高 20～120 cm。主根粗壮，略呈圆锥形，棕褐色，断面黄色。茎四棱形，基部多分枝。单叶对生，具短柄；叶片披针形，茎上部叶略小，全缘，上面深绿色，无毛或疏被短毛，下面有散在的暗腺点。总状花序顶生，花偏生于花序一边；花冠二唇形，蓝紫色。小坚果近球形，具瘤，黑褐色，包围于宿萼中。花期 7—10 月，果期 8—10 月。

【植物图谱】见图 37-1～图 37-5。

【生态环境】多生于中、高山地或高原等地，常见于海拔 700～1500 m，温暖凉爽、半湿润半干旱的向阳山坡或草原等处，林下阴地不多见。在中心分布区常以优势种群与一些禾草、蒿类或其他杂草共生。常分布在中温带山地草原的温凉、半干旱地区，喜阳光，抗严寒能力较强，适宜野生黄芩生长的气候条件一般为年平均气温 4～8℃，最适年平均温度为 2～4℃，成年植株的地下部分在 −35℃低温下仍能安全越冬，35℃高温不致枯死，但不能经受 40℃以上连续高温天气。年降水量要求比其他旱生植

图 37-1 黄芩大田（河北承德）

图 37-2 黄芩花（紫色）

图 37-3 黄芩花（紫红色）

图 37-4　黄芩根

图 37-5　黄芩种子

物略高，在 450 ～ 600 mm。土壤要求中性或微酸性，并含有一定腐殖质层，在粟钙土和沙质土上生长良好，排水不良、易积水的土壤不宜栽培。

【生物学特性】黄芩多生于中、高山或高原等温凉、半湿润、半干旱地区，喜阳光，抗严寒能力强。黄芩在春季播种，地温 15 ～ 18℃时 10 天左右出苗，3 ～ 5 天出齐。于 6 月开花，花期较长，可延期 3 个月之久，直至枯霜期。果实 8—9 月成熟，成熟期不一致。第二年 4 月中、下旬返青，生长发育过程与第一年基本相似。两年生、三年生开花期和结果期比一年生提前几天，植株高度、单株地上鲜重则逐年明显增高，根长、根粗和鲜根也逐年增加。两三年的黄芩商品性状好，为条芩，而生长 4 年以上者，虽地上植株生育和根系增重也有所增加，但根头中心部分易出现枯朽。

【栽培技术】

（一）选地、整地

1．选地　选择土层深厚，排水良好，疏松肥沃，阳光充足、中性或近中性的壤土或腐殖土为宜。地势地低洼，排水不良，黏重土壤不适宜种植。适宜退耕还林的向阳荒山、荒坡种植，也可利用林间种植。

2．整地

（1）山地：黄芩仿野生种植，应将山坡或林间杂草和根茬清除干净，整平耙细，达到土壤细碎、地面平整为宜。

（2）耕地：4 月上中旬进行，深翻 40 cm 以上，每亩施腐熟有机肥 3000 ～ 4000 kg，磷酸二铵复合肥 7.5 ～ 10 kg，深翻入土混合均匀后施入耕层做基肥，整平耙细，起垄做畦。畦高 15 ～ 25 cm，畦宽 140 cm，畦间距 40 cm 宽，畦长视实际需要而定，浇足底墒水。

（3）机械整地：使用翻转犁深耕灭茬 45 cm 以上，翻耕后用旋耕机或圆盘耙对表层土壤进行细碎和平整处理，达到地表平整，土壤细碎疏松、上实下虚，便于机械播种的要求。深耕后使用旋耕起垄施肥机，均匀施入肥料，做到全层施肥，然后立即混土 5 ～ 10 cm。整成 140 cm 的宽畦，畦高 25 cm，垄间距 40 cm，畦面平整，耕层松软。

（二）播种

直播黄芩一般于春季 4 月中下旬播种。但北方春季雨水不足，大多山坡地无灌溉条件，所以大多选择夏季 6 月中旬至 7 月中旬播种。

1．人工播种　按行距 30 ～ 40 cm，开深 2 ～ 3 cm、宽 5 ～ 8 cm 沟底平的浅沟，每亩播种量 1 ～ 1.5 kg，将种子均匀撒入沟内，覆土 1 ～ 2 cm，稍加镇压，播种后要保持土壤湿润，以确保黄芩适时出苗，实现全苗、齐苗、壮苗。

2．机械播种　播种机播种一般为 6 ～ 8 垄，播种深度 1 ～ 2 cm，株距 2 ～ 3 cm，覆土 1 ～ 2 cm，每亩播种量 2 kg，播后适当镇压，并保持土壤湿润。

（三）育苗移栽

应在早春进行，应选择背风向阳、土质肥沃、土壤疏松的地块做苗床，床宽 120 ～ 140 cm，长度视需要而定。整地后在育苗床上开沟，行距 15 ～ 20 cm，开深 2 ～ 3 cm，宽 5 ～ 8 cm 的浅沟，覆土 0.5 ～ 1 cm，亩播种量 3 ～ 4 kg，并适时覆盖薄膜或草苫保温，温度保持在 18 ～ 20℃，10 天左右可出苗。出苗后应及时去除薄膜或草苫通风，适时间苗、拔除杂草、追肥浇水，促苗齐苗壮。当苗高 5 ～ 7 cm 时，按行距 30 ～ 40 cm，株距 5 ～ 7 cm 定植，定植后覆土压实并适时浇水，以利缓苗。春播苗，在雨季进行移栽；夏播苗，翌年春季移栽。

（四）分株繁殖

为缩短种植年限，可以应用分株法。在每年 3 月下旬或 4 月上旬黄芩尚未萌发新芽之前，将全株挖起，切取主根留供药用。然后依据根茎生长的自然性状用刀劈开，每株根茎分切成若干块，每块都具有 8 ～ 12 个芽眼，即作繁殖材料，再按株行距 12 cm×25 cm 栽种，每穴 1 块，埋土 3 cm 厚。材料若经过生根剂（100/1×10^6 赤霉素溶液浸泡 24 小时）处理后栽于田间，生长比较好。

（五）扦插育苗

3—4 月间，黄芩地上部分开始萌动时，剪取生长健壮的茎梢（顶端带芽部分），去掉下半部叶片，每个茎梢保留有具萌发能力的芽节 3 ～ 4 个，用 100 mg/L 吲哚乙酸处理 3 小时，按株行距 6 cm×8 cm 扦插于苗床，浇水，搭荫棚保湿，不用盖膜。以后根据天气和湿度情况决定喷水次数和喷水量，不宜过湿，防止插条腐烂。插后生长 15 ～ 20 天，幼苗长出 2 ～ 3 片新叶时，即可移栽定植于大田。

（六）田间管理

1．中耕除草　黄芩幼苗生长缓慢，出苗后至封垄前，中耕除草 3 ～ 4 次。浇水和雨后及时中耕，保持田间土壤疏松无杂草。第 2 年返青前，及时清理田园；返青后至封垄前视情况中耕除草 2 ～ 3 次。

2．间苗、定苗、补苗　出苗后，苗高 3 ～ 5 cm 时对过密处进行间苗；苗高 5 ～ 7 cm 时，株距 6 ～ 8 cm 交错定苗；结合间苗、定苗，对缺苗部位进行移栽补苗，要带土移栽，栽后及时浇水，以确保成活。

3．追肥　6 月上、中旬，黄芩生长旺盛期，每亩施磷酸二铵 20 ～ 30 kg，硫酸钾复合肥 5 ～ 10 kg，覆土后及时浇水。黄芩未开花前，每亩喷施叶面肥磷酸二氢钾，6 ～ 7 天 1 次，连续 2 ～ 3 次，利于提高产量。

4．灌水与排水　种子直播地块，于播种后保持土壤湿润至出苗，出苗后土壤水分含量不宜过高，适当干旱有利于蹲苗和促根深扎。但如遇持续干旱时要适当灌水。黄芩怕涝，雨季应注意及时松土和排水防涝，以免感染病菌，烂根死亡，改善品质，提高产量。

5．摘除花蕾　非留种田，于现蕾或开花前，选晴天上午，将所有花枝剪除，共剪 2 ～ 3 次，以减少黄芩地上部分养分消耗，促进根系生长，提高黄芩产量。

6．越冬田管理　秋季，黄芩地上部分干枯，应割除，并清除枯枝落叶。第二年除草施肥和浇水管理与第一年相同。

（七）病虫害防治

病害

（1）根腐病：黄芩根腐病主要危害根部。发病初期部分支根和须根变褐腐烂，以后逐渐蔓延至整个根部，腐烂，全株死亡。防治方法：一是增施磷肥、钾肥；雨季适时排水防涝；及时拔除病株。对根腐病重发地块与油葵、豆类等作物实行3年以上轮作。二是发病初期用15%恶霉灵水剂750倍液或3%甲霜·恶霉灵水剂1000倍液喷淋根茎部，每7～10天喷药1次，连用2～3次；或用50%托布津1000倍液浇灌病株。

（2）茎基腐病：黄芩茎基腐病主要危害大苗或成株黄芩的茎基部及主根。病部初期呈暗褐色，后绕茎基部或根颈部扩展，致使皮层腐烂，地上部叶片变黄，以致植株枯死。后期病部表面可形成大小不一的黑褐色菌核。防治方法：一是重病田实行3年以上轮作，与水稻轮作最好；秋后及时清除病残体；实行配方施肥，耕作除草时勿致伤口；及时防治地下害虫和根线虫，以防止致伤传病。二是发病初期用15%恶霉灵水剂750倍液或3%甲霜·恶霉灵水剂1000倍液喷淋茎基部，每7～10天喷药1次，连用2～3次。

（3）叶枯病：黄芩叶枯病主要危害叶片。症状是从叶尖或叶缘向内延伸呈不规则的黑褐色病斑，迅速自上而下蔓延，致使叶片枯死。防治方法：一是冬季处理病残株，将感染病菌的病残株连根拔出烧掉，消灭越冬病菌。二是发病前或发病初期用68.75%恶酮·锰锌水分散粒剂1000倍液或70%丙森锌可湿性粉剂600倍液喷雾，每5～7天喷洒一次，连续2～3次。

（4）黄芩白粉病：黄芩白粉病主要危害叶片和果荚，叶的两面生白色状斑，好像撒上一层白粉一样，病斑汇合而布满整个叶片，最后病斑上散生黑色小粒点，田间湿度大时易发病，导致提早干枯或结实不良甚至不结实。防治方法：一是加强田间管理，秋冬季及时清除病残体可减少越冬菌原，注意田间通风透光。二是在发病初期，喷施430 g/L戊唑醇悬浮剂3000倍液（苗期6000倍液）或75%肟菌·戊唑醇水分散粒剂3000倍液喷雾，每5～7天喷洒一次，连用2～3次。

（5）灰霉病：黄芩灰霉病症状分为两种类型，普通型和茎基腐型，以茎基腐型危害最大。普通型主要危害黄芩地上嫩叶、嫩茎、花和嫩荚，形成近圆形或不规划形、褐色或黑褐色病斑，叶片上易从叶尖和叶缘开始发病，逐渐向内扩展，病斑常有明显的轮纹，湿度大时，各发病部位均有灰色霉层，后期病斑扩大，可致全叶干枯、果荚坏死不能结实。茎基腐型主要在2～3年生黄芩上发病重，可单独发生；该型发病早，一般在2～3年生黄芩返青生长后即可侵染发病，主要为害黄芩地面上下10 cm左右茎基部，因发病部位低且可为地上茎叶所遮挡，因而局部小气候较高的湿度极有利于病菌侵染，以后病斑环茎一周，病部产生大量的灰色霉层，其上的茎叶随即枯死；一丛黄芩有1至数个茎基部发病后，常很快扩展至其他茎基部，最后导致一丛黄芩大部患病枯死。防治方法：一是冬秋季及时清除病残体，可减少越冬菌原。二是发病初期，喷施22.5%啶氧菌酯悬浮剂1500倍液（严禁与乳油类农药及有机硅混用）或40 g/L嘧霉胺悬浮剂1000倍液喷雾，连用2～3次。

【留种技术】留种田，一般8月可采取分批随熟随采，当80%以上的种子成熟时，把果序剪下，晒干拍打出种子，净选后晾干，放入编织袋内，放置阴凉干燥处贮藏备用。

【采收加工】

（一）采收

黄芩播种后2～3年收获为宜。收获季节在晚秋或春季萌芽前，采挖时用机械挖药机采挖；面积较小的地块，可人工挖采。采挖时尽量避免伤根、断根。采挖时去除病烂、残根茎。

（二）加工

黄芩收获后，除去须根及泥沙，晒至半干，撞去粗皮，然后迅速晒干或烘干，呈黄白色即成商品。在晾晒过程中应避免过度曝晒，否则根条发红，影响质量；同时要防止雨淋水洗，否则根条见水变绿后发黑，影响药材质量。

【商品规格】

（一）含量测定

按照《中华人民共和国药典》2015年版一部测定：本品按干燥品计算，含黄芩苷（$C_{21}H_{18}O_{11}$）不得少于9.0%。

（二）商品规格

条芩一级：干货。呈圆锥形，上部比较粗糙，有明显的网纹及扭曲的纵皱。下部皮细有顺纹或皱纹。表面黄色或棕黄色。质坚、脆。断面深黄色，上端中央间有黄绿色或棕褐色的枯心。气微，味苦。条长10 cm以上，中部直径1 cm以上，去净粗皮，无杂质、虫蛀和霉变。

条芩二级：干货。呈圆锥形，上部皮较粗糙，有明显的网纹及扭曲的纵皱。下部皮细有顺纹或皱纹。表面黄色或棕黄色，质坚、脆。断面深黄色，上端中央间有黄绿色或棕褐色的枯心。气微，味苦。条长4 cm以上，中部直径1 cm以下，但不小于0.4 cm，去净粗皮，无杂质、虫蛀和霉变。

枯碎芩，统货：干货。即老根多中空的枯芩和块片碎芩及破碎尾芩。表面黄色或浅黄色。质坚、脆。断面黄色。气微，味苦。无粗皮、茎芦、碎渣、杂质、虫蛀、霉变。

【贮藏运输】储藏于清洁、阴凉、干燥、通风、无异味的专用仓库中，温度控制在30℃以下，相对湿度控制在70%～75%，商品安全水分为11%～13%。运输工具必须清洁、干燥、无异味、无污染。运输时不能与其他有毒、有害的物质混装。运输过程中应有防雨、防潮、防污染等措施。

藿 香

【药用来源】为唇形科植物藿香 *Pogostemon cablin*（Blanco）Benth. 的干燥地上部分。

【性味归经】辛，微温。归脾、胃、肺经。

【功能主治】芳香化浊，和中止呕，发表解暑。用于湿浊中阻，脘痞呕吐，呃逆吐泻，湿温初起，发热倦怠，胸闷不舒，寒湿闭暑，腹痛，鼻渊头痛。

【植物形态】一年生草本，高30～60 cm。直立，分枝，被毛，老茎外表木栓化。叶对生；叶柄长2～4 cm，揉之有清淡的特异香味，叶片卵圆形或长椭圆形，长5.7～10 cm，宽4.5～7.5 cm，先端短尖或钝圆，基部阔而钝或楔形而稍不对称，叶缘具不整齐的粗钝齿，两面皆被毛茸，下面较密，叶脉于下面凸起，下面稍凹下，有的呈紫红色；没有叶脉的叶肉部分则于上面稍隆起，故叶面不平坦。轮状伞花序密集，基回部有时间断，组成顶生和腋生的穗状花序式，长2～6 cm，直径1～1.5 cm，具总花梗；苞片长约13 mm；花萼筒状；花冠筒伸出萼外，冠檐近二唇形，上唇3裂，下唇全缘；雄蕊4，外伸，花丝被染色。花期4月。

【植物图谱】见图38-1～图38-3。

【生态环境】喜高温、阳光充足环境，在荫蔽处生长欠佳，年平均气温19～26℃的地区较宜生长，温度高于35℃或低于16℃时生长缓慢或停止。喜欢生长在湿润、多雨的环境，怕干旱，要求年降雨量

图 38-1　藿香（大田）

图 38-2　藿香（花期）

图 38-3　藿香（花序）

达 1600 mm 以上。幼苗期喜雨，生长期喜湿度大的环境（但是土壤湿度过大，也会烂根死亡）。雨量较少地区要注意灌溉。苗期喜荫，需搭棚或盖草，成株可在全光照下生长。根比较耐寒，在北方能越冬，次年返青长出藿香；地上部不耐寒，霜降后大量落叶，逐渐枯死。

【生物学特性】对土壤要求不严，一般土壤均可生长，但以土层深厚肥沃而疏松的砂质壤土或壤土为佳。怕积水，在易积水的低洼地种植，根部易腐烂而死亡。种子寿命 2 ~ 4 年，故隔年籽可以播种，种子萌发需要光照条件，发芽适温 18 ~ 22℃，发芽天数 7 ~ 10 天。

【栽培技术】

（一）繁殖材料

主要采用种子繁殖。

（二）选地、整地

1．选地　应选择地势平坦、排水良好、疏松肥沃的砂质壤土种植。

2．整地

（1）人工整地：5 月中下旬进行，深翻 25 cm 以上，每亩施腐熟有机肥 3000 ~ 4000 kg，深翻入土混合均匀后施入耕层做基肥，整平耙细作畦。畦宽 140 cm，畦间距 40 cm 宽，畦长视实际需要而定，浇足底墒水。

（2）机械整地：使用翻转型深耕灭茬 45 cm 以上，翻耕后用旋耕机或圆盘耙对表层土壤进行细碎和平整处理，达到地表平整，土壤细碎疏松、上实下虚，便于机械播种的要求。深耕后使用旋耕起垄施肥机，均匀施入肥料，做到全层施肥，然后立即混土 5 ～ 10 cm，达到畦面平整，耕层松软。

（三）**繁殖**

1．繁殖时间　4月下中旬至5月上旬。

2．繁殖方法　条播：顺畦按行距 25 ～ 30 cm 开浅沟，沟深 1 ～ 1.5 cm，浇透水，将种子拌细沙均匀地撒入沟内，覆土 1 cm，稍加镇压。每亩播种量 1 ～ 1.5 kg。

（四）**田间管理**

1．间苗、补苗　在温度和土壤湿度适宜时，10 ～ 12 天出苗。当苗高 10 ～ 12 cm 时进行间苗，去弱留强。按株距 10 ～ 12 cm，两行错开定苗。发现缺株，应选阴天进行补苗。栽后浇 2 次稀薄人畜粪水，以利成活。

2．中耕除草和追肥　每年进行 3 ～ 4 次中耕。第 1 次于苗高 3 ～ 5 cm 时进行松土，并用手拔除杂草。松土后，每亩施稀薄人畜粪水 1000 ～ 1500 kg。第 2 次于苗高 7 ～ 10 cm 时进行中耕除草，松土后每亩施人畜粪水 1500 kg；第 3 次在苗高 15 ～ 20 cm 时进行，中耕除草后，每亩施人畜粪水 1500 ～ 2000 kg，或尿素 4 ～ 5 kg 对水稀释后浇施；第 4 次在苗高 25 ～ 30 cm 时进行，中耕除草后，每亩施人畜粪水 2000 kg，或用尿素 6 ～ 8 kg 对水浇施。封行后不再进行中耕。每次收割后都应中耕除草和追肥 1 次。苗高 25 ～ 30 cm 时，第 2 次收割后进行培土，保护根部越冬。

3．排灌水　雨季要及时疏沟排水，防止田间积水引起植株烂根。旱季及时灌水，抗旱保苗。

（五）**病虫害防治**

（1）根腐病：该病主要发生于夏季多雨时期，症状表现为植株根部及其根状茎处首先发生腐烂，然后逐渐蔓延到地上部，使得皮层变为褐色，最后导致植株枯萎死亡。防治方法：集中烧毁病株，在病穴上撒石灰以消毒，或施用 50% 多菌灵 500 倍液来浇灌病穴。

（2）枯萎病：该病多发于 6 月中旬至 7 月上旬这段时期，表现为最初叶片及叶梢部下垂，呈青枯状，最后根部腐烂，全株枯死。防治方法：清除并集中烧毁病残株，以消灭越冬病菌；雨后及时疏沟排水；结合喷药向叶面喷施磷酸二氢钾，以提高植株的抗病性；在发病初期可以喷施 50% 多菌灵 500 倍液，或施用 50% 甲基托布津 800 倍液，或使用 40% 多菌灵胶悬液 500 倍液浇灌病穴及邻近植株根部，防止蔓延。

（3）褐斑病：该病属于真菌病害，以危害藿香叶片为主，一般发生于 5—6 月，特别是雨季危害严重，症状表现为叶面上出现了近圆形的病斑，中间呈淡褐色，边缘则为暗褐色，且长出淡黑色的霉状物。防治方法：摘除并集中烧毁病叶，可以施用波尔多液，或喷施 64% 杀毒矾可湿性粉剂 500 倍液等药剂进行相应防治。

（4）斑枯病：症状表现为叶片两面都长有多角形病斑，最初直径为 1 ～ 3 mm，叶色变黄，严重情况下病斑汇合，导致叶片枯死。防治方法：发病初期可以每隔 7 天喷洒一次 50% 瑞毒霉 1000 倍液，连续喷 2 ～ 3 次。

【留种技术】秋季种子成熟，将种子采收后去掉秕粒和杂质，保存备用。

【采收加工】

（一）采收

通常 7—8 月采收。采收时选择晴天时露水刚干后采收，将全株拔起或挖起。

（二）产地加工

除净泥土和须根，先晒数小时，使叶片稍成皱缩状态，收回捆扎成把，然后分层交替堆放一夜，将叶色闷黄，翌日再摊晒，摊晒时最好在上面盖上稻草，这样可保持叶片不脱落或少脱落。最后除去根部，即成商品。

【商品规格】

（一）含量测定

按照《中华人民共和国药典》2015年版一部测定：本品按干燥品计算，含百秋李醇（$C_{15}H_{26}O$）不得少于0.10%。

（二）商品规格

1. 石牌香规格标准

统货：干货。除净根，枝叶相连。老茎多呈圆形，茎节较密；茎嫩略呈方形密被毛茸。断面白色，髓心较小，叶面灰黄色，叶背灰绿色。气纯香、味微苦而凉。散叶不超过10%。无死香、杂质、虫蛀、霉变。

2. 高要香规格标准

统货：干货。全草除净根。枝叶相连。枝干较细，茎节较密；嫩茎方形，密被毛茸。断面白色，髓心较大。叶片灰绿色。气清香，味微苦而凉。散叶不超过15%。无枯死、杂质、虫蛀霉变。

3. 海南香规格标准

统货：干货。全草除净根。枝叶相连。枝干粗大，近方形，茎节密；嫩茎方形，具稀疏毛茸。断面白色髓心大，叶片灰绿色，较厚。气香浓，叶微苦而凉。散叶不超过20%。无枯死、杂质、虫蛀、霉变。

【贮藏运输】储藏于清洁、阴凉、干燥、通风、无异味的专用仓库中，并定期检查，防止虫蛀、霉变、腐烂、泛油等现象的发生。运输工具必须清洁、干燥、无异味、无污染。运输时不能与其他有毒、有害的物质混装。运输过程中应有防雨、防潮、防污染等措施。

鸡 冠 花

【药用来源】为苋科植物鸡冠花 *Celosia cristata* L. 的干燥花序。

【性味归经】甘、涩，凉。归肝、大肠经。

【功能主治】收敛止血，止带，止痢。用于吐血，崩漏，便血，痔血，赤白带下，久痢不止。

【植物形态】一年生直立草本，高30～80 cm。全株无毛，粗壮。分枝少，近上部扁平，绿色或带红色，有棱纹凸起。单叶互生，具柄；叶片长5～13 cm，宽2～6 cm，先端渐尖或长尖，基部渐窄成柄，全缘。中部以下多花；苞片、小苞片和花被片干膜质，宿存；胞果卵形，长约3 mm，熟时盖裂，包于宿存花被内。种子肾形，黑色，光泽。该种和青箱极相近，但叶片卵形、卵状披针形或披针形，宽2～6 cm；花多，极密生，成扁平肉质鸡冠状、卷冠状或羽毛状的穗状花序，一个大花序下面有数个较小的分枝，圆锥状矩圆形，表面羽毛状；花被片红色、紫色、黄色、橙色或红色黄色相间。花果期7—9月。

【植物图谱】见图39-1～图39-4。

【生态环境】鸡冠花喜温暖干燥气候，怕干旱，喜阳光，不耐涝，对土壤要求不严。

图 39-1　鸡冠花（大田）

图 39-2　鸡冠花

图 39-3　鸡冠花

图 39-4　鸡冠花种子

【生物学特性】喜温暖气候。土壤选择肥沃疏松、排水良好的夹砂土栽培较好，忌黏湿土壤。在瘠薄土壤中生长差，花序变小。以种子繁殖，栽培简单，易成活。喜水肥。

【栽培技术】

（一）选地、整地

1. 选地　应选择地势平坦、排水良好、疏松肥沃的沙土壤土种植。

2. 整地　雨水少的地方可以选择做平畦，雨水多的地方可以选择做高畦。

（1）人工整地：4月上中旬进行，深翻 25 cm 以上，每亩施腐熟有机肥 3000～4000 kg，深翻入土混合均匀后施入耕层做基肥，整平耙细作畦。畦宽 140 cm，畦间距 40 cm 宽，畦长视实际需要而定，浇足底墒水。

（2）机械整地：使用翻转犁深耕灭茬 45 cm 以上，翻耕后用旋耕机或圆盘耙对表层土壤进行细碎和平整处理，达到地表平整，土壤细碎疏松、上实下虚，便于机械播种的要求。深耕后使用旋耕起垄施肥机，均匀施入肥料，做到全层施肥，然后立即混土 5～10 cm，达到畦面平整，耕层松软。

（二）播种

5月中下旬，按行距 30 cm，开深 2～3 cm，宽 5～6 cm 的浅沟，每亩播种量 0.5～0.6 kg，将种子均匀撒入沟内，覆土 1～2 cm，稍加镇压，播后保持土壤湿润。

（三）田间管理

1．中耕除草　播种后，应及时进行中耕除草，严防草荒，做到畦内无杂草。

2．间苗、定苗、补苗　苗高 6 ~ 7 cm 时，按株距 20 cm 左右定苗；对缺苗部位进行移栽补苗，要带土移栽，栽后及时浇水，以确保成活。

3．追肥　花冠形成后，每 10 天叶面喷肥一次。

4．灌水与排水　定苗后，视植株生长情况，进行浇水。伏天可在早晚灌水。多雨季节，要及时排水，避免田间积水，导致烂根。

（四）病虫害防治

1．病害

（1）叶斑病：初期，病斑为褐色，扩展后病斑变成圆形或椭圆形，边缘呈暗褐色至紫褐色，病斑中心为灰褐色至灰白色。后期，叶片逐渐萎缩、干枯、脱落。在潮湿的天气条件下，病斑上出现粉红色霉状物，即病原菌的分生孢子。防治方法：一是发现有病叶及时摘除。二是发病初期及时喷药防治，药剂有 1∶1∶200 波尔多液，50% 甲基托布津可湿性粉剂、50% 多菌灵可湿性粉剂 500 倍液喷雾，40% 菌毒清悬浮剂 600 ~ 800 倍液喷雾；或用代森锌可湿性粉剂 300 ~ 500 倍液浇灌。

（2）立枯病：鸡冠花患病后，幼苗茎基部或地下根部出现水渍状椭圆形或不规则的暗褐色病斑，并且逐渐凹陷，叶片边缘处比较明显。病斑扩大绕茎一周时，茎部以上干枯死亡。防治方法：一是发现有感染严重的植株要及时拔除，销毁，并对土壤进行消毒处理。二是采用 50% 多菌灵可湿性粉剂 500 浇灌根际，并用 1000 倍液进行喷雾，每 15 天左右喷一次，连喷 2 ~ 3 次进行预防。三是发病初期喷淋 20% 甲基立枯磷乳油（利克菌）1000 倍液、95% 绿亨 1 号精品 3000 倍液、10% 立枯灵水悬剂 300 倍液、或 50% 立枯净可湿性粉剂 900 倍液等。

2．虫害

（1）蚜虫：吸食叶片、枝茎的汁液，被害部位形成枯斑，鸡冠花的生长率降低，叶子形成枯斑后逐渐萎缩，泛黄，卷叶，直到最后叶片脱落，严重时整棵植株都会死亡。防治方法：一是发现被蚜虫侵害严重的植株，要及时拔除并且销毁；二是用 33% 氯氟·吡虫啉乳油 3000 倍液，或用 10% 吡虫啉粉剂 1500 倍液喷雾。

（2）红蜘蛛：以口器刺入叶片内吮吸汁液，使叶绿素受到破坏，叶片呈现灰黄点或斑块，叶片枯黄、脱落，甚至落光。防治方法：用 20% 丁氟螨酯悬浮剂 1500 倍液喷雾。

【留种技术】选择生长健壮、花朵大、色泽纯正的植株留作种株。秋后，种子逐渐发黑成熟，及时割掉花苔，放通风处晾晒脱粒。

【采收加工】秋季花盛开时采收花序，晒干或烘干。

【商品规格】不规则的块段。扁平，有的呈鸡冠状。表面红色、紫红色或黄白色。可见黑色扁圆肾形的种子。气微、味淡。

【贮藏运输】贮藏时应注意不要把花压烂，注意防潮、避光，避免发霉变质。运输时不能与其他有毒、有害的物质混装。运输过程中应有防雨、防潮、防污染等措施。

急 性 子

【药用来源】为凤仙花科植物凤仙花 *Impatiens balsamina* L. 的干燥成熟种子。

【性味归经】微苦、辛，温；有小毒。归肺、肝经。

【功能主治】破血散结，消肿软坚。用于癥瘕痞块，经闭，噎膈。

【植物形态】一年生草本，高 60 ～ 80 cm。茎粗壮，肉质，常带红色，节略膨大。叶互生，披针形长 6 ～ 15 cm，宽 1.5 ～ 2.5 cm，先端长渐尖，基部楔形，边缘有锐锯齿；叶柄两侧有腺体。花不整齐，单一或数朵簇生于叶腋，密生短柔毛，粉红色红色、紫红色或白色；萼片 3，后面片大，花瓣状，向后延伸成距；花瓣 5，侧瓣合生，不等大；雄蕊 5，花药黏合；子房上位，5 室。蒴果密生茸毛。种子圆形，黄褐色。花期 6—8 月，果期 9 月。

【植物图谱】见图 40-1 ～图 40-4。

【生态环境】对环境条件要求不严，常野生于荒地、路边、宅旁菜园等地。

【生物学特性】凤仙花适应性较强，在多种气候条件下均能生长，一般土地都可种植，但以疏松肥沃的壤土为好，涝洼地或干旱瘠薄地生长不良。

【栽培技术】

（一）繁殖材料

种子繁殖。

（二）选地、整地

1. 选地　应选择阳光充足、地势平坦、排水良好、疏松肥沃的砂质壤土种植。

2. 整地

（1）人工整地：5 月中下旬进行，深翻 25 cm 以上，每亩施腐熟有机肥 3000 ～ 4000 kg，深翻入土混合均匀后施入耕层做基肥，整平耙细作畦。畦宽 140 cm，畦间距 40 cm 宽，畦长视实际需要而定，浇足底墒水。

（2）机械整地：使用翻转犁深耕灭茬 45 cm 以上，翻耕后用旋耕机或圆盘耙对表层土壤进行细碎和平整处理，达到地表平整，土壤细碎疏松、上实下虚，便于机械播种的要求。深耕后使用旋耕起垄施肥

图 40-1　凤仙花幼苗

图 40-2　凤仙花（大田）

图 40-3 凤仙花

图 40-4 凤仙花种子（急性子）

机，均匀施入肥料，做到全层施肥，然后立即混土 5 ～ 10 cm，达到畦面平整，耕层松软。

（三）繁殖

1．繁殖时间　4 月中下旬至 5 月上旬。

2．繁殖方法　按行距 30 cm 开浅沟，沟宽 20 cm，沟深 1 ～ 1.5 cm，将种子均匀撒于沟内，覆土 1 ～ 1.5 cm，稍加镇压，保持土壤湿润。每亩用种量 2.5 ～ 3 kg。

（四）田间管理

1．中耕除草　中耕除草 3 ～ 4 次，保持田间土壤疏松无杂草。

2．间苗、定苗、补苗　苗高 5 ～ 10 cm 时开始间苗，苗高 15 cm 左右时，按株距 20 ～ 25 cm 定苗。

（五）病虫害防治

白粉病：主要危害叶片。防治方法：在发病初期，喷施 430 g/L 戊唑醇悬浮剂 3000 倍液（苗期 6000 倍液）或 75% 肟菌·戊唑醇水分散粒剂 3000 倍液喷雾，每 5 ～ 7 天喷洒一次，连用 2 ～ 3 次。

【留种技术】选择生长健壮、无病虫害的优势植株作为种株，待 7 月果实开始成熟时，随熟随采，晾晒或阴干使种子脱粒，清除杂质和空粒、瘪粒，储存于专用袋中。

【采收加工】急性子一般于 7—9 月果实由青变黄后采收。因其成熟时间不一致，可分批采摘。也可当大部分果实成熟后，将全株割下，脱粒晒干后即可入药出售。亩产量 150 kg。

【商品规格】

（一）含量测定

按照《中华人民共和国药典》2015 年版一部测定：本品按干燥品计算，含凤仙萜四醇皂苷 K（$C_{54}H_{92}O_{25}$）和凤仙萜四醇皂苷 A（$C_{48}H_{82}O_{20}$）的总量不得少于 0.20%。

（二）商品规格

不分等级，均为统货。

【贮藏运输】应存放于清洁、阴凉、干燥通风、无异味的专用仓库中，并防回潮、防虫蛀。运输工具必须清洁、干燥、无异味、无污染。运输时不能与其他有毒、有害的物质混装。运输过程中应有防雨、防潮、防污染等措施。

桔 梗

【药用来源】为桔梗科植物桔梗 *Platycodon grandiflorum* （Jacq.）A. DC. 的干燥根。

【性味归经】苦、辛，平。归肺经。

【功能主治】宣肺，利咽，祛痰，排脓。用于咳嗽痰多，胸闷不畅，咽痛喑哑，肺痈吐脓。

【植物形态】多年生草本，体内有白色乳汁，全株光滑无毛。根粗大，圆锥形或有分叉，外皮黄褐色。茎直立，有分枝。叶多为互生，少数对生，近无柄，叶片长卵形，边缘有锯齿。花大形，单生于茎顶或数朵成疏生的总状花序；花冠钟形，蓝紫色、蓝白色、白色。蒴果卵形，熟时顶端开裂。

【植物图谱】见图 41-1 ～ 图 41-8。

【生态环境】桔梗喜温暖、湿润、阳光充足的环境，能耐寒，怕积水，忌大风。在土壤深厚、疏松肥沃、排水良好的砂质壤土中植株生长良好，土壤水分过多或积水易引起根部腐烂。多生于海拔 1200 m 以下的丘陵地带。气候条件为年均气温 9 ～ 14℃，年降雨量 900 ～ 1200 mm，年均日照时数 1400 ～ 1500 小时，年均湿度 80%。

【生物学特性】桔梗喜温，喜光，耐寒，怕积水，忌大风。适宜生长的温度为 12 ～ 20℃，能忍受 -20℃低温。桔梗为深根性植物，桔梗苗高 6 cm 以前，生长缓慢；苗高 6 cm 以上至开花前的 4—5 月，生长加快；6—7 月为生长旺盛期，开花后减慢。7 月上中旬至 9 月孕蕾开花，8 月陆续结果，坐果

图 41-1　桔梗苗期

图 41-2　桔梗花蕾期

图 41-3　桔梗花

图 41-4　桔梗果期　　　　　　　　　　　　图 41-5　桔梗种子

图 41-6 桔梗（一年生）

图 41-7 桔梗鲜根

图 41-8 桔梗药材（干品）

率可达 70% 左右，果熟期很不一致。11 月中下旬植株地上部分枯萎。

【栽培技术】

（一）选地、整地

1. 选地　桔梗是深根系植物，应选择土层深厚疏松、排水良好、阳光充足的砂质壤土，pH 6.5 ~ 8 的土壤最为适宜。

2. 整地

（1）人工整地：4 月上中旬进行，深翻 40 cm 以上，每亩施腐熟有机肥 3000 ~ 4000 kg、磷酸二铵复合肥 7.5 ~ 10 kg，深翻入土混合均匀后施入耕层做基肥，整平耙细，起垄做畦。畦高 15 ~ 25 cm，畦宽 140 cm，畦间距 40 cm 宽，畦长视实际需要而定，浇足底墒水。

（2）机械整地：使用翻转犁深耕灭茬 45 cm 以上，翻耕后用旋耕机或圆盘耙对表层土壤进行细碎和平整处理，达到地表平整，土壤细碎疏松、上实下虚，便于机械播种的要求。深耕后使用旋耕起垄施肥机，均匀施入肥料，做到全层施肥，然后立即混土 5 ~ 10 cm。整成 140 cm 的宽畦，畦高 25 cm，垄间距 40 cm，畦面平整，耕层松软。

（二）繁殖

1. 种子直播　春季播种在 4 月中旬至 5 月中旬；夏季播种在 7 月上旬至下旬。

（1）人工播种：按行距 15 ~ 20 cm，开深 0.5 ~ 1 cm、幅宽 7 ~ 10 cm 平底浅沟，每亩播种量 1 ~ 1.5 kg，将种子均匀撒入沟内，覆土 0.5 ~ 1 cm，稍加镇压。播种后要保持土壤湿润。

（2）机械播种：播种机播种一般为 6 ~ 8 垄，播种深度 1 ~ 2 cm，株距 2 ~ 3 cm，覆土 1 ~ 2 cm，每亩播种量 2.5 ~ 3 kg，播后适当镇压并保持土壤湿润。

2. 根茎繁殖　根茎繁殖以春栽为主，在 4 月上、中旬栽植。选择粗细基本一致健壮根茎做种根，在整好畦的地块开沟，顺垅倾斜栽植，行距 20 ~ 25 cm，株距 10 ~ 12 cm，开沟深度 15 ~ 20 cm，覆土 3 ~ 4 cm，压实并适时浇水，以利出苗。

（三）田间管理

1. 中耕除草　桔梗幼苗生长缓慢，出苗后至封垄前，中耕除草 3 ~ 4 次，保持田间土壤疏松无杂草。第 2 年返青前，及时清理田园；返青后至封垄前视情况中耕除草 2 ~ 3 次。

2. 间苗、定苗、补苗　出苗后，苗高 3 ~ 5 cm 时对过密处进行间苗；苗高 10 ~ 12 cm 时进行定苗，按株距 6 ~ 8 cm 留壮苗 1 株。结合间、定苗，对缺苗部位进行移栽补苗，要带土移栽，栽后及时浇水，以利成活。

3. 追肥　每年可结合中耕除草施肥 1 ~ 2 次，每亩沟施腐熟有机肥 1500 ~ 2000 kg。施用化肥应以磷肥和钾肥为主。苗期和根膨大期追施磷酸二铵 20 ~ 30 kg、硫酸钾复合肥 5 ~ 10 kg，做到深施肥，浅浇水。

4. 灌水与排水　定苗后，一般可不浇水，但如遇持续干旱时要适当灌水。注意雨季排水，避免田间积水，烂根。

5. 摘除花蕾　非留种田，于现蕾或开花前，选晴天上午，将花蕾全部摘除，有控上促下的作用，增产效果显著。

6. 越冬田管理　秋季，桔梗地上部分干枯，应割除，并清除枯枝落叶。第二年除草施肥和浇水管理与第一年相同。

（四）病虫害防治

1. 病害

（1）紫纹羽病：紫纹羽病俗称"红根病"，危害根部。一般 7 月开始发病，先由须根开始，再延至主根；病部初呈黄白色，可看到白色菌索，后变为紫褐色，病根由外向内腐烂，外表菌索交织成菌丝膜，破裂时流出糜渣。根部腐烂后仅剩空壳，地上病株自下而上逐渐发黄枯萎，最后死亡。湿度大时易发生。防治方法：一是实行轮作和消毒，以控制蔓延。二是多施基肥，增强抗病力。三是每亩施用石灰粉100 kg，可减轻危害；注意排水；发现病株及时清除。四是发病初期用15%噁霉灵水剂750倍液或3%甲霜·噁霉灵水剂1000倍液喷淋根茎部，每7～10天喷药1次，连用2～3次；或用50%托布津1000倍液浇灌病株。

（2）根腐病：发病期在6—8月，主要危害桔梗根部，初期根局部呈黄褐色而腐烂，以后逐渐扩大，导致叶片和枝条变黄枯死。湿度大时，根部和茎部产生大量粉红色霉层即病原菌的分生孢子，最后严重发病时，全株枯萎。防治方法：一是注意轮作。二是及时排除积水，在低洼地或多雨地区种植，应作高畦。三是发现病株及时拔除，并在病穴及周围撒施生石灰。四是发病初期用15%噁霉灵水剂750倍液或3%甲霜·噁霉灵水剂1000倍液喷淋根茎部，每7～10天喷药1次，连用2～3次；或用50%托布津1000倍液浇灌病株。

（3）轮纹病：桔梗轮纹病主要危害叶部，叶片上病斑浅褐色，形状大小各异，圆形至不规则形，具2～3圈轮纹，上密生小黑点，即病原菌的假囊壳。防治方法：一是加强管理，收获后及时清洁田园。二是夏季高温发病季节，加强田间排水，降低田间湿度，以减轻发病。三是发病前或发病初期用68.75%噁酮·锰锌水分散粒剂1000倍液或70%丙森锌可湿性粉剂600倍液喷雾，每5～7天喷洒一次，连续2～3次。

（4）斑枯病：桔梗斑枯病主要危害叶部。受害病叶两面有病斑，圆形或近圆形，直径2～5 mm，白色，或被叶脉限制呈不规则形，上生小黑点。严重时病斑汇合，叶片干枯。防治方法：一是冬季清园，将田间枯枝、病叶及杂草集中烧毁。二是夏季高温发病季节，加强田间排水，降低田间湿度，以减轻发病。三是发病前或发病初期用68.75%噁酮·锰锌水分散粒剂1000倍液或70%丙森锌可湿性粉剂600倍液喷雾，每5～7天喷洒一次，连续2～3次。

（5）根结线虫病：主要危害根部，以侧根和须根受害较重。植株衰弱不长，在侧根和须根上形成许多大小不等的瘤状物，即虫瘿。严重时造成病株死亡。防治方法：一是注意轮作；二是粪肥要充分发酵，确保不带线虫；三是及时清除病残体；四是定植前每亩撒施10%噻唑啉颗粒剂2000 g；发病初期用1.8%阿维菌素乳油1000～1200倍液灌根，能抑制根结线虫为害。

2．虫害

蚜虫在桔梗嫩叶、新梢上吸取汁液，致使叶片发黄，植株萎缩，生长不良。4—8月为害。防治方法：用33%氯氟·吡虫啉乳油3000倍液，或用10%吡虫啉粉剂1500倍液喷雾。

【留种技术】1年生桔梗结的种子少，且瘦小而瘪，颜色浅，出苗率低，幼苗细弱。栽培桔梗最好选用2年生植株产的种子，大而饱满，颜色黑亮，播种后出苗率高。二年生留种田，当植株高15～20 cm时摘去顶芽，以利多萌发侧芽，促进开花结实提高种子产量。6月每亩施尿素15 kg、过磷酸钙30 kg，以促进植株生长和开花结实。桔梗种子成熟期不一致，可以分批采收。当果柄由青变褐、果实呈黄绿色、种子饱满变黑时分次采收。采收过迟，蒴果开裂、种子散落。采收后应在通风处后熟4～5天，再行日晒脱粒贮藏备用。

【采收加工】

（一）采收

桔梗二年生质量最好，以药用为主。一年生根以食用为主。采收期在秋季植株地上部分完全枯萎后，或早春未萌动前进行。

（二）产地加工

鲜根挖出后，去净泥土、芦头，浸水中用竹刀、木棱、瓷片等刮去栓皮，洗净。晒干或烘干。皮要趁鲜刮净，时间长了，根皮就很难刮了。刮皮后应及时晒干，否则易发霉变质和生黄色水锈。刮皮时不要伤破中皮，以免内心黄水流出影响质量。晒干时经常翻动，使其干燥均匀，到近干时堆起来发汗1天，使内部水分转移至体外，再晒至全干。阴雨天可用火烘，烘至桔梗出水时出炕摊晾，待回润后再烘，反复至干。

【商品规格】

（一）含量测定

按照《中华人民共和国药典》2015 年版一部测定：本品按干燥品计算，含桔梗皂苷 D（$C_{57}H_{92}O_{28}$）不得少于 0.10%。

（二）商品规格

桔梗由于各产地规格等级不同，暂分为南、北两类。南桔梗主产于安徽、江苏、浙江等地。北桔梗主产于东北、华北等地。本书重点介绍北桔梗。

统货：干货。呈纺锤形或圆柱形，多细长弯曲，有分枝。去净粗皮。表面白色或淡黄白色。体松泡。断面皮层白色。中间淡黄白色。味甘。大小长短不分，上部直径不低于 0.5 cm。无杂质、虫蛀、霉变。

【贮藏运输】储藏于清洁、阴凉、干燥、通风、无异味的专用仓库中，温度控制在 30℃ 以下，相对湿度控制在 70% ~ 75%，商品安全水分为 11% ~ 13%。运输工具必须清洁、干燥、无异味、无污染。运输时不能与其他有毒、有害的物质混装。运输过程中应有防雨、防潮、防污染等措施。

金 莲 花

【药用来源】为毛茛科植物金莲花和党瓣金莲花、矮金莲花、短瓣金莲花 *Trolliuschinensis* Bunge 的干燥花。

【性味归经】苦，微寒。归肺、胃经。

【功能主治】清热解毒，消肿，明目。主治感冒发热，咽喉肿痛，牙龈肿痛，目赤肿痛，疔疮肿毒。

【植物形态】多年生草本。茎高 30 ~ 70 cm，不分枝。基生叶 1 ~ 4 个，有长柄；叶片五角形，基部心形，三全裂，全裂片分开，中央全裂片菱形，顶端急尖，三裂达中部或稍超过中部，边缘密生锐锯齿，侧全裂片斜扇形，二深裂近基部，上面深裂片与中全裂片相似，下面深裂片较小，斜菱形。茎生叶似基生叶，下部的具长柄，上部的较小，具短柄或无柄。花单独顶生或 2 ~ 3 朵组成聚伞花序；花梗长；苞片三裂；萼片（6 ~）10 ~ 15（~ 19）片，金黄色，最外层的椭圆状卵形或倒卵形；花瓣 18 ~ 21 个，稍长于萼片或与萼片近等长；雄蕊长 0.5 ~ 1.1 cm。种子近倒卵球形，黑色，光滑，具 4 ~ 5 棱角。6—7 月开花，8—9 月结果。

【植物图谱】见图 42-1 ~ 图 42-6。

【生长环境】喜温暖湿润、阳光充足的环境，生长适宜温度 18 ~ 24℃，夏季高温时不易开花。不耐湿涝，不耐寒。喜肥沃、排水良好的土壤。野生金莲花生于海拔 1000 ~ 2200 m 的山地、草坡或疏林下，耐寒，忌湿热。宜选荫蔽处排水良好的砂质壤上栽培，根系浅，需较厚的土层。

【**生物学特性**】金莲花为异花授粉。常育苗移栽法进行种植，为多年生草本植物，一般在每年3月下旬至4月上旬为返青期，4月中旬到5月中旬为营养生长期，5月下旬进入生殖生长期，到6月下旬为花期，7月初花枯萎进入种子成熟期。9月下旬进入休眠期。

【**栽培技术**】

1. 繁殖方式　种子或分株繁殖。

（1）种子繁殖：北方地区春、秋、冬皆可播种，但以秋播为宜。

（2）分株繁殖：北方地区可于秋季10月或夏初5—6月将已引种成活的植株，分株移栽，每株留1～2个幼芽，行株距30 cm左右，深度以将根埋没即可。

2. 田间管理　3—6月植株返青至开花，宜勤灌溉；7—8月雨季时，需注意排涝遮阴，降低土温，避免湿热，冬灌可浇人粪尿，移栽时结合整地施入底肥。

3. 病虫害防治　常发生叶斑病、萎蔫病和病毒病危害，可用50%托布津可湿性粉剂500倍液喷洒。虫害有粉纹夜蛾和粉蝶危害，用90%美曲膦酯原药1000倍液喷杀。

图 42-1　金莲花（围场坝上大田栽培）

图 42-2　金莲花（内蒙古野生）　　　　　图 42-3　金莲花（围场野生）

图 42-4　金莲花（栽培）

图 42-5　金莲花晾晒

图 42-6　金莲花药材（干品）

【采收加工】夏季花盛开时采收，晾干。

【留种技术】当种子成熟时，将种子采下，阴干，贮于干燥通风处贮藏。

【商品规格】

（一）含量测定

参照《中华人民共和国药典》2015 年版一部标准，金莲花含水量不得超过 15%，按照干燥品计算，含总黄酮以芦丁计算，每克不得少于 90 mg。

（二）商品规格

不分等级，均为统货。

【贮藏运输】应置于通风干燥处储藏，严防受潮、霉变、虫蛀。运输工具必须清洁、干燥、无异味、无污染。运输时不能与其他有毒、有害的物质混装。运输过程中应有防雨、防潮、防污染等措施。

金 银 花

【药用来源】为忍冬科植物忍冬 *Lonicera japonica* Thumb. 的干燥花蕾或带初开的花。

【性味归经】甘，寒。归肺、心、胃经。

【功能主治】清热解毒，疏散风热。用于痈肿疔疮，喉痹，丹毒，热毒血痢，风热感冒，温病发热。

【植物形态】金银花为多年生藤本和木本植物。藤为褐色至赤褐色，多分枝，具缠绕性。叶对生，卵形，幼枝叶均密生柔毛和腺毛。唇形花，苞片叶状，有清香，表面密被短柔毛，花成对生于叶腋，初期黄白色或绿白色，后期以黄色为主。花萼小，花蕾开放时，雄蕊和花柱均伸出花冠，5 雄蕊，1 雌蕊，子房无毛。球形浆果，熟时黑色。种子褐色，卵圆形或椭圆形，长 3 mm 左右，中部有 1 凸起的脊，两侧有浅的横沟纹。花期 4—6 月（秋季亦常开花），果熟期 10—11 月。

【植物图谱】见图 43-1 ～图 43-4。

【生态环境】生态适应性强，喜温耐寒、喜光、喜湿润、耐旱、耐涝，对土壤要求不严。多生长于海拔 600 ～ 1200m 地形开阔、遮阴较少的地区。生长区环境以气温条件 12 ～ 25℃，年平均气温 10 ～ 14℃，全生育期 ≥ 0℃，无霜期 185 天；年日照时数 1800 ～ 1900 小时，日照时数在 7 ～ 8 小时 / 天；年降水量 750 ～ 800 mm，空气相对湿度 65% ～ 75% 之间；以湿润、肥沃、深厚、pH5.8 ～ 8.5 的砂壤土为宜。

【生物学特性】耐寒性强，在 -10℃背风向阳有一定湿度情况下，叶子不落；-20℃时能安全越冬，翌年正常开花。-5℃时植株就开始发芽生长，随温度升高生长速度加快，20 ～ 30℃为最适宜生长温度；根系发达，10 年生植株根平面分布直径可达 3 ～ 5 m，深度 1.5 ～ 2 m，主要根系分布在地表以下 0 ～ 15 cm；在 4 月上旬至 8 月下旬生长最快。喜温耐寒，生态适应性较强，在 12 ～ 25℃的气温条件下都能生长，要求年平均气温 11 ～ 14℃，适宜生长温度 15 ～ 25℃；喜光，要求年日照时数 1800 ～ 1900 小时，日照时数在 7 ～ 8 小时 / 天为宜；喜湿润，耐旱、耐涝，要求生长在年降水量 750 ～ 800 mm，

图 43-1　金银花大田

图 43-2　金银花花期

图 43-3　金银花茎叶

图 43-4　金银花（药用部位）

空气相对湿度 65% ～ 75% 之间；对土壤要求不严，在片麻岩、石灰岩、角砾岩地区，沙土、黏土上均能生长，尤以湿润、肥沃、深厚的砂壤土最适宜。

【栽培技术】

（一）繁殖技术

1. 种子繁殖　9 月中旬种子成熟时选择健壮、饱满、色泽好的成熟浆果采摘，及时取出种子，以防霉烂。然后对种子进行消毒处理，再把种子倒入已消毒堆好的河沙上，拌匀，堆成沙床，用农膜覆盖、压紧防止风吹雨打，种子在膜内暴嘴后及时播入苗圃。播种前 1 个月进行翻耕、打厢，将已爆嘴的种子均匀撒入厢面，用河沙或沙土、锯末面等覆盖物盖严。然后用竹竿起拱搭篷，用农膜盖第一层，遮阳网盖第二层，种子在篷内一般 30 天左右发芽出土。苗长到 10 cm 时进行匀苗、间苗、定苗及排苗。排苗一般在次年 3—4 月，移栽时必须带土移栽，移栽后覆盖双层遮阳网，施足定根水，保持厢内温湿度，7 ～ 10 天苗成活后，拆去遮阳网。

2. 扦插繁殖　春、夏、秋季进行均可。春季宜在发芽前，秋季于 9 月至 10 月中旬。空气及土壤湿度较大，插后成活率较高。插条的选择及处理：选 1 ～ 2 年生健壮、充实的枝条，截成长 30 cm 的插条，将下端削成平滑斜面，上部留 2 ～ 4 片叶，用 500 倍吲哚丁酸液浸蘸下端斜面 7 ～ 10 秒，稍晾干后立即扦插。插条入土深度为插条的 1/2 ～ 1/3，再填细土用脚踩紧，浇一次透水，保持土壤湿润，1 个月左右即可生根发芽。

（二）栽植技术

选择阳光充足，土层 30 cm 以上，水源较好，中壤至重壤质地的地块。土壤进行翻耕、四沟配套，按同一方向拉线开厢，宽 1.8 m，高 0.3 m，沟宽 0.6 m，平整厢面。按窝距 1 m、窝深 0.5 m、窝宽 0.5 m 进行挖窝，每窝施腐熟农家肥 2.5 kg，或商品有机肥 0.25 kg，并覆土带栽。选择高 50 cm、分枝 2 个以上、茎基直径 3 mm 以上的合格苗，移栽前用浓度 500 mg/L 的生根粉蘸根，边蘸边栽，可提高其成活率。川银花栽植要求一出土马上移栽，以确保其鲜活度，提高成苗率。苗木运输和存放过程中要严禁"烧苗"现象，保持叶片的鲜活。

（三）田间管理

栽后应选用 0.14 mm 厚的地膜覆盖，根据厢长确定地膜长短，每窝上地膜开口直径约 0.5 m，把种苗套入膜口并将地膜口及四周用力拉紧盖严。栽后应遮阳防晒 5 ～ 7 天，并根据天气情况补浇定根水

1～2次，使根系土壤湿润，确保移栽成活。移栽成活后第二年春季中耕除草，追施人畜粪水，每年3～4次。在加强肥水管理的同时应进行修剪整形，待主枝长30 cm时进行摘心并立杆辅助主枝的形成，促进一级侧枝生长，待一级侧枝长30 cm后进行摘心促进二级侧枝生长，逐年修剪形成拱圆形花墩。

（四）病虫害防治

1. 病害

褐斑病：主要危害植株叶片，发病初期叶片上出现黄褐色小斑，后期数个小斑融合在一起，呈圆形或受叶脉所限呈多角形的病斑。潮湿时，叶背面生有灰色的霉状物。在干燥时，病斑的中间部分容易破裂。防治方法：发病前喷施1∶1∶100倍的波尔多液预防；发病初期喷施70%代森锰锌800倍液或5%菌毒清800倍液，每隔7～10天喷一次，共喷2～3次。

2. 虫害

蚜虫：以蚜和若蚜密集于金银花植株的新梢和嫩叶的叶背吸取汁液，使心叶、嫩叶变厚、失绿，叶片向背面卷缩呈拳状，卷叶中常有白粉。防治方法：用10%吡虫啉3500～5000倍液或50%抗蚜威1500倍液喷雾。

【留种技术】 9月中旬种子成熟时选择健壮、无病虫害的成熟浆果采摘，及时取出种子，整理分类晾干，以待备用。金银花繁殖一般采用扦插繁殖，在7—8月，挑选健壮、无病虫害的1年生或2年生的枝条剪断分枝，30～35 cm，最好带有芽头，随剪随用。

【采收加工】

（一）采收

一般于5月中、下旬采摘第1茬花，隔一个多月后陆续采第2、3、4茬。采收期必须在花蕾尚未开放之前。当花蕾由绿变白、上部膨大、下部为青色时，采摘的金银花称"二白花"；花蕾完全变白时采收的花称为"大白针"。一天之内，以清晨至上午9点前采收的花蕾最好。

（二）产地加工

1. 日晒、晾凉法　金银花采下后应立即晾干或烘干，以当天或两天内晒干为好。如当天未晒干，夜间将花筐架起，留出间隙，让水分散失。初晒时不能任意翻动（尤其不可用手），以免花色变黑。

2. 烘干法　若遇到阴雨天气应及时烘干。因烘干不受外界天气影响，容易掌握火候，比晒干的成品率高，质量好。一般烘12～20小时可全部烘干，烘干时不能用手或其他东西翻动，否则易变黑，未干时不能停烘，停烘时会引起发热变质。

3. 炒鲜处理干燥法　把鲜品适量的放入干净的热汤锅中，随即均匀的轻翻轻炒，至鲜花均匀萎蔫，取出晒干、烘干或置于通风处阴干。炒时必须严格控制火候，勿使焦碎。

4. 蒸汽处理干燥法　将鲜花疏松的放入蒸笼内，蒸3～5分钟，取出晒干或烘干。用蒸汽处理时间不宜过长，以防鲜花熟烂，改变性味。此法增加花中水分含量，要及时晒干或烘干，若是阴干，成品质量较差。

【商品规格】

（一）含量测定

按照《中华人民共和国药典》2015年版一部测定：本品按干燥品计算，含绿原酸（$C_{16}H_{18}O_9$）不得少于1.5%，含木犀草苷（$C_{21}H_{20}O_{11}$）不得少于0.050%。

（二）商品规格

1. 密银花规则标准

一等：干货。花蕾呈棒状，上粗下细，略弯曲。表面绿白色，花冠厚质稍硬，握之有顶手感。气清香，味甘微苦。无开放花朵，破裂花蕾及黄条不超过5%。无黑条、黑头、枝叶、杂质、虫蛀、霉变。

二等：干货。花蕾呈棒状，上粗下细，略弯曲。表面绿白色，花冠厚质硬，握之有顶手感。气清香，味甘微苦。开放花朵不超过 5%，黑头、破裂花蕾及黄条不超过 10%。无黑条、枝叶、杂质、虫蛀、霉变。

三等：干货。花蕾呈棒状，上粗下细，略弯曲。表面绿白色，花冠厚质硬，握之有顶手感。气清香，味甘微苦。开放花朵、黑条不超过 30%。无枝叶、杂质、虫蛀、霉变。

四等：干货。花蕾或开放花朵兼有。色泽不分。枝叶不超过 3%。无杂质、虫蛀、霉变。

2．东银花规格标准

一等：干货。花蕾呈棒状、肥壮、上粗下细，略弯曲。表面黄、白、青色。气清香、味甘微苦。开放花朵不超过 5%。无嫩蕾、黑头、枝叶、杂质、虫蛀、霉变。

二等：干货。花蕾呈棒状，花蕾较瘦，上粗下细，略弯曲。表面黄、白、青色。气清香，味甘微苦。开放花朵不超过 15%，黑头不超过 3%。无枝叶、杂质、虫蛀、霉变。

三等：干货。花蕾呈棒状，上粗下细，略弯曲。花蕾瘦小。外表黄、白、青色。气清香，味甘微苦。开放花朵不超过 25%，黑头不超过 15%，枝叶不超过 1%。无杂质、虫蛀、霉变。

四等：干货。花蕾或开放的花朵兼有。色泽不分，枝叶不超过 3%。无杂质、虫蛀、霉变。

3．山银花规格标准

一等：干货。花蕾呈棒状，上粗下细，略弯曲，花蕾瘦长。表面黄白色或青白色。气清香，味淡微苦。开放花朵不超过 20%。无梗叶、杂质、虫蛀、霉变。

二等：干货。花蕾或开放的花朵兼有。色泽不分。枝叶不超过 10%。无杂质、虫蛀、霉变。

【贮藏运输】干燥后的金银花如不马上出售，包装后应置于干燥冷凉的地方储藏，避免阳光直接照射和防止老鼠为害。运输工具必须清洁、干燥、无异味、无污染。运输时不能与其他有毒、有害的物质混装。运输过程中应有防雨、防潮、防污染等措施。

金 盏 菊

【药用来源】为菊科植物金盏菊 *Calendula officinalis* L. 的干燥花或根。

【性味归经】淡，平。入肝、大肠经。

【功能主治】清热解毒，活血调经，用于中耳炎、月经不调。

【植物形态】金盏菊株高 30 ～ 60 cm，为一年生或越年生草本植物，全株被白色茸毛。茎直立，有纵棱。单叶互生，椭圆形或椭圆状倒卵形，全缘，基生叶有柄，上部叶基抱茎。头状花序单生茎顶，形大，4 ～ 6 cm，舌状花一轮或多轮平展，金黄或橘黄色，筒状花，黄色或褐色。瘦果，呈船形、爪形，花期 4—9 月，果期 6—10 月。

【植物图谱】见图 44-1 ～图 44-3。

【生态环境】喜阳，适应性较强，生长快，能耐 –9℃ 低温，怕炎热天气。不择土壤，以疏松、肥沃、微酸性土壤最好，能自播。能耐瘠薄干旱土壤及阴凉环境，在阳光充足及肥沃地带生长良好。

【生物学特性】金盏菊耐寒，怕热，喜阳光充足环境。金盏菊的生长适宜温度为 7 ～ 20℃，幼苗冬季能耐 –9℃ 低温，成年植株以 0℃ 为宜。冬季气温 10℃ 以上，金盏菊发生徒长。夏季气温升高，茎叶生长旺盛，花朵变小，花瓣显著减少。

图 44-1　金盏菊幼苗

图 44-2　金盏菊（大田）

图 44-3　金盏菊花期

【栽培技术】

（一）繁殖技术

1．种子处理　播前要晒种，选择晴朗无风的天气，把种子摊在帐篷或水泥地上。晒 4 ～ 6 小时。

2．育苗　播期选择平均气温稳定在 13℃ 以上，地表温度在 10℃ 以上时播种。

3．放苗　一般播种后 5 ～ 10 天即可出苗，当苗高 5 cm 左右、天气适宜时应及时破膜放苗，避免烧苗。

4．间苗、定苗　在幼苗长出 2 ～ 3 片真叶、苗高约 20 cm 时疏苗，每穴留 2 株壮苗；3 对真叶时定苗，每穴留健康无病苗 1 株。在苗高 30 cm 左右时结合拔草，中耕松土，在沟内取土培植于基部，使基部产生不定根，防止倒伏和折断。

（二）田间管理

金盏花属中等需水植物。灌水量因墒情而定，以畦灌和滴灌为最佳。在现蕾期要施肥及时灌水，以促进多开花、开大花，对缺肥田和鲜花采收期可进行根外追肥。

（三）病虫害防治

常发生枯萎病和霜霉病危害。可用 65% 代森锌可湿性粉剂 500 倍液喷洒防治。当叶片常发生锈病危害时，用 50% 萎锈灵可湿性粉剂 2000 倍液喷洒。早春花期易遭受红蜘蛛和蚜虫危害，可用 10% 吡虫啉粉剂 1500 倍液喷雾。

【留种技术】选择花大色艳、品种纯正的植株，应在晴天采种，防止脱落。

【采收加工】秋季或第 2 年春采花及根，鲜用或晒干备用。

【贮藏运输】阴凉干燥处储藏。运输工具必须清洁、干燥、无异味、无污染。运输时不能与其他有毒、有害的物质混装。运输过程中应有防雨、防潮、防污染等措施。

锦 灯 笼

【药用来源】为茄科植物酸浆 *PHysalis alkekengi* L.var.franchetii（Mast.）Makino 的干燥宿萼或带果实的宿萼。

【性味归经】苦，寒。归肺经。

【功能主治】清热解毒，利咽化痰，利尿通淋。用于咽痛音哑，痰热咳嗽，小便不利，热淋涩痛；外治天疱疮，湿疹。

【植物形态】多年生草本，基部常匍匐生根。茎高 40 ～ 80 cm，基部略带木质。叶互生，常 2 枚生长于一节；叶柄长 1 ～ 3 cm；叶片长卵形至阔形长 5 ～ 15 cm，宽 2 ～ 8 cm，先端渐尖，基部不对称狭楔形，下延至叶柄，全缘而波状或有粗芽齿，两面具柔毛，沿叶脉也有短硬毛。花单生于叶腋，花梗长 6 ～ 16 mm，开花时直立，后来向下弯曲，密生柔果时也不脱落；花萼阔钟状，密生柔毛，5 裂，萼三角形，花后萼筒膨大，弯为橙红或深红色，呈灯笼状包被浆果；花冠辐状，白色，5 裂，裂片开展，阔而短，先端骤然狭窄成三角形尖头，外有短柔毛；雄蕊 5，花药淡黄绿色；子房上位，卵球形，2 室。浆果球状，橙红色，直径 10 ～ 15 mm，柔软多汁。种子肾形，淡黄色。花期 5—9 月，果期 6—10 月。

【植物图谱】见图 45-1 ～图 45-5。

【生态环境】生长在海拔 500 m 以下阳光充足的开阔地、荒废地。

【生物学特性】生长期限 120 天左右，适应性强，温度要求为 12 ～ 30°C，土壤要求中性或弱酸碱性富含有机质的地块，光照要求不严。

【栽培技术】

（一）繁殖材料

分为种子繁殖和根茎繁殖。

（二）选地、整地

1．选地　应选择地势平坦、排水良好、疏松肥沃的砂质壤土种植。

2．整地

（1）人工整地：5 月中下旬进行，深翻 25 cm 以上，每亩施腐熟有机肥 3000 ～ 4000 kg，深翻入土混合均匀后施入耕层做基肥，整平耙细作畦。畦宽 140 cm，畦间距 40 cm 宽，畦长视实际需要而定，浇足底墒水。

图 45-1　锦灯笼苗期

图 45-2　锦灯笼（花期）

图 45-3　锦灯笼（青果期）

图 45-4　锦灯笼（果熟期）

图 45-5　锦灯笼的果实（宿生萼）

（2）机械整地：使用翻转犁深耕灭茬45 cm以上，翻耕后用旋耕机或圆盘耙对表层土壤进行细碎和平整处理，达到地表平整，土壤细碎疏松、上实下虚，便于机械播种的要求。深耕后使用旋耕起垄施肥机，均匀施入肥料，做到全层施肥，然后立即混土5～10 cm，达到畦面平整，耕层松软。

（三）繁殖

1．繁殖时间　4月中下旬至5月上旬。

2．繁殖方法

（1）种子繁殖：春天或上冻前均可播种。播前将种子用30℃温水加80%多菌灵浸泡20个小时，捞出后用湿沙拌匀，保持湿润，每天搅拌一次，过几天后有发芽的时候再播。按行距25～30 cm，划1～1.5 cm深的沟，将种子撒入，覆土1 cm，稍加镇压。

（2）根茎繁殖：播前将种根截为9 cm左右的小段，每段保持2～3个芽眼，然后用草木灰拌种根，在整好的畦内按行距30 cm，开8 cm深的沟，将拌好的种根平放在沟内覆土、稍镇压、浇水，温度适宜时约20天出苗。

（四）田间管理

1．间苗　苗高10 cm时，按株距15 cm定苗。发现缺株，应选阴天进行补苗。栽后及时施肥，以利成活。

2．中耕除草　锦灯笼管理较粗放，在幼苗期和开花前，除草2次，将杂草控制住，花后至采收期一般不用管理。

3．追肥　6—7月根据幼苗生长情况适时适量追施。

4．灌水与排水　采用微喷技术，若遇干旱要及时浇水，保持土壤湿润，雨季应注意及时排水防涝，以免烂根死苗、降低产量和品质。

（五）病虫害防治

1．病害　根腐病。防治方法：用50%多菌灵或50%甲基托布津1000倍液浇灌病区。

2．虫害

（1）蚜虫：成虫或若虫吸食叶片、花蕾叶液。防治方法：用33%氯氟·吡虫啉乳油3000倍液，或用10%吡虫啉粉剂1500倍液喷雾。

（2）红蜘蛛：防治方法：用20%丁氟螨酯悬浮剂1500倍液喷雾。

【留种技术】秋季当果实成熟时，开始采收，揉碎果实，把果实浆汁冲洗干净，取出种子，放置在冷凉干燥的地方储存。

【采收加工】秋季果实成熟、宿萼呈红色或橙红色时采收，干燥。

【商品规格】

（一）含量测定

按照《中华人民共和国药典》2015年版一部测定：本品按干燥品计算，含木犀草苷（$C_{21}H_{20}O_{11}$）不得少于0.10%。

（二）商品规格

不分等级，均为统货。

【贮藏运输】应存放于清洁、阴凉、干燥通风、无异味的专用仓库中，并防回潮、防虫蛀。运输工具必须清洁、干燥、无异味、无污染。运输时不能与其他有毒、有害的物质混装。运输过程中应有防雨、防潮、防污染等措施。

荆 芥

【药用来源】为唇形科植物荆芥 *Schizonepeta tenuifolia* Briq. 的干燥地上部分。

【性味归经】辛，微温。归肺、肝经。

【功能主治】解表散风，透疹，消疮。用于感冒，头痛，麻疹，风疹，疮疡初起。

【植物形态】一年生草本，有香气。茎直立，方形有短毛。基部带紫红色。叶对生，羽状分裂，裂片 3 ~ 5，线形或披针形，全缘，两面被柔毛。轮伞花序集成穗状顶生。花冠唇形，淡紫红色，小坚果三棱形。茎方柱形，淡紫红色，被短柔毛。断面纤维性，中心有白色髓部。叶片大多脱落或仅有少数残留。枝的顶端着生穗状轮伞花序，花冠多已脱落，宿萼钟形，顶端 5 齿裂，淡棕色或黄绿色，被短柔毛，内藏棕黑色小坚果。

【植物图谱】见图 46-1 ~ 图 46-4。

【生态环境】荆芥生长对土壤、气候等环境条件要求不严格，适宜性强。喜阳光充足、气候温和湿润的条件，以排水良好、疏松肥沃的砂质壤土为佳，黏重的土壤和易干燥的粗沙土、冷沙土等，生长不良。

【生物学特性】幼苗能耐 0℃的低温，-2℃以下则会出现冻害。忌旱，怕涝，不宜连作。种子发芽适宜温度为 15 ~ 20℃。种子寿命一般为 1 年。

【栽培技术】

（一）选地、整地

1. 选地　应选择地势平坦、排水良好、疏松肥沃的砂质壤土种植。

2. 整地　雨水少的地方可以选择做平畦，雨水多的地方可以选择做高畦。

（1）人工整地：4 月上中旬进行，深翻 25 cm 以上，每亩施腐熟有机肥 3000 ~ 4000 kg，深翻入土混合均匀后施入耕层做基肥，整平耙细作畦。畦宽 140 cm，畦间距 40 cm 宽，畦长视实际需要而定，

图 46-1　荆芥苗

图 46-2　荆芥（大田）

| 图 46-3　荆芥花 | 图 46-4　荆芥种子 |

浇足底墒水。

（2）机械整地：使用翻转犁深耕灭茬 45 cm 以上，翻耕后用旋耕机或圆盘耙对表层土壤进行细碎和平整处理，达到地表平整、土壤细碎疏松、上实下虚，便于机械播种的要求。深耕后使用旋耕起垄施肥机，均匀施入肥料，做到全层施肥，然后立即混土 5 ～ 10 cm，达到畦面平整，耕层松软。

（二）播种

4 月下旬，按行距 20 ～ 25 cm，开深 0.5 ～ 1 cm，宽 7 ～ 9 cm 的浅沟，每亩播种量 0.5 ～ 0.6 kg，将种子均匀撒入沟内，覆土 0.5 ～ 1 cm，稍加镇压，播后保持土壤湿润。

（三）田间管理

1．间苗、补苗　苗高 6 ～ 7 cm 进行第一次间苗，苗高 10 ～ 13 cm 时，按株距 10 cm 左右定苗；对缺苗部位进行移栽补苗，要带土移栽，栽后及时浇水，以确保成活。

2．中耕除草　结合间苗进行中耕除草，第一次在苗高 6 ～ 7 cm 时进行，浅锄表土，避免压倒幼苗；第二次在苗高 10 ～ 13 cm 时进行，可以稍深。一般播后 40 ～ 50 天封垄，封垄后可不再中耕，视情况及时人工除草。

3．追肥　苗高 20 ～ 25 cm 时，每亩可随水冲施腐熟的粪肥水 500 ～ 800 kg，或施以稀释 500 倍的腐熟粪肥水灌根追施。

4．排水、灌溉　要保持土壤湿润，遇干旱时要及时浇水，雨季要注意及时排水防涝，以免烂根死苗，降低产量和品质。

（四）病虫害防治

1．病害

（1）立枯病：多发生在 5—6 月，低温多雨、土壤很潮湿时易发病，发病初期苗茎部发生水渍状小黑点，小黑点扩大后呈褐色，茎基部变细，倒伏枯死。防治方法：一是加强田间管理，做好排水工作；二是发病初期用50%甲基硫菌灵1500倍液防治；三是发病期喷波尔多液1∶1∶100倍液，10天喷1次，连喷2～3次。

（2）黑斑病：该病危害叶片，产生不规则形褐色小斑点，后扩大，叶片变黑色枯死，茎部发病呈褐色、变细，后下垂、折倒。发现后应注意防治。防治方法：一是秋后清除枯枝、落叶，及时烧毁。二是发病期喷波尔多液1∶1∶100倍液，10天喷1次，或用代森锌可湿性粉剂500倍液防治。

（3）根腐病：7—8月高温多雨，荆芥植株易发生真菌感染，感染后地上部迅速萎蔫，根、根茎变黑、腐烂。防治方法：一是注意排水；二是播前每亩用70%敌磺钠（敌克松）1 kg处理土壤；三是发病初期用五氯硝基苯200倍液浇灌根际。

（4）茎枯病：茎枯病危害叶、茎、花穗，叶片感病后，似开水烫伤状，叶柄为水渍状病斑，茎部染病后，出现水渍状褐色病斑，后扩展成绕茎枯斑，造成上部茎叶萎蔫，花穗染病后，呈黄色，不能开花。防治方法：在发病初期，用50%多菌灵可湿性粉剂800倍液，或用50%甲基硫菌灵可湿性粉剂1000倍液喷雾防治，每隔7天喷1次，连喷3次。

2．虫害

银纹夜蛾：幼虫取食荆芥叶，叶呈孔洞或缺刻状，严重时将叶片吃光。幼虫有假死习性，白天潜伏在叶背，晚上、阴天时多在叶背取食，老熟幼虫在叶背结茧化蛹。防治方法：一是利用幼虫的假死习性捕捉幼虫；二是利用成虫的趋光性和趋化性，采用黑光灯和糖醋液诱捕成虫；三是用90%晶体美曲膦酯1000倍液喷雾或烟草茎粉500倍液喷雾。

【留种技术】秋季收获前，在田间选择株壮、枝繁叶茂、穗多而密、香气浓、又无病虫害的单株做种株。收种时间须较产品收获晚15～20天。当种子充分成熟、籽粒饱满、呈深褐色或棕褐色时，把果穗剪下，放在场地里晒，晒干后将荆芥抖动，使大量种脱落，收起种，除去杂质；或者把果穗扎成小把，晒干脱粒，将种放置布袋中，悬挂于通风干燥处贮藏。

【采收加工】

（一）采收

春播的，当年8—9月采收；此时花盛开或开过花，穗绿色，将要结籽，采收的药材质量较好。选择晴天早晨露水刚过时，用镰刀从基部割下全株，边割边运，不能在烈日下暴晒。

（二）加工

收割后将荆芥运回，在阴凉处阴干，然后扎成小捆晾至全干即成商品。

【商品规格】

（一）含量测定

按照《中华人民共和国药典》2015年版一部测定：本品按干燥品计算，含胡薄荷酮（$C_{10}H_{16}O$）不得少于0.020%。

（二）商品规格

商品分三种，为荆芥全草、荆芥梗、荆芥穗，统装。以色淡黄绿，穗长而密，香气浓，味清凉者为佳。荆芥穗：除去茎叶，摘取花穗，筛去灰尘，切断。商品加工规格，穗梗剪留以0.5～1 cm。

【贮藏运输】应储藏于清洁、干燥、阴凉、通风、无异味的专用仓库中，长期储藏应放入冷藏库，防霉防蛀。运输工具必须清洁、干燥、无异味、无污染。运输时不能与其他有毒、有害的物质混装。运输过程中应有防雨、防潮、防污染等措施。

菊 花

【药用来源】为菊科植物菊 *Chrysanthemum morifolium* Ramat. 的干燥头状花序。

【性味归经】甘、苦，微寒。归肺、肝经。

【功能主治】散风清热，平肝明目，清热解毒。用于风热感冒，头痛眩晕，目赤肿痛，眼目昏花，疮痈肿毒。

【植物形态】多年生草本植物，高 60～150 cm，茎直立，上部多分枝。叶互生，卵形或卵状披针形，长约 5 cm，宽 3～4 cm，边缘具有粗大锯齿或深裂成羽状，基部楔形，下面有白色毛茸，具叶柄。头状花序顶生或腋生，直径 2.4～5 cm，雌性、白色、黄色或淡红色等；管状花两性，黄色，基部常有膜质鳞片。瘦果无冠毛。

【植物图谱】见图 47-1～图 47-4。

【生态环境】菊花喜阳光充足、温暖、湿润的环境，具有耐寒，耐旱，怕涝特性，并能忍受霜冻。属于短日照植物，在日照 12 小时以下及夜间温度 10℃ 左右时，花芽才能分化。对土壤要求不严，旱地和水田均可种植，在排水良好、肥沃的砂质壤土上生长旺盛。

【生物学特性】菊花在冬天枝杆枯萎，以宿根越冬，其根状茎仍在地下不断发育。开春后，在根际的茎节伸长，基部密生很多须根。苗期生长缓慢，但长到 10 cm 高以后，生长加快，高达 50 cm 后开始分枝，到 9 月中旬则不再增高和分枝，9 月下旬现蕾，10 月中下旬开花，11 月中旬进入盛花期，花期30～40 天，入冬后，地上茎叶枯死，在土中的根抽生地下茎。次年春又萌发新芽，长成新株。一般母株能成活 3～4 年。

【栽培技术】

（一）繁殖技术

菊花的繁殖分无性繁殖（扦插、分株、嫁接、压条及组织培养）和有性生殖（种子繁殖）两种。药

图 47-1　菊花原植物

图 47-2　菊花

| 图 47-3　菊花（药材） | 图 47-4　菊花（鲜品） |

用菊花的栽培一般常采用分株、扦插两种方法，其他方法使用较少。其中扦插繁殖长势好，抗病性强，产量高，目前生产上常用。

（二）选地、整地

1．选地　宜选地势较高，阳光充足，土质疏松，土层深厚，排水良好的砂质壤土。

2．整地

（1）种植地

①人工整地：4月上中旬进行，深翻25 cm以上，每亩施腐熟有机肥3000～4000 kg，深翻入土混合均匀后施入耕层做基肥，整平耙细作畦。畦宽140 cm，畦间距40 cm宽，畦长视实际需要而定，浇足底墒水。

②机械整地：使用翻转犁深耕灭茬45 cm以上，翻耕后用旋耕机或圆盘耙对表层土壤进行细碎和平整处理，达到地表平整，土壤细碎疏松、上实下虚，便于机械播种的要求。深耕后使用旋耕起垄施肥机，均匀施入肥料，做到全层施肥，然后立即混土5～10 cm，达到畦面平整，耕层松软。

（2）育苗地

①人工整地：选定种植地后，深翻土壤20 cm以上，结合整地施入基肥，每亩施腐熟有机肥3000～4000 kg，使基肥与土充分混合后，平整后作高畦，畦宽140 cm，高20～25 cm，畦沟宽40 cm。四周开好排水沟，以利于排水。

②机械整地：使用翻转犁深耕灭茬45 cm以上，翻耕后用旋耕机或圆盘耙对表层土壤进行细碎和平整处理，达到地表平整，土壤细碎疏松、上实下虚，便于机械播种的要求。深耕后使用旋耕起垄施肥机，均匀施入肥料，做到全层施肥，然后立即混土5～10 cm。整成140 cm的宽畦，畦高25 cm，垄间距40 cm，畦面平整，耕层松软。

（三）繁殖

1．扦插育苗　每年4—5月或6—8月，选充实粗壮、无病虫害的新枝作插条。取其中段，剪成10～15 cm长条，摘除下部叶片，上端平截，下端剪口削成斜面，切口处蘸上黄泥浆或快速蘸一下1000～1500 ppm（0.1%～0.15%）吲哚乙酸溶液，按株行距（6～7 cm）×（20～24 cm）用小木条或竹筷在厢面上先打小孔，插入枝条，入土深度为插条的1/2～2/3，压实浇水，盖松土与厢面齐平，随剪随插。注意除草松土，20天左右生根长芽，苗高20 cm左右便可移栽大田。插时苗床不宜过湿，否则易死苗，插条生根的最适宜温度为16～18℃。

2．分株育苗　秋季菊花收获后，选择健壮、发育良好、开花多、无病虫害的植株，将茎秆齐地面割除，挖起根蔸，重新栽植在一块肥地上，或就地在老根蔸上覆盖腐熟厩肥和泥土，保暖过冬。翌年3—4月，扒开土粪，浇1次稀薄腐熟粪水，促进萌枝迅速生长。4—5月发出新芽，当苗高12～15 cm时，选晴天挖出根蔸，抖净泥土，顺芽带根将种菊分成单株，选取茎粗壮、根较多的新苗作种苗，将过长的根切掉，保留6～7 cm，移栽定植大田。

3．移栽定植　分株苗在4—5月，扦插苗在5—6月移栽定植。选阴天、雨天或晴天傍晚进行。按株行距30 cm×40 cm开穴，穴深8 cm左右，分株苗每穴栽1～2株。扦插苗每穴栽1株，苗摆正，覆土压实，浇足定根水。移栽时可将定芽摘除，促进分枝。

（四）田间管理

1．中耕除草　菊花在整个生长期中，要进行中耕除草4～5次。第1次在5月上旬，第2次在6月上旬，第3次在8月上旬，第4次在9月上旬，第5次在9月下旬。每次中耕宜浅不宜深，中耕除草的同时，要结合进行培土，防止植株倒伏。

2．施肥　菊花是喜肥植物，根系发达，吸肥能力强。除施足基肥外，还要根据不同生长期进行3次追肥，第一次是栽培成活后开始生长时每亩施肥粪水1000 kg，或尿素10 kg兑水浇施；第二次在植株开始分株时，每亩施腐熟粪水1600～2000 kg，或饼肥50 kg兑水浇施，以促进多分枝；第三次在孕蕾时，每亩施腐熟粪水2000 kg，加硫酸钾5 kg，或加尿素10 kg，也可以加过磷酸钙25 kg，以促进花蕾分化。另外，在花蕾期，可用0.2%磷酸二氢钾作根外追肥，促进开花整齐，提高产量。

3．灌溉、排水　菊花喜湿润，耐旱怕涝，但扦插及移栽时，经常适量浇水，保证幼苗成活。成活后保持土壤湿润可促进菊花生长，特别是9月下旬孕蕾期前后，不能缺水，干旱及时浇水，保证花的质量。雨季及时排除田间积水，以防发病烂根。

4．打顶　为了促进菊花植株多分株、多开花和主干生长粗壮，在苗高16～30 cm时，进行第1次打顶。选择晴天将顶芽1～2 cm摘去，以后每15天进行一次，共进行3次。打顶次数不能进行太多，否则分枝过多，营养不良，花朵细小，影响产量和质量。第一次打顶后，结合中耕除草，在根际培土15～18 cm，增强根系，以防倒伏。

5．搭架　菊花植株茎秆高且分枝多，常容易倒伏，并影响植株内通风透光，可在植株旁搭起支架，把植株系于支架上，菊花不随风倒，且通风透光，使花开得多而大，可提高产量和质量。

（五）病虫害防治

1．病害

（1）褐斑病：主要危害叶片，发病初期产生圆形淡黄色小点，以后扩展成褐色圆形病斑，或受叶脉限制形成不规则褐色枯斑，发病严重时叶片枯死。防治方法：一是实行两年以上轮作；二是菊花收获后，割下植株残体，集中烧毁；三是增施有机肥，配合磷肥、钾肥，使植株生长旺盛，增强抗病力；四是结合菊花剪苗、摘顶心，及时摘除病叶，带出田外处理，减少早期侵染病源；五是用50%多菌灵可湿性粉剂800倍液或70%甲基托布津1000倍液喷施。

（2）枯萎病：危害全株并烂根。感病植株最初表现生长缓慢，下部叶片失绿发黄，并失去光泽，稍显不平，病害逐渐向植株上部扩展，最后全株叶片萎蔫下垂，变褐枯死。防治方法：一是选择无病田里的老根留种；二是选择排水良好，不近水稻田的地块；三是不重茬，不与易发生枯萎病的作物轮作，并作高畦；四是开深沟，降低田间湿度；五是发现重病株应立即拔除，并在病穴撒石灰粉或用50%多菌灵1000倍液浇灌；发病时可用50%多菌灵可湿性粉剂200～400倍液喷洒植株。

（3）霜霉病：春秋两季容易发病，春季危害菊苗，秋季危害叶片、花枝和花蕾，在田间主要危害贡菊品种。春季发病，使叶片产生不规则褪绿斑，叶缘微向上卷，叶背和幼茎布满白色霉层，病叶自下而上逐渐变褐干枯，重病苗枯死。秋季发病，叶片、花梗、花蕾布满白色霉层，叶片呈现灰绿色，最后逐片枯死。防治方法：一是留种苗圃发病，可喷洒40%乙膦铝可湿性粉剂250～300倍液；二是菊花移栽时，可用25%甲霜灵可湿性粉剂600～800倍液浸苗；三是栽入大田以后，春季发病可喷40%乙膦铝可湿性粉剂250～300倍液或25%甲霜灵可湿性粉剂600～800倍液喷1～2次；四是秋季发病，喷洒25%甲霜灵和50%多菌灵800倍液，兼防治褐斑病。

（4）病毒病：主要危害叶片，且危害较重。常见症状有以下几种类型：①病株心叶黄化，有的叶脉保持绿色，叶片自下而上逐渐枯死；②幼苗叶片畸形，心叶有灰绿色且不规则微隆起的线状条纹，生长中、后期症状不明显；③叶片上产生黄色不规则斑块；④叶片暗绿色，叶变小而增厚，叶缘和叶背呈现紫红色。防治方法：一是选用脱毒菊苗栽种；菊花收获前，在田间选择生长健壮、开花多而大的植株留种；二是生长季节及时防治蚜虫，避免带毒传病，或因地制宜推广套种，利用其他作物的屏障，减轻蚜虫为害；三是在栽苗时，用锌、铜、钼、硼等微量元素配合复合肥蘸根，现蕾前叶片喷施钾、硼等肥料，可增加植株抗病力；用25～50 ppm农药链霉素喷洒病株。

（5）锈病：主要危害叶片，偶尔侵染茎。初期染病叶片上表面出现淡黄色斑点，相应叶背处也产生小的变色斑，随后产生隆起的泡状物，不久泡状物破裂，散出大量褐色粉状物。感病严重的植株生长极为衰弱，不能正常开花，且大量落花，叶片布满病斑，并向上卷曲。防治方法：一是及时清除病叶、病株残体，集中销毁，以减少侵染来源；二是切忌连作；发病期间，早期喷洒15%粉锈宁可湿性粉剂1000倍液或25%粉锈宁可湿性粉剂1500倍液。

（6）叶枯线虫病：主要危害菊花的叶片，也能侵染幼芽和花。被侵染的叶片，最初出现浅黄褐色斑点，随后病斑扩展，因受大叶脉的限制而呈现特有的三角形或其他形状的坏死斑，最后叶片卷缩、凋萎、下垂，很快叶片变成褐色，枯死，质地变脆，并大量落叶。幼芽受害后，引起芽枯和死苗。花芽受侵染不能成蕾而干枯，或花发育不正常而呈畸形。防治方法：一是从健壮无病的植株上采条作繁殖材料；二是及时清除病叶、病花及病芽，集中烧毁。

2．虫害

（1）菊天牛：又名菊虎，5—7月发生，以幼虫蛀食茎枝，使被害枝不能开花，甚至整株死亡。防治方法：一是避免长期连作或与菊科植物间作套种；二是平时要注意剪除有虫枝条，发现茎枝萎蔫时，于折断处下方约4 cm处摘除，集中销毁；三是菊天牛卵孵化盛期可喷洒50%辛硫磷1500倍液或杀螟乳剂1000倍液；四是成虫活动期，每天于早晨露水未干时在菊花园中寻捕成虫；五是成虫盛发期喷5%西维因粉剂，用量为每亩2～2.5 kg。

（2）菊花蚜虫：菊花蚜虫主要有两种，一种是棉蚜，另一种是菊蚜（菊小长管蚜）。菊花蚜虫喜密集于菊花嫩叶、嫩枝、花蕾和小花上为害，刺吸汁液，使叶片失绿发黄，卷曲皱缩。防治方法：一是每亩用70%灭蚜松100～150 g；二是蚜虫发生时，用50%灭蚜松乳油1000倍液喷雾；三是人工释放瓢虫、草蛉治蚜。

（3）斜纹夜蛾：以6—9月为害严重。初孵幼虫群集在卵块附近取食叶肉，留下叶脉和上表皮。大龄幼虫进入暴食期，常将叶片蚕食光并为害花与花蕾。防治方法：一是幼虫为害期，喷施 50% 锌硫磷乳剂 1500 倍液；二是用荧光灯或用糖醋液（糖∶醋∶水 = 3∶1∶6）加少量美曲膦酯，诱杀成虫。

（4）银纹夜蛾：幼虫 7—11 月为害菊花，叶子被咬食成孔洞或缺刻。防治方法：同斜纹夜蛾。

【留种技术】菊花一般采用分株繁殖。在秋季采收菊花后，收割地上部分，挖根，挑选种质优良、健壮、无病虫害的根，移栽于育苗田间内，覆盖土混肥，保护种根越冬。翌年春季，当菊花幼苗高达 15 cm 左右，将种根挖出，分株处理种植。

【采收加工】

（一）采收

菊花一般在 10 月上、中旬，最好在霜降前后采收。

（二）产地加工

1．亳菊　将花枝折下，捆成小把，倒挂阴干后剪下花头。

2．滁菊　摘去头状花序，晒至六成干。放筛子上晒成圆球形，再晒干。

3．贡菊　摘下头状花序，烘干。

4．杭菊　摘下头状花序，有规则的平埔成 1 ~ 2 层，上笼屉蒸后，晒干。

5．怀菊　直接将头状花序摘下，晒干。

【商品规格】

（一）含量测定

按照《中华人民共和国药典》2015 年版一部测定：本品按干燥品计算，含绿原酸（$C_{16}H_{18}O_9$）不得少于 0.20%，含木犀草苷（$C_{21}H_{20}O_{11}$）不得少于 0.080%，含 3, 5-O-咖啡酰基奎宁酸（$C_{25}H_{24}O_{12}$）不得少于 0.70%。

（二）商品规格

1．亳菊花规格标准

一等：干货。呈圆珠笔盘或扁扇形。花朵大、瓣密、胞厚、不露心、花瓣长宽，白色，近基部微带红色。体轻，质柔软。气清香，味甘微苦，无散朵、枝叶、杂质、虫蛀、霉变。

二等：干货。呈圆珠笔盘或扁扇形。花朵中个、色微黄，近基部基部微带红色。气芳香，味甘微苦。无散朵、枝叶、杂质、虫蛀、霉变。

三等：干货。呈圆盘形或扁扇形。花朵小，色黄或暗。间有散朵。叶棒不超过 5%。无杂质、虫蛀、霉变。

2．滁菊花规格标准

一等：干货。呈绒球状或圆形（多为头花）朵大色粉白、花心较大、黄色。质柔。气芳香，味甘微苦。不散瓣。无枝叶、杂质、虫蛀、霉变。

二等：干货。呈绒球状或圆形（即二水花）。色粉白。朵均匀，不散瓣、无枝叶、杂质、虫蛀、霉变。

三等：干货。呈绒球状，朵小、色次（即尾花）。间有散瓣、并条，无杂质、虫蛀、霉变。

3．贡菊花规格标准

一等：干货。花头较小，圆形，花瓣密、白色。花蒂绿色，花心小、淡黄色、均匀不散朵，体轻、质柔软。气芳香，味甘微苦。无枝叶、杂质、虫蛀、霉变。

二等：干货。花头较小，圆形色白、花心淡黄色，朵欠均匀，气芳香，味甘微苦。无枝叶、杂质、虫蛀、霉变。

三等：干货。花头小，圆形白色，花心淡黄色，朵不均匀。气芳香，味甘微苦，间有散瓣。无枝叶、杂质、虫蛀、霉变。

4. 药菊（怀菊、川菊、资菊）规格标准

一等：干货。呈圆形盘或扁扇形。朵大、瓣长，肥厚。花黄白色，间有淡红或棕红色。质松而柔。气芳香，味微苦。无散朵、枝叶、杂质、虫蛀、霉变。

二等：干货。呈圆形或扁扇形。朵较瘦小，色泽较暗。味微苦。间有散朵。无杂质、虫蛀、霉变。

5. 杭白菊规格标准

一等：干货。蒸花呈压缩状。朵大肥厚，玉白色。花心较大、黄色。气清香，味甘微苦。无霜打花、蒲汤花、生花、枝叶、杂质、虫蛀、霉变。

二等：干货。蒸花呈压缩状。花朵小、玉白色、心黄色。气清香，味甘微苦。间有不严重的霜打花和蒲汤花。无枝叶、杂质、虫蛀、霉变。

6. 汤菊花规格标准

一等：干货。蒸花呈压缩状。朵大肥厚，色黄亮。气清香，味甘微苦。无严重的霜打花和蒲汤花、生花、枝叶、杂质、虫蛀、霉变。

二等：干货。蒸花呈压缩状。花朵小、较瘦薄、黄色。气清香，味甘微苦。间有霜打花和蒲汤花。无黑花、枝叶、杂质、虫蛀、霉变。

【贮藏运输】储藏期间应保持环境清洁，置阴凉干燥处，密闭保存，防霉，防蛀。运输工具必须清洁、干燥，无异味、无污染。运输时不能与其他有毒、有害的物质混装。运输过程中应有防雨、防潮、防污染等措施。

菊 苣

【药用来源】为菊科植物菊苣 *Cichorium intybus* L. 的干燥地上部分或根。

【性味归经】微苦、咸，凉。归肝、胆、胃经。

【功能主治】清肝利胆，健胃消食，利尿消肿。用于湿热黄疸，胃痛食少，水肿尿少。

【植物形态】多年生草本，高 40～100 cm。茎直立，单生，分枝开展或极开展，全部茎枝绿色，有条棱，被极稀疏的长而弯曲的糙毛或刚毛，或者几无毛。基生叶莲座状，花期生存，倒披针状长椭圆形，包括基部渐狭的叶柄，全长 15～34 cm，宽 2～4 cm，基部渐狭有翼柄，大头状倒向羽状深裂，或羽状深裂，或不分裂而边缘有稀疏的尖锯茎长裂状黄齿，侧裂片 3～6 对或更多，顶侧裂片较大，向下侧裂片渐小，全部侧裂片镰刀形或不规则镰刀形或三角形。茎生叶少数，较小，卵状倒披针形至披针形，无柄，基部圆形或戟形扩大半抱茎。全部叶质地薄，两面被稀疏的多细胞长节毛，但叶脉及边缘的毛较多。头状花序多数，单生或数个集生于茎顶或枝端，或 2～8 个为一组沿花枝排列成穗状花序。总圆柱状，长 8～12 mm；总苞片 2 层，外层披针形，长 8～13 mm，2～2.5 mm，上半部绿色草质，边缘有长缘毛，背面有极稀疏的头状具柄的长腺毛或单毛，下半部淡黄白色，质地坚硬，革质；内层总苞片线状披针形，长达 1.2 cm，宽约 2 mm，下部稍坚硬，上部边缘及背面通常有极稀疏的头状具柄的长腺毛并杂有长单毛。舌状小花蓝色，长约 14 mm，有色斑。瘦果倒卵状、椭圆状或倒楔形，外层瘦果压扁紧贴内层总苞片，3～5 棱，顶端截形，向下收窄，褐色，有棕黑色色斑。冠毛极短，2～3 层，膜片状，长 0.2～0.3 mm。花果期 5—10 月。

【植物图谱】见图 48-1～图 48-5。

【生态环境】菊苣具有极强的抗逆性，耐寒，喜冷凉和充足的阳光，不耐高温。菊苣怕涝，喜湿润的环境。喜排水良好、土层深厚、富含有机质的沙壤土和壤土，土壤要疏松，土壤中有石块、瓦砾时，易形成杈根。菊苣对土壤的酸碱性适应力较强，但过酸的土壤不利于生长。

【生物学特性】菊苣发芽适宜温度在 15℃左右，5 天左右发芽。苗期生长适宜温度为 20～25℃，苗期能耐 30℃的高温，如遇 30℃以上高温，会出现提早抽薹的现象。叶片生长适温 17～22℃，地上部能耐短期的 –2～–1℃的低温。根在 –2～–3℃时冻不死。在短日照条件下生长旺盛。菊苣软化栽培期，适温 15～20℃。温度过高芽球生长快，形成的芽球松散，不紧实，温度过低则迟迟不能形成芽球，但不影响芽球的品质。

【栽培技术】

（一）选地、整地

1. 选地　选择有水浇条件、地势平坦、土质肥沃、结构疏松、土层深厚排水良好的壤土或沙壤土作为栽培地块。前茬作物最好是浅根作物。

2. 整地　深翻 35 cm 以上，每亩施用农家肥 3000 kg，结合深翻整地时施入土壤中，整平耙细，起垄做畦。

图 48-1　菊苣幼苗期

图 48-2　菊苣茎叶生长期

图 48-3　菊苣花

图 48-4　菊苣花果期

图 48-5　菊苣包衣种子

（二）播种

1．播种时间　一般要求土壤 10 cm 深度的温度达到 7℃以上时播种，要适时早播。坝下地区在5 月 1 日左右播种，坝上地区在 5 月 15 日左右播种。

2．播种方式

（1）直播点种：直播点种适合农户小面积种植，施肥后将种植地块按照 45 cm 的行距起垄，在垄面上按照 15 cm 的株距播种，播种深度在 0.5 ~ 1 cm 之间，播种后要及时浇水。为了保证田间保苗达到每亩 7500 株左右，应根据土壤湿度、气候、播种技术等条件确定播种量，一般情况下大田直播播种量为每亩 10 000 粒左右。

（2）机械播种：适合大面积机械化种植，应配合相应的起垄机械进行作业，播种精准度高，播种深度 1 cm、行距 45 cm、株距 15 cm。

（3）育苗移栽：适合春季风沙大的地区。部分地区春天播种期因风沙大、干旱、冻害等自然因素，直播保苗率低，不适用直播种植。在这些地区采用育苗移栽技术，幼苗期在苗床培育，将大面积的苗期保苗工作集中到小面积的苗圃来做，能有效提高保苗率，保证产量。

（三）育苗技术

1．育苗纸筒　每册纸筒 1400 个单筒。纸册展开后长 116 cm，宽 29 cm，高 15 cm。单筒呈正六边形，筒径 1.9 cm。每亩用 6 册纸筒。

2．育苗时间　日平均气温达到 0℃时开始扣棚、播种。坝下地区一般在 4 月 1 日—15 日、坝上地区在 4 月 15 日—25 日在棚内播种。最好抢在冷尾暖头天气及早育苗。育苗准备工作宜早做，最好在前一年秋天把育苗土取回。

3．育苗场地　选在向阳避风、地势平坦、排水良好、方便管理、便于运输的地块。育苗前清除积雪、杂物，地表化冻 10 cm 时平整场地使地面平整一致。

4．苗棚类型

（1）小面积种植的扣小拱棚：棚高 80 cm、宽 2 m，棚架间距 80 cm。棚内摆设一排苗床。再在苗床上用竹条架一小拱架蒙上棚膜。

（2）大面积种植的扣大拱棚：棚高 1.5 m、宽 4 m，棚架间距 1 m，棚内摆设两排苗床，在南端做一简易门，便于管理。

5．床土配制　床土选用土质肥沃、没有除草剂药害的地表疏松土壤，用手握成团，落地后能散开，育苗时土壤用 0.6～0.8 cm 的筛子过筛，加入育苗肥并反复混拌均匀。

6．装土　把纸册拉开放到苗床上，向纸筒内灌入干土，用木板轻轻拍实，纸筒内装满育苗土，育苗纸筒要紧密排列，不能有间隙。放直、放齐、放平，床面呈水平状态。

7．培土埂　棚内排列好的纸筒四周培土埂，土埂呈梯形，上宽 15 cm、下宽 30 cm，培完土埂把土埂拍实。

8．浇水扣棚　用水把育苗床浇透，浇水后纸筒内土壤会下沉，再装入育苗土留 0.5 cm 播种穴，然后棚架上蒙上棚膜增温 1～2 天。

9．播种　播种深度在 0.5 cm 以内，每个单筒播 1 粒种子，播种后覆土，用细孔喷壶或喷头喷浇把覆土浇透。覆土浇水后立即封闭棚室，棚内设 1～2 支温度计，温度计低端距床面 10 cm。

（四）苗棚管理

苗棚管理阶段的中心任务是培育出壮苗。其标准是：苗齐苗壮，叶色浓绿、有光泽，叶片肥厚有硬度感，无病害，移栽后发根快，缓苗快。

1．温度调节　若温度偏低，则出苗慢，幼苗大小不一，苗不壮实。若温度过高，前期苗长得快，苗细弱，后期易徒长，苗也不壮实。白天温度保持 20℃，不超过 25℃，夜间 10℃，不能低于 5℃。棚内的温度高于要求时，就要通风降温。通风时先小后大，先短后长，通风位置经常换位。出苗 20 天后开始驯化使其逐渐接近棚外温度，防止幼苗徒长，白天可以撤掉棚膜，遇有霜冻或降雨天气要将膜笘好。

2．水分控制　在扣棚浇足水情况下，出苗前始终保持床面湿润，床面土干了要及时喷水，出苗后应根据幼苗需水情况适当喷浇，床面过湿，出苗后容易得立枯病。床面过干，出苗前容易芽干，出苗后容易把苗烤死。

（五）移栽

1．移栽时间　苗龄达 25 天左右，3～4 片真叶时即可移栽。

2．起苗　移栽前一天，把苗床浇透，移栽多少浇多少。起苗时用平板锹插入纸册底部轻轻崛起，也可用手起，放在运苗箱内，紧密排列，搬运过程中轻拿轻放防止筒土脱落和伤苗。

3．移栽技术

（1）人工移栽：用直径大于纸筒的钢管或圆木棒，头端削成尖，在垄面上扎出深 16 cm 的苗眼，扎眼后栽苗。

（2）移栽机移栽：使用育苗移栽机移栽。

4．移栽密度　根据土壤肥力、施肥水平合理密植，一般每亩 6500～7500 株。

5．移栽质量　一是栽在垄中心，防止栽偏。二是不窝根，防止弯曲和掐掉半截根，否则严重影响菊苣生长，出现根茎分叉、短小，影响产量和品质。三是深度适宜，纸筒上端与垄相平，不能露出和压埋。四是按实培严，防止跑墒。五是伤根苗、折断苗、破筒苗、断筒苗和筒土脱落苗不能栽。六是移栽后必须浇灌。七是移栽时遇低温霜冻停止移栽。八是缓苗后及时查田补苗。把枯死苗、病弱苗、漏栽的补齐，露出地面的再培严按实。

（六）田间管理

1．浇水　春季风大、雨水少，播种后要及时浇灌保持土壤湿润，保证菊苣种子正常发芽出苗，但水量不要过大，否则春天土壤湿度大，地温低，根下扎不深，影响菊苣生长。菊苣生长期叶片数逐渐增加，叶面积扩大，必须保证水分的及时供应，保持土壤见湿见干，在收获前 15 天停止浇灌。

2．中耕除草 中耕就是疏松土壤、消灭杂草、改善土壤透气性和营养状况，提高接纳水的能力，从而促进根系生长。菊苣的生育期一定要进行一次垄沟深松，封垄前要人工拔一遍大草，严禁使用除草剂。

（七）病害防治

菊苣是抗病性较强的作物，很少发生病害，但当土壤含水量过大时容易腐烂，所以菊苣的地块一旦有积水现象时要及时排水，防止烂根，并与马铃薯进行轮作。

【留种技术】留种田。种子成熟期不一致，可以分批采收，收集于一处，晾干，刷选、去扁。放置阴凉干燥处。

【采收加工】

（一）采收

菊苣生长期不能割叶、僻叶，防止破坏其功能叶片，影响其肉质根的膨大生长。秋季要适时收获，防止出现冻化菜和把菜冻到地里的现象。坝上地区在 10 月 5 日之后开始收获，坝下地区在 10 月 10 日开始收获。

1．机械起收 用机器杀秧后，用大型采收机直接起收。

2．人工起收 使用小拖拉机带割刀先将菊苣垄进行松土，人工拔出菊苣根茎。

（二）产地加工

将采收的菊苣从茎基部切去叶片，去除杂质和病害根茎，菊苣根茎不能带有过多的泥土。

【贮藏运输】菊苣芽球较耐储藏，以不冻为原则，于黑暗冷凉处 1 ~ 5℃条件下贮藏，可存放 30 天左右。冷库可储藏 6 个月。储藏期间应保持环境清洁，置阴凉干燥处，密闭保存，防霉，防蛀。运输采用散装车运输，装车时不得混入菊苣叶、杂草、土块、石块。运输过程中应有防雨、防潮、防污染等措施。

苦 参

【药用来源】为豆科植物苦参 *SopHora flavescens* Ait. 的干燥根。

【性味归经】苦，寒。归心、肝、胃、大肠、膀胱经。

【功能主治】清热燥湿，杀虫，利尿。用于热痢，便血，黄疸尿闭，赤白带下，阴肿阴痒，湿疹，湿疮，皮肤瘙痒，疥癣麻风；外治滴虫性阴道炎。

【植物形态】落叶灌木，高 0.5 ~ 1.5 m。叶为奇数羽状复叶，托叶线性，小叶片 11 ~ 25，长椭圆形或长椭圆形披针形，长 2 ~ 4.5 mm，宽 0.8 ~ 2 cm，叶上面无毛，叶背面疏被柔毛，荚果线形，于种子间缢缩，呈念珠状，熟后不开裂。花期 6—7 月，果期 8—9 月。

【植物图谱】见图 49-1 ~ 图 49-6。

【生态环境】苦参适应性强，分布广，我国从北到南均有分布。喜温和高燥热气候环境，耐寒，可耐受 −30℃以下的低温，亦耐高温。野生于山坡草地、平原、丘陵、路旁、向阳砂壤地。苦参属深根系植物，以土壤疏松，土层深厚，排水良好的砂质壤土为宜。喜肥又耐盐碱。怕涝害，忌在土质黏重、低洼积水地种植。生于海拔 200 ~ 2500 m 的向阳山坡或平地荒地，也生于灌木丛、河滩边的沙质土或红壤土中。

【生物学特征】喜湿润、通风、透光的环境，能耐旱耐寒耐高温，是深根系作物。多生于湿润、肥沃、土层深厚的阴坡、半阴坡或丘陵地。对土壤要求不严，在一般的砂壤土或有机质含量高的壤土中生长良好，以红泥夹沙地为佳。

1. 苦参适应性强，具有六喜六耐等特点。

（1）喜沙耐黏：苦参喜生于疏松透气的沙壤土或有机质含量高的壤土地。黏土地也可正常生长，红泥夹沙地的苦参，品质优，成分含量高。

图 49-1　苦参苗

图 49-2　苦参花

图 49-3　苦参（大田）

图 49-4　苦参花果

图 49-5　苦参荚果

图 49-6　苦参种子

（2）喜肥耐瘠：苦参产量和品质与肥力呈正相关。如吉林梅河口市的裕民村土壤肥力高，苦参的产量与品质均很好。其耐瘠薄性也很强，有许多在矸石环境下生长的苦参，不仅生长正常，而且苦参总碱含量较高。

（3）喜湿耐旱：苦参多生长在土壤湿润的阴坡，半阴坡。苦参耐旱性很强，生长在矸石山顶，也不会因暂时的干旱而枯死。

（4）喜光耐阴：苦参喜光，耐阴性也很强，在光照郁蔽的灌木杂草丛中也可正常生长。但光照强弱对苦参碱含量高低影响较大，笔者对光照强、中、弱环境生长的苦参进行了调查，苦参碱含量依次递减。

（5）喜晾耐寒耐高温：苦参耐寒性很强，可在高海拔高纬度地区生长，一般低温环境苦参总碱含量较高。低海拔低纬度地区，植物生长量大，含量中上。

（6）喜群耐虫：苦参再生性极强，水平地下茎纵横交错，地上株群集中。

2．物候特征

一年生苦参根可生长 40 cm，直径 1.4 cm，单株根系鲜重 40 g，苦参总碱含量为 1.32%。茎直径 0.4 cm，高 45.5 cm，可生长 17 片左右的复叶，地上部分鲜重 29.5 g。秋末芦头生出 3 ～ 5 个茎芽，翌年春茎芽横生形成水平地下茎并形成地上植株。第二年秋末地下茎萌生若干茎芽。第三年春横生形成地下茎网络，向上形成地上株群。一年生植株不开花，第二年的可开花结实。花为风虫媒花，可自花或异花授粉。

【栽培技术】

（一）选地、整地

1．选地 苦参是深根系植物，应选择土层深厚肥沃、排水良好、阳光充足，pH6 ～ 8 的砂质壤土为宜。

2．整地

（1）人工整地：4 月上中旬进行，深翻 40 cm 以上，每亩施腐熟有机肥 3000 ～ 4000 kg、磷酸二铵复合肥 7.5 ～ 10 kg，深翻入土混合均匀后施入耕层做基肥，整平耙细，起垄做畦。畦高 15 ～ 25 cm，畦宽 140 cm，畦间距 40 cm，畦长视实际需要而定，浇足底墒水。

（2）机械整地：使用翻转犁深耕灭茬 45 cm 以上，翻耕后用旋耕机或圆盘耙对表层土壤进行细碎和平整处理，达到地表平整，土壤细碎疏松、上实下虚，便于机械播种的要求。深耕后使用旋耕起垄施肥机，均匀施入肥料，做到全层施肥，然后立即混土 5 ～ 10 cm。整成 140 cm 的宽畦，畦高 25 cm，垄间距 40m，畦面平整，耕层松软。

（二）播种

1．直播 春播或夏播均可，春季播种在 4 月中旬至 5 月中旬；夏季播种在 7 月上旬至下旬。

（1）人工播种：条播按行距 40 ～ 50 cm，开深 3 cm、幅宽 5 ～ 7 cm 的浅沟，每亩播种量 2.5 ～ 3 kg，将种子均匀撒入沟内，覆土 3 cm，稍加镇压，播种后保持土壤湿润。

（2）机械播种：播种机播种一般为 6 垄，播种深度 2 cm，株距 2 ～ 3 cm，覆土 2 cm，每亩播种量 7 ～ 8 kg，播后适当镇压并保持土壤湿润。

2．育苗移栽 春播在每年 4 月，选择背风向阳、土质肥沃、土壤疏松的地块做苗床，床宽 120 ～ 140 cm，长度视需要而定。整地后在育苗床上开沟，行距 10 cm，沟深 3 cm，覆土 3 cm，然后拱棚、扣膜，膜内温度保持在 18 ～ 22℃，出苗后及时通风炼苗，逐渐去除薄膜、拔除杂草、浇水。移栽在当年秋季或翌年春季，选择条长、苗壮、少分枝、无病虫伤斑的幼苗移栽，行距 50 ～ 60 cm，株距 10 ～ 12 cm，沟深 5 ～ 7 cm，采用斜栽或平栽，覆土 3 ～ 4 cm，栽后压实并适时浇水，以利缓苗。

（三）田间管理

1．中耕除草 正常播种后 15 ～ 20 天出苗，出苗至封垄前，中耕除草 3 ～ 4 次。浇水和雨后及时中耕，保持田间土壤疏松无杂草。

2. 间苗、定苗、补苗　当苗高 4 ～ 5 cm 时进行疏苗，除去弱小和过密苗；苗高 8 ～ 10 cm 时，按株距 12 ～ 15 cm 定苗。如果有缺苗，带土补植；缺苗过多时，以补播种子为宜。

3. 追肥　5 月中旬进行根部追肥，每亩施尿素 20 ～ 25 kg，促进幼苗生长；7 月下旬，每亩施磷酸钾复合肥 5 ～ 10 kg，覆土后及时浇水。

4. 灌水与排水　出苗期，应保持土壤湿润。定苗后，一般可不浇水，但如遇持续干旱时要适当灌水。注意雨季排水，避免田间积水，烂根。

5. 摘除花蕾　非留种田，要及时剪去花薹，以免消耗养分。

6. 越冬田管理　秋季，苦参地上部分干枯，应割除，并清除枯枝落叶。第二年除草施肥和浇水管理与第一年相同。

（四）病虫害防治

苦参病虫害较少，如发现，按常规方法防治。

【留种技术】留种田，当 80% 以上的种子成熟时，把果序剪下，晒干拍打出种子，净选后晾干，放入编织袋内，放置于阴凉干燥处贮藏备用。

【采收加工】

（一）采收

于播种 2 ～ 3 年后的 8—9 月茎叶枯萎后或 3—4 月出苗前采挖根部。因为根扎的深，所以应深挖，注意不要挖断。也可以用深犁翻收。

（二）产地加工

将收回的苦参根，根据根条的长短分别晾晒，除去芦头和须根，洗净泥沙，晒干或烘干即成。

【商品规格】

（一）含量测定

按照《中华人民共和国药典》2015 年版一部测定：本品按干燥品计算，含苦参碱（$C_{15}H_{24}N_2O$）和氧化苦参碱（$C_{15}H_{24}N_2O_2$）的总量不得少于 1.2%。

（二）商品规格

统货：干货。符合苦参性状特征，且少破碎。无杂质、虫蛀、霉变。

【贮藏运输】储藏于清洁、阴凉、干燥、通风、无异味的专用仓库中，温度控制在 30℃ 以下，相对湿度控制在 60% ～ 70%，商品安全水分为 11% ～ 13%。运输工具必须清洁、干燥、无异味、无污染。运输时不能与其他有毒、有害的物质混装。运输过程中应有防雨、防潮、防污染等措施。

苦 杏 仁

【药用来源】为蔷薇科植物山杏 *Prunus armeniaca* L.var.*ansu*.Maxim. 或杏 *P.armeniaca* L. 的干燥成熟种子。

【性味归经】苦，微温；有小毒。归肺、大肠经。

【功能主治】降气、止咳、平喘，润肠通便。用于咳嗽气喘，胸满痰多，肠燥便秘。

【植物形态】落叶乔木，高达 6 m。叶互生，广卵形或卵圆形，长 5 ～ 10 cm，宽 3.5 ～ 6 cm，先端短尖或渐尖，基部圆形，边缘具细锯齿或不明显的重锯齿；叶柄多带红色，有 2 腺体。花单生，先叶开放，几无花梗；萼片 5，花扣反折；花瓣 5，白色或粉红色；雄蕊多数；心皮 1，有短柔毛。核果近圆形，直径约 3 cm，橙黄色；核坚硬，扁心形，沿腹缝有沟。花期 3—4 月，果期 5—6 月。

【植物图谱】见图 50-1 ～图 50-4。

【生态环境】主要生长于海拔 400 ～ 2000 m 的干燥向阳山坡。丘陵、草原的灌木丛或杂木林中，对土壤要求不严。

【生物学特征】喜冷凉干燥气候，适应性强，抗盐碱，耐旱，耐瘠薄，抗寒。夏季在 44℃ 高温下生长正常；在 –40℃ 的低温下仍可以安全越冬。可栽种于平地或坡地，对土壤要求不严，在土壤深厚、疏松肥沃、排水良好的土壤中生长最好。

【栽培技术】

（一）种子处理

采摘成熟果实，搓去果肉，大粒每 50 kg 出种子 5 ～ 10 kg，小粒每 50 kg 出种子 8 ～ 15 kg，种子纯度为 98%，发芽率为 85%，以湿沙混合进行沙藏。

（二）种子繁殖

春播于 3 月下旬，秋播于 11 月下旬。常按株距为 10 ～ 15 cm 进行大垄播种，每垄播种 1 行，点

图 50-1　山杏原植物（野生）

图 50-2　山杏花

图 50-3　山杏（未成熟果实）

图 50-4　山杏果实和叶

播，每穴 1 粒种子，播后覆 5 ～ 6 cm 厚的土层（约为种子直径的 3 倍），镇压。培育 2 年移栽，秋季落叶后早春萌发前，按行株距 5 m×5 m 开穴，穴底要平，施基肥 1 层，每穴栽种 1 株，填土踏实，浇足定根水。

（三）嫁接繁殖

砧木用杏播种的实生苗或山杏苗，枝接于 3 月下旬，芽接于 7 月上旬至 8 月下旬进行。

（四）田间管理

1．间苗　幼苗出现 3 ～ 4 片叶时进行疏苗，2 ～ 3 周后进行第 2 次间苗。

2．灌溉排水　及时灌水，防止风吹伤根，遇天气干旱酌情灌水，7—8 月雨季注意排涝。

3．追肥　在幼芽萌发前与幼果生长期间各追施速效肥一次，每年每株成年树可施肥 0.25 kg，然后灌水。每年冬季在植株附近开沟环施追肥，用人畜粪、过磷酸钙、腐熟饼肥等。

4．修剪　苗高达 45 cm，可在芽接前摘去嫩尖。冬季 11 月至翌年 3 月进行修剪，分 3 种树形：自然圆头形、疏散分层形、自然开心形。

（五）病虫害防治

1．病害

杏疗叶斑。防治方法：发病初期喷 5 波美度石硫合剂，展叶时喷 0.3 波美度石硫合剂。

2．虫害

杏象鼻虫。防治方法：用 90% 美曲膦酯乳剂 800 倍液喷射。

【留种技术】选择健壮、无病害、品种好的植株，在 6 月左右，果实完全成熟后，采收果实，去掉果肉，以湿沙混合进行沙藏。

【采收加工】夏季果实成熟后采收，食用果肉后，收集果核，破壳取仁即得。

【商品规格】

（一）含量测定

按照《中华人民共和国药典》2015 年版一部测定：本品按干燥品计算，含苦杏仁苷（$C_{20}H_{27}NO_{11}$）不得少于 3.0%。

（二）商品规格

不分等级，均为统货。

【贮藏运输】应放置在通风、干燥、避光和阴凉低温的仓库或室内贮藏，切忌受潮、受热。运输工具必须清洁、干燥、无异味、无污染。运输时不能与其他有毒、有害的物质混装。运输过程中应有防雨、防潮、防污染等措施。

款 冬 花

【药用来源】为菊科植物款冬 *Tussilago farfara* L. 的干燥花蕾。

【性味归经】辛、微苦，温。归肺经。

【功能主治】润肺下气，止咳化痰。用于新久咳嗽，喘咳痰多，劳嗽咯血。

【植物形态】为多年生草本，高 10 ～ 25 cm。叶基生，具长柄，叶片圆心形，先端近圆或钝尖，基部心形，边缘有波状疏齿，下面密生白色茸毛。花冬季先叶开放，花茎数个，被白茸毛；鳞状苞叶椭圆形，淡紫褐色；头状花序单一顶生，黄色，外具多数被茸毛的总苞片，边缘具多层舌状花，雌性，中央管状花两性。

【植物图谱】见图 51-1～图 51-3。

【生态环境】多野生于河边、沙地、山谷及比较湿润的山区。喜冷凉潮湿的环境。较耐荫蔽，耐寒，怕高温闷热，怕旱又怕涝。适宜生长的温度为 16～24℃。超过 36℃会枯萎而死。喜疏松肥沃、排水良好、较湿润的砂质土壤。

【生物学特征】款冬耐寒、怕热、忌旱。幼苗在 10～12℃时即可出土，15～24℃时苗叶生长迅速，35℃以下可以正常生长，36℃以上植株枯萎而死亡。款冬花自出苗至开花结子，要经历幼苗期、盛叶期、花芽分化期、孕蕾期、开花结果期 5 个时期。3—5 月幼苗长至 5 片叶时，生长缓慢；6—8 月从 6 片叶开始至叶丛出齐，此阶段根系生长较快，地上茎叶生长迅速；9—10 月地上部分逐渐停止生长；10 月至翌年 2 月，花芽逐渐形成花蕾；翌年 2—4 月，花梗从茎中央抽出，花逐渐开放，花谢结子。

【栽培技术】

（一）选地、整地

1．选地　款冬花对土壤要求不严，宜选择在半阴半阳的山坡、山谷、小溪边种植。以土质疏松、排水良好、富含腐殖质的砂质壤土为好，上虚下实者佳。土质黏重、低洼易积水或水位较高的地块不宜种植。

图 51-1　款冬原植物

图 51-2　款冬花

图 51-3　款冬花药材

2．整地　应视田地的肥力施肥，一般每亩施入厩肥或堆肥 3500 kg，过磷酸钙 50 kg。深翻 25 ～ 30 cm，耙细整平，作宽 1.2 m 的高畦，畦沟宽 40 ～ 45 cm。四周挖好排水沟。

（二）栽种

春栽于 3 月中、下旬，冬栽于 11 月上、中旬，将选好的根茎剪成长 10 cm 的短节，每节要有 2 ～ 3 个芽苞，在整好的畦上条栽或穴栽。条栽者按行距 25 ～ 27 cm，开深 6 ～ 10 cm 的沟，每隔 10 cm 平放根茎一节，覆土盖平；穴栽者按行株距 30 cm×25 cm 开深 7 ～ 10 cm 的穴，每穴品字形放根茎 3 节，盖土填平。每亩用根茎 35 kg 左右。

（三）田间管理

1．中耕除草　于 4 月中、下旬苗齐后进行第一次中耕除草，应浅松表土，避免伤根。如发现缺苗断垄，应及时补苗；第二次于 6 月下旬，此时中耕除草要稍深些；第三次在 8 月下旬，中耕除草要深并结合培土，以免花蕾长出地面。

2．追肥　幼苗期一般不施肥，否则幼苗会贪青徒长，影响花芽的形成，同时易患病。第二、三年结合中耕进行追肥，第一次中耕时每亩追施人粪尿 1000 kg、尿素 10 kg；第二次中耕前每亩追施人粪尿 1500 kg、饼肥 50 kg；第三次中耕前每亩追施厩肥 1500 kg、过磷酸钙 30 kg。沟施或穴施，施后进行培土。

3．灌溉、排水　苗期要保持土壤湿润，出苗后干旱时及时浇水，因苗根系扎的浅，怕旱，浇水保苗。雨季应及时排除田间积水，以防罹病烂根。

4．摘底叶　为使养分集中供给花蕾，减弱营养生长，促进生殖生长，9 月上、中旬可以摘去老叶，只留 3 ～ 4 片心叶。

5．间作遮阴　款冬花怕强光直射，喜半阴半阳的环境，平时种植可间作高秆植物如玉米等，既可以为款冬遮阴，又增加单位面积的效益，促进款冬的生长。款冬在连续生长 3 年后应换地。

（四）病害防治

1．病害

（1）枯叶病：病原是真菌中的一种半知菌。雨季易发病，危害叶片。病叶出现褐色不规则病斑，由叶缘向内延伸，可蔓延到叶柄，病叶质脆、硬，致使局部或全叶干枯。防治方法：发现病叶应及时剪除，集中烧毁；发病前喷 65% 可湿性代森锌 600 倍液或 1∶1∶120 波尔多液，发病初期喷 50% 多菌灵 1000 倍液。

（2）褐斑病：病原是真菌中的一种半知菌。高温高湿季节易发病。危害叶片。发病时病叶上出现近圆形或圆形病斑，中央褐色，边缘紫红色，上生小黑点，严重时病叶枯死。防治方法：雨季及时排除田间积水，降低田间湿度；清洁田园；烧毁病残株；发病前喷 1∶1∶120 波尔多液，发病初期喷 50% 退特灵 1000 倍液。

（3）菌核病：病原是真菌的一种子囊菌。6—8 月高温多雨时容易发病。主要危害根部。病株基部有白色菌丝向上蔓延，可见鼠粪状菌核，根系变黑腐烂，植株枯死。防治方法：实行轮作，前茬以禾本科作物为好；发现病株及时拔掉烧毁，并用生石灰消毒病穴；雨季及时排除田间积水；发病初期用 50% 甲基托布津灌根。

【留种技术】可用根茎或种子进行繁殖，但因种子繁殖年限长，种子寿命短，不宜贮藏，生产上不常用。于 11 月上旬采收花蕾后，挖出地下根茎，选色白、粗壮、无病害的根茎栽种。可在早春或初冬栽种，初冬栽种可随挖随栽，早春栽种者应把冬季挖起的根茎用湿沙层窖藏起来，早春取出栽种。

【采收加工】

（一）采收

栽种当年的 10 月下旬至 11 月上旬采收。当花蕾尚未出土，苞片成紫色时及时采摘。过早，花蕾还在土中，不易发现；过晚，花蕾已出土开放，严重影响品质。采摘时，从茎基与花梗一起摘下花蕾。有的地方刨出全部根茎，仔细摘下花蕾，放在筐中，避免重压，忌用水浇。采蕾后的根茎栽回原穴。第二年继续采收。

（二）产地加工

将采摘的花蕾及时薄摊在晒席上，放阴凉通风干燥处，经 3 ～ 4 天晾干水汽，然后用木板轻轻搓压，剔出杂质，筛去泥土，再晾至全干。遇到阴雨天气，可以用无烟炭火烘烤，温度控制在 50℃ 左右，烘干时，摊花不能太厚，时间不能太久，不能用手抓花，少翻动，否则影响质量，室外晾时忌雨淋露浸，以免花蕾颜色变黑，降低质量。

【商品规格】

（一）含量测定

按照《中华人民共和国药典》2015 年版一部测定：本品按干燥品计算，含款冬酮（$C_{23}H_{34}O_5$）不得少于 0.070%。

（二）商品规格

一等：干货。呈长圆形，单生或 2 ～ 3 个基部连生，苞片呈鱼鳞状，花蕾肥大，个头均匀，色泽鲜艳。表面紫红或粉红色，体轻，撕开可见絮状毛茸。气微香，味微苦。黑头不超过 3%。花柄长不超过 0.5 cm。无开头、枝杆、杂质、虫蛀、霉变。

二等：干货。呈长圆形，苞片呈鱼鳞状，个头瘦小，不均匀，表面紫褐色或暗紫色，兼有绿白色，体轻，撕开可见絮状毛茸。气微香，味微苦。开头、黑头均不超过 10%，花柄长 0.5 ～ 1 cm。无枝杆、杂质、虫蛀、霉变。

【贮藏运输】应储藏于清洁、干燥、阴凉、通风、无异味的专用仓库中，温度 28℃ 以下，安全相对湿度 65% ～ 75%，商品安全水分 10% ～ 13%，储存期不宜过长。运输工具必须清洁、干燥、无异味、无污染。运输时不能与其他有毒、有害的物质混装。运输过程中应有防雨、防潮、防污染等措施。

连 翘

【药用来源】为木犀科植物连翘 *Forsythia suspensa* (Thunb.) Vahl. 的干燥果实。

【性味归经】苦，微寒。归肺、心、小肠经。

【功能主治】清热解毒，消肿散结，疏散风热。用于痈疽，瘰疬，乳痈，丹毒，风热感冒，温病初起，温热入营，高热烦渴，神昏发斑，热淋涩痛。

【植物形态】落叶灌木，高 2 ～ 3 m。茎丛生，小枝通常下垂，褐色，略呈四棱状，皮孔明显，中空。单叶对生或 3 小叶丛生，卵形或长圆状卵形，长 3 ～ 10 cm，宽 2 ～ 4 cm，无毛，先端锐尖或钝，基部圆形，边缘有不整齐锯齿。花先叶开放。一至数朵，腋生，金黄色，长约 2.5 cm。花萼合生，与花冠筒约等长，上部 4 深裂；花冠基部联合成管状，上部 4 裂，雄蕊 2 枚，着生花冠基部，不超出花冠，子房卵圆形，花柱细长，柱头 2 裂。蒴果狭卵形，稍扁，木质，长约 1.5 cm，成熟时 2 瓣裂。种子多数，棕色、扁平，一侧有薄翅。

【植物图谱】见图 52-1 ～图 52-7。

图 52-1　连翘原植物（茎叶）

图 52-2　连翘（早春开花）

图 52-3　连翘花

图 52-4　连翘叶

图 52-5　连翘果实（入药部位）

图 52-6　连翘果实（青翘）

图 52-7　连翘果实（老翘）

　　【生态环境】连翘适应性强，对土壤、气候要求不严，在腐殖土及砂砾土中都可以生长。喜温暖湿润、光照充足的环境。多生于阳光充足、半阳半阴的山坡，在阳光不足处，茎叶生长旺盛，但结果少。

　　【生物学特征】连翘种子萌发的最适温度 20 ~ 25℃，低于 5℃种子几乎不能发芽，高于 40℃种子易发生霉变。连翘为多年生灌木，一般经历幼树期、初结果期、盛果期和衰老期 4 个时期。年生长期在270 ~ 320 天，从开花到果实成熟一般要 140 ~ 160 天。连翘为早春开花植物，花先于叶开放，由于早晨温度低，昆虫活动少，授粉困难，结籽率低。一般 2 月下旬花芽萌动。3 月初开花，4 月中旬花期结束。连翘叶的展开时期为 3—5 月。4 月上、中旬基本定果。8 月果实逐渐成熟，10 月种子成熟。

【栽培技术】

（一）选地、整地

应选择地块向阳、土壤肥沃、质地疏松、排水良好的砂壤土，于秋季进行耕翻，耕深 20 ～ 25 cm，结合整地施基肥，每亩施有机肥 2000 ～ 2500 kg，然后耙细整平。直播按株行距 130 cm×200 cm，穴深与穴径 30 ～ 40 cm；育苗地作成 1m 宽的平畦，长度视地形而定。

（二）种植方法

以种子繁殖和扦插育苗为主，亦可压条、分株繁殖。

1. 种子繁殖　于 4 月中旬，在已备好的穴坑中挖 1 小坑，深约 3 cm，选择成熟饱满无病害的种子，每穴播 5 ～ 10 粒，覆土后稍压，使种子与土壤紧密结合。一般 3 ～ 4 年后开花结果。

2. 育苗移栽　在整平耙细的苗床上，按行距 20 cm，开 1 cm 深的沟，将种子掺细沙均匀地撒入沟内，覆土后稍压，每亩用种子 2 kg。春播半个月左右出苗，苗高 5 cm 进行定苗，高 10 cm 时松土锄草，每亩追施尿素 10 kg，浇水时随水施入，促进幼苗生长。当年秋或第二年春萌动前移栽。按株行距 120 cm×150 cm，穴径 30 cm，施有机肥 3000 ～ 4000 kg，与土混匀，栽苗 2 ～ 3 株，填土至半穴，稍将幼苗上提一下，使根舒展，再覆土填满，踏实。若土壤干旱，移栽后要浇水，水渗下后再培土保摘。

3. 扦插育苗　于夏季阴雨天，将 1 ～ 2 年生的嫩枝中上部剪成 30 cm 长的插条，在苗床上按株行距 5 cm×30 cm，开 20 cm 深的沟，斜摆在沟内，然后覆土压紧，保持畦床湿润，当年即可生根成活，第二年春萌动前移栽。

（三）田间管理

种子繁殖的幼苗期，当苗高 20 cm 时除草、松土和间苗。间苗时每穴留 2 株，适时浇水。苗高 30 ～ 40 cm 时，可施稀粪尿水 1 次，促其生长。主干高 70 ～ 80 cm 时剪去顶梢，多发侧枝，培育成主枝。以后在主枝上选留 3 ～ 4 个壮枝培育成副主枝，放出侧枝，通过整形修剪，使其形成低干矮冠、内空外圆、通风透光、小枝疏朗、提早结果的自然开心形枝型。随时剪去细弱枝及徒长枝和病虫枝。结果期可施农家肥和磷肥、钾肥，促其坐果早熟。

（四）病虫害防治

主要为虫害。

钻心虫：以幼虫钻入茎秆木质部髓心为害，严重时，被害枝不能开花结果，甚至整枝枯死。防治方法：钻心虫卵孵盛期喷施 4.5% 高效氯氰菊酯乳油 1500 倍液或 2.5% 溴氰菊酯乳油 1500 倍液，每隔 5 ～ 7 天喷施 1 次，连喷 2 ～ 3 次。

【留种技术】选择生长壮、枝条节间短而粗壮、花果生密而饱满、无病虫害的优良单株作采种母株，于 9—10 月采集成熟果实，薄摊于透风阴凉处后熟数日，阴干后脱粒，选取籽粒饱满的种子收藏作种用。

【采收加工】

（一）采收

连翘定植 3 ～ 4 年开花结果。8 月下旬至 9 月上旬采摘尚未成熟的绿色果实，加工成青翘；10 月上旬采收熟透但尚未开裂的黄色果实，加工成老翘。

（二）产地加工

1. 青翘　采收未成熟的青色果实，用沸水煮片刻或蒸半个小时，取出晒干即成。以身干、不开裂、色较绿者为佳。

2. 黄翘　采收熟透的黄色果实，晒干，除去杂质，习称"老翘"。以身干、瓣大、壳厚、色较黄者为佳。

3．连翘心　将果壳内种子筛出，晒干即为连翘心。

【商品规格】

（一）含量测定

按照《中华人民共和国药典》2000 年版一部测定：本品按干燥品计算，含连翘苷（$C_{27}H_{34}O_{11}$）不得少于 0.15%，连翘酯苷 A（$C_{29}H_{36}O_{15}$）不得少于 0.25%。

（二）商品规格

1．黄翘规格标准

统货：干货。呈长卵形或卵形，两端狭尖，多分裂为两瓣。表面有一条明显的纵沟和不规则的纵皱纹及凸起小斑点，间有残留果柄表面棕黄色，内面浅黄棕色，平滑，内有纵隔。质坚脆。种子多已脱落。气微香，味苦。无枝梗、种子、杂质、霉变。

2．青翘规格标准

统货：干货。呈狭卵形至卵形，两端狭长，多不开裂。表面青绿色，绿褐色，有两条纵沟。质坚硬。气芳香、味苦。间有残留果柄。无枝叶及枯翘，杂质、霉变。

【贮藏运输】 连翘较少虫蛀，但受潮易发霉。贮于仓库干燥处，温度 30℃ 以下，相对湿度 70% ～ 75%。安全水分为 8% ～ 11%。运输工具必须清洁、干燥、无异味、无污染。运输时不能与其他有毒、有害的物质混装。运输过程中应有防雨、防潮、防污染等措施。

漏　芦

【药用来源】 为菊科植物祁州漏芦 *Rhaponticum uniflorum*（L.）DC. 的干燥根。

【性味归经】 苦，寒。归胃经。

【功能主治】 清热解毒，消痈，下乳，舒筋通脉。用于乳痈肿痛，痈疽发背，瘰疬疮毒，乳汁不通，湿痹拘挛。

【植物形态】 多年生草本。茎直立，单一，密生白色软毛。基生叶有长柄，长椭圆形，羽状深裂，裂片矩圆形，边缘有齿，两面均被软毛；茎生叶较小，有短柄或近无柄。头状花序单生于茎顶；总苞宽钟形，总苞片多层，有干膜质附片；筒状花淡红紫色，先端 5 裂，裂片线形。瘦果倒圆锥形，具 4 棱；冠毛粗羽毛状。花期 5—7 月，果期 6—8 月。

【植物图谱】 见图 53-1 ～图 53-5。

【生态环境】 广泛分布在中国东北、西北、华中等地区。常生长于海拔 390 ～ 2700 m 的向阳山坡、路旁或丘陵。

【生物学特性】 漏芦多生长于草原、林下、山地、喜温暖低湿气候，怕热，忌涝，地温 12℃ 左右开始返青出苗，适宜生长温度 18 ～ 22℃。种子无休眠现象，成熟的种子采收后即可播种，7 ～ 10 天出苗，出苗率 95% 以上。贮藏到第 2 年春天播种，出苗率为 65% 左右。种子的寿命 3 ～ 4 年，千粒重 14.79g。

【栽培技术】

（一）分株法

将漏芦植株的根部全部挖出，按其萌发的蘖芽多少，根据需要以 1 ～ 3 个芽为一窝分开，栽植在整好的花畦里或花盆中，浇足水，遮好荫，5～10天即可成活。用这种方法繁殖的株苗，强壮，发育快，不易变种。

（二）扦插法

可分为芽插、枝插两种。

1. 芽插　在漏芦母株根旁，经常萌发出脚芽来，当叶片初出尚未展开时，作为插穗进行芽插，极易生根成活，且同分株法一样，生命力强，不易退化。

图 53-1　漏芦苗

图 53-2　漏芦原植物（野生）

图 53-3　漏芦花

图 53-4　漏芦大田

图 53-5　漏芦根

2. 枝插　在 4—5 月期间，可在母株上剪取有 5～7 个叶片，约 10 cm 长的枝条作插枝。将插枝下部的叶子取掉，只留上部的小部分 2～3 片，插枝下端削平，扦插时不要用插枝直接往下插，可用细木棍或竹签扎好洞，然后再小心地将插枝插进去，以免刺伤插枝的切口处或外皮。插枝的入土深度，约为插枝的 1/3，或者一半。插好后压实培土，洒透水，在温度 15～20℃的湿润条件下，15～20 天可生根成活。待幼苗长至 3～5 个叶片时，即可移苗栽植在苗圃或花盆里。

（三）嫁接法

人们通常多用根系发达、生长力强的青蒿、白蒿、黄蒿为砧木，把需要繁殖的漏芦株苗作接穗，用劈接法嫁接。劈接的方法是：先选好砧木和接穗，然后将砧木在需要的高度处切掉，切面要平整，并在切面纵向切割；接穗下部入砧木处两侧各削一刀，使接穗成楔形，插入砧木纵切口处，但必须注意将接穗和砧木的外侧形成层对齐，劈接成功与否的关键就在此举，然后绑扎即可。一般 1 株上可接 1 ~ 6 个或 8 个接穗，要视砧木粗细来定。接好后要适当遮阴，以防接穗萎蔫而失败。待接穗成活后，切口已全部愈合好，才可取掉绑扎带，同时应抹去砧木上生长的小枝叶。

【留种技术】3 年生的漏芦作为留种植株，待果实成熟后，采集果实，去杂，种子晾干，放通风处贮存。

【采收加工】漏芦生长 3 年（实际是 2 年半）后可以采收。10 月中下旬待地上部分枯萎时，先将地上部分割下来，把根挖出，抖净或洗去泥土，除去残留叶柄，晒至 6 ~ 7 成干时，扎成 1 kg 左右的小把，再晒干。或者趁鲜切成厚 2 ~ 3 mm 的片，再晒干或烘干即可入药。

【商品规格】

（一）含量测定

按照《中华人民共和国药典》2015 年版一部测定：本品按干燥品计算，含 β-蜕皮甾酮（$C_{27}H_{44}O_7$）不得少于 0.040%。

（二）商品规格

不分等级，均为统货。

【贮藏运输】应存放于清洁、阴凉、干燥通风、无异味的专用仓库中，并防回潮、防虫蛀。运输工具必须清洁、干燥、无异味、无污染。运输时不能与其他有毒、有害的物质混装。运输过程中应有防雨、防潮、防污染等措施。

牛 蒡 子

【药用来源】为菊科二年生草本植物牛蒡 *Arctium lappa* L. 的干燥成熟果实。

【性味归经】辛、苦，寒。归肺、胃经。

【功能主治】疏散风热，宣肺透疹，解毒利咽。用于风热咳嗽，咽喉肿痛，麻疹，风疹，疭腮，丹毒，痈肿疮毒。

【植物形态】两年生草本植物，高 1 ~ 2m，上部多分枝，带紫褐色，有纵条棱。根粗壮，肉质，圆锥形。基生叶大，丛生，有长柄。茎生叶互生，有柄，广卵形或心形，长 30 ~ 50 cm，宽 20 ~ 40 cm，边缘回微波状或有细齿，基部心形，下面密布白色短柔毛。茎上部的叶逐渐变小。头状花序簇生长于茎顶或排列成伞房状，回花序梗长 3 ~ 7 cm，表面有浅沟，密生细毛；总苞球形，苞片多数，覆瓦状回排列，披针形或线状披针形，先端延长成尖状，末端钩曲。花小，淡红色或红紫色，全为管状花，聚药雄蕊 5，子房下位，顶端圆盘状，着生短刚毛状冠毛，花柱细长，柱头 2 裂。瘦果长圆形，具纵棱，灰褐色，冠毛短刺状，淡棕黄色。

【植物图谱】见图 54-1 ~ 图 54-4。

【生态环境】喜温暖湿润气候，耐寒、耐热性颇强。生于海拔 750 ~ 3500 m 的山坡、山谷、林缘、林中、灌木丛中、河边潮湿地、村庄路旁或荒地。

【生物学特性】种子发芽适宜温度为 20 ~ 25℃，发芽率 70% ~ 90%，种子寿命 2 年，播种当年只形成叶族，第二年才能抽茎开始结果。

【栽培技术】

（一）繁殖材料

主要采用种子繁殖。

（二）选地、整地

1．选地　选择阳光充足、土层疏松、土壤肥沃、排水良好的地块种植为宜。

2．整地

（1）人工整地：5 月中下旬进行，深翻 25 cm 以上，每亩施腐熟有机肥 3000 ~ 4000 kg，深翻入土混合均匀后施入耕层做基肥，整平耙细作畦。畦宽 140 cm，畦间距 40 cm 宽，畦长视实际需要而定，浇足底墒水。

图 54-1　牛蒡子大田

图 54-2　牛蒡叶

图 54-3　牛蒡花蕾及花

186

图 54-4 牛蒡（野生）

（2）机械整地：使用翻转犁深耕灭茬 45 cm 以上，翻耕后用旋耕机或圆盘耙对表层土壤进行细碎和平整处理，达到地表平整，土壤细碎疏松、上实下虚，便于机械播种的要求。深耕后使用旋耕起垄施肥机，均匀施入肥料，做到全层施肥，然后立即混土 5 ～ 10 cm，达到畦面平整，耕层松软。

（三）繁殖

1．繁殖时间　4 月中下旬至 5 月上旬。

2．繁殖方法　播种前，将种子放入 30 ～ 40℃的温水中浸泡 12 小时左右，过后捞出种子晾至不粘手时播种，这样有利于出苗。在整好地的畦面上按 40 ～ 50 cm 的行距开浅沟进行条播，将种子（播种时最好将种子与火土灰混合成种子灰）均匀地撒在沟内；或按 40 ～ 50 cm 的行距、33 ～ 35 cm 的株距穴播，每穴点入种子 4 ～ 5 粒。播后覆土 2 ～ 3 cm 即可。

（四）田间管理

1．间苗　当苗长至 4 ～ 5 片真叶时，开始进行间苗，方法是拔掉病苗、弱小苗，留下壮苗、大苗，如有缺苗处，可选择间下的苗带土移栽；苗长至 6 片真叶时，条播者按株距 25 cm 左右定苗 2 ～ 3 株，穴播者每穴留壮苗 3 ～ 4 株。

2．培土　冬季采用培土，保苗越冬。抽茎后培土壅根，防止倒伏。

3．中耕除草　6—7 月中耕除草，幼苗期或第 2 年春季返青后要进行中耕松土。

4．追肥　基生叶铺开时，要及时追肥，每亩施入人畜粪水 1000 kg。植株开始抽茎后，每亩追施人畜粪水 1500 kg 或尿素 5 kg 和过磷酸钙 10 kg，促使分枝增多和籽粒饱满。

5．排灌水　雨季要注意排水，防止积水烂根。

（五）病虫害防治

1. 病害

（1）灰斑病：主要危害叶片。防治方法：秋季清洁田园，彻底清除病株残体。合理密植，及时中耕除草，控施氮肥。在发病初期喷 1：1：150 的波尔多液或 75% 百菌清可湿性粉剂 500 倍液。

（2）轮纹病：主要危害叶片。防治方法同灰斑病。

（3）白粉病：叶两面生白色粉状斑，后期粉状斑上长出黑点，即病菌的闭囊壳。防治方法：彻底清除病株残体，减少越冬菌源。发病初期喷 50% 甲基托布津可湿性粉剂 1000 倍液。

2. 害虫

（1）连纹夜蛾：以幼虫嚼食叶片，造成缺刻孔洞。防治方法：可喷 90% 美曲膦酯 800 ～ 1000 倍液防治。

（2）棉铃虫：以幼虫危害叶片，使叶片造成缺刻，严重时花和幼果全部被害，造成大幅减产。防治方法：采取冬耕冬灌，消灭越冬蛹，减少来年虫源。利用 20 W 黑光灯诱杀成虫。幼虫 3 龄以前用 90% 美曲膦酯 1000 倍液或 25% 亚胺硫磷 300 ～ 400 倍液进行防治。

（3）地老虎：幼虫咬食叶片或心叶。防治方法：可用美曲膦酯毒饵诱杀，或早晨人工捕杀。

【留种技术】选择生长健壮、无病虫害的优势植株作为种株，翌年果实成熟，随熟随采，晾晒或阴干使种子脱粒，清除杂质和空粒、瘪粒，储存于专用袋中。

【采收加工】翌年春夏季当种子黄里透黑时将果枝剪下，应随熟随采，采收后将果序摊开曝晒，充分干燥后用木板打出果实种子，除净杂质，晒至全干后即成商品。根挖出后洗净，刮去黑皮即可菜用，或晒干药用。

【商品规格】

（一）含量测定

按照《中华人民共和国药典》2015 年版一部测定：本品按干燥品计算，含牛蒡苷（$C_{27}H_{34}O_{11}$）不得少于 5.0%。

（二）商品规格

统货：干货。呈瘦长扁卵形，稍弯曲。表面灰褐色，有数条微凸起的纵脉，散有紫黑色的斑点。外皮坚脆。剥开有黄白色种仁两瓣，有油性。气微，味微苦。颗粒饱满，瘪瘦粒不超过 10%。无杂质、虫蛀、霉变。

【贮藏运输】应存放于清洁、阴凉、干燥通风、无异味的专用仓库中，并防回潮、防虫蛀。运输工具必须清洁、干燥、无异味、无污染。运输时不能与其他有毒、有害的物质混装。运输过程中应有防雨、防潮、防污染等措施。

牛 膝

【药用来源】为苋科植物牛膝 *Achyranthes bidentata* Bl. 的干燥根。

【性味归经】苦、甘、酸，平。归肺、肾经。

【功能主治】逐瘀通经，补肝肾，强筋骨，利尿通淋，引血下行。用于经闭，痛经，腰膝酸痛，筋骨无力，淋证，水肿，头痛，眩晕，牙痛，口疮，吐血，衄血。

【**植物形态**】牛膝是深根系作物，宜选土层深厚、疏松肥沃、排水良好且地下水位较低的砂质土壤种植。牛膝高 40 ~ 120 cm，根粗壮，圆柱形，直径 5 ~ 10 mm，外皮土黄色；茎有棱角或四方形，绿色或带紫色，有白色贴生或开展柔毛，或近无毛，分枝对生。叶片椭圆形或椭圆披针形，少数倒披针形，长 4.5 ~ 12 cm，宽 2 ~ 7.5 cm，顶端尾尖，尖长 5 ~ 10 mm，基部楔形或宽楔形，两面有贴生或开展柔毛；叶柄长 5 ~ 30 mm，有柔毛。穗状花序顶生及腋生，长 3 ~ 5 cm，花期后反折；总花梗长 1 ~ 2 cm，有白色柔毛；花多数，密生，长 5 mm；苞片宽卵形，长 2 ~ 3 mm，顶端长渐尖；小苞片刺状，长 2.5 ~ 3 mm，顶端弯曲，基部两侧各有 1 卵形膜质小裂片，长约 1 mm；花被片披针形，长 3 ~ 5 mm，光亮，顶端急尖，有 1 中脉；雄蕊长 2 ~ 2.5 mm；退化雄蕊顶端平圆，稍有缺刻状细锯齿。胞果矩圆形，长 2 ~ 2.5 mm，黄褐色，光滑。种子矩圆形，长 1 mm，黄褐色。花期 7—9 月，果期 9—10 月。

【**植物图谱**】见图 55-1 ~ 图 55-5。

【**生态环境**】生长于海拔 1500 m 以上的高山地区。喜温暖而干燥、阳光充足的气候环境，不耐严寒，气温在 –17℃ 以下时会发生冻害，忌潮湿。适宜在疏松、肥沃的砂质壤土中栽培。

【**生物学特征**】牛膝为深根系植物，主根粗壮，品质优良。但牛膝开花结果后，根部木质化，品质差。苗期及根部膨胀期需要湿润条件，其他生长期要求水分较低，但若湿度过大会引起植株徒长，甚至烂根。在土层深厚、疏松肥沃、排水良好的砂质壤土中生长较好，忌盐碱地和低洼地。对前茬作物要求不严，但忌连作。

【**栽培技术**】

（一）选地、整地

1．**选地**　应选择地势平坦、排水良好、疏松肥沃的中壤土种植。

2．**整地**　雨水少的地方可以选择做平畦，雨水多的地方可以选择做高畦。

（1）人工整地：4 月中下旬进行，深翻 25 cm 以上，每亩施腐熟有机肥 3000 ~ 4000 kg，深翻入土混合均匀后施入耕层做基肥，整平耙细作畦。畦宽 140 cm，畦间距 40 cm，畦长视实际需要而定，浇足底墒水。

（2）机械整地：使用翻转犁深耕灭茬 45 cm 以上，翻耕后用旋耕机或圆盘耙对表层土壤进行细碎和平整处理，达到地表平整，土壤细碎疏松、上实下虚，便于机械播种的要求。深耕后使用旋耕起垄施肥机，均匀施入肥料，做到全层施肥，然后立即混土 5 ~ 10 cm，达到畦面平整，耕层松软。

图 55-1　牛膝苗期

图 55-2　牛膝原植物

图 55-3　牛膝花序

图 55-4　牛膝果实

图 55-5　牛膝种子

（二）播种

1．种子处理　播种前用温水浸种 24 小时，或浸种催芽后播种。

2．播种方法　5 月中下旬，按行距 15 ~ 20 cm，开深 1 ~ 2 cm，宽 5 ~ 6 cm 的浅沟，每亩播种量 1.0 ~ 1.5 kg，将种子均匀撒入沟内，覆土 1 ~ 2 cm，稍加镇压，播后保持土壤湿润。

（三）田间管理

1．保苗、间苗、补苗　播后田间保持一定湿度，4 ~ 5 天即可出苗。幼苗初期生长柔弱，若遇干旱天气，应及时浇水保苗。当苗高 5 ~ 7 cm 时，开始第 1 次间苗，去弱留强，保持苗间距 6 ~ 7 cm。苗高 15 ~ 17 cm 时，按株距 15 cm 定苗。缺苗时，选阴天进行补苗。

2．中耕除草　一般中耕除草 3 次，齐苗后，进行第 1 次除草，并追施稀薄人畜粪尿拌火土灰，每亩撒施 1000 kg。

3．打顶　非留种田，苗高 24 cm 左右，将苗的顶端摘去，抑制地上部分生长，这样可增长根部。

（四）病虫害防治

1．病害

（1）叶斑病：危害叶部，多发生在夏季多雨季节，受害叶片产生黄褐色病斑，严重时整个叶片变成灰褐色，枯萎而死。防治方法：收获前清田，集中处理残病株。发病初期，喷洒1∶1∶120波尔多液或65%代森铵500倍液，每10～15天喷洒1次，连续2～3次。

（2）根腐病：多发生在高温多雨季节和低洼积水处。发病后地下根部呈褐色水渍状腐烂，地上部分枯死。防治方法：选择排水良好的地块，做高畦种植，雨季注意排水，整地时每亩用50%多菌灵处理土壤；拔除病株或用石灰消毒病穴，亦可用50%多菌灵500倍液浇灌病区。

2．虫害

（1）银纹夜蛾：幼虫危害植株，咬食叶片成孔洞或缺刻状。防治方法：人工捕杀幼虫，或用90%美曲膦酯1000～1500倍液喷杀，或吡虫啉喷杀。

（2）红蜘蛛：6—7月为发生高峰期，干旱时危害严重。成虫在叶背面吸取汁液，病叶干枯脱落。防治方法：清除杂草，消灭越冬害虫，在发生时用吡虫啉喷杀。

【留种技术】在牛膝收获块根季节，宜选高矮适中，小枝密，叶片肥大、健壮的3年生植株留种，种子成熟时割下果枝，晒干，脱出即可。

【采收加工】

（一）采收

在10月中旬至11月上旬收获。过早收，根不壮实，产量低；过晚易木质化或受冻影响质量。采挖前浇水一次，以便于松土采收。收获时，从畦的一端开槽，槽深1～1.5m，用铁锹先剔出主根所在地，再一层层向下挖，挖掘时要轻、慢、细，注意不要挖断根条。

（二）产地加工

挖回的牛膝先不洗涤，抖去泥沙，除去毛须、侧根。然后整理根条，每10根扎成一把，曝晒。应早晒晚收，因新鲜牛膝受冻或淋雨会变紫发黑，影响品质。晒至八九成干时，取回堆积于通风干燥的室内，盖上草席，使其"发汗"，两天再取出，晒至全干，切去芦头，即成"牦牛膝"。去杂分级捆成小把即成商品。

（一）含量测定

按照《中华人民共和国药典》2015年版一部测定：本品按干燥品计算，含 β-蜕皮甾酮（$C_{27}H_{44}O_7$）不得少于0.030%。

（二）商品规格

一等：(头肥) 干货。呈长条圆柱形。内外黄白色或浅棕色。味淡微甜。中部直径0.6 cm以上，长50 cm以上。根条均匀。无冻条、油条、破条、杂质、虫蛀、霉变。

二等：(二肥) 干货。呈长条圆柱形。内外黄白色或浅棕色。味淡微甜。中部直径0.4～0.6 cm，长35～50 cm。根条均匀。无冻条、油条、破条、杂质、虫蛀、霉变。

三等：(平条) 干货。根呈长条圆柱形。内外黄白色或浅棕色。味淡微甜。中部直径0.4 cm以下，但不小于0.2 cm，长短不分，间有冻条、油条、破条。无杂质、虫蛀、霉变。

【贮藏运输】应存放于清洁、阴凉、干燥通风、无异味的专用仓库中，并防回潮、防虫蛀。运输工具必须清洁、干燥、无异味、无污染。运输时不能与其他有毒、有害物质混装。运输过程中应有防雨、防潮、防污染等措施。

蒲 公 英

【药用来源】为菊科植物蒲公英 *Taraxacum mongolicum* Hand.-Mazz. 或同属数种植物的干燥全草。

【性味归经】苦、甘，寒。归肝、胃经。

【功能主治】清热解毒，消肿散结，利尿通淋。用于疔疮肿毒，乳痈，瘰疬，目赤，咽痛，肺痈，湿热黄疸，热淋涩痛。

【植物形态】蒲公英一般株高 15 ～ 25 cm，根垂直。叶平展，成莲座状，叶片狭长，宽 3 cm。花茎顶端生一头状花序，开黄色舌状花，在果实成熟时，形成一个白色绒球，具有冠毛的果实可以随风飘散。

【植物图谱】见图 56-1 ～图 56-4。

图 56-1　蒲公英大田

图 56-2　蒲公英茎叶

图 56-3　蒲公英花期

图 56-4　蒲公英冠毛和种子

【生态环境】蒲公英适应性广，抗逆性很强。广泛生于中、低海拔地区的山坡草地、路边、田野、河滩。

【生物学特征】蒲公英为短日照植物，高温短日照条件下有利于抽薹开花；耐阴性，喜光照。适应性较强，对土壤要求不高，以向阳、肥沃、湿润的砂质壤土生长较好；早春地温 1 ～ 2℃ 时即可萌发，种子在土壤温度 15 ～ 20℃ 时发芽最快，在 25 ～ 30℃ 以上时则发芽较慢，叶生长最适温度为 15 ～ 22℃。

【栽培技术】

（一）选地、整地

1．选地　应选择地势平坦、排水良好、疏松肥沃的砂质壤土种植。

2．整地

（1）人工整地：4 月中下旬进行，深翻 25 cm 以上，每亩施腐熟有机肥 1500 ～ 2000 kg，深翻入土混合均匀后施入耕层做基肥，整平耙细作畦。畦宽 140 cm，畦间距 40 cm，畦长视实际需要而定，浇足底墒水。

（2）机械整地：使用翻转型深耕灭茬 45 cm 以上，翻耕后用旋耕机或圆盘耙对表层土壤进行细碎和平整处理，达到地表平整、土壤细碎疏松、上实下虚，便于机械播种的要求。深耕后使用旋耕起垄施肥机，均匀施入肥料，做到全层施肥，然后立即混土 5 ～ 10 cm，达到畦面平整，耕层松软。

（二）播种

按行距 25 ～ 30 cm，开 1 cm 深的浅沟，然后将种子均匀撒入沟内。覆土 0.5 ～ 1 cm。土壤湿度适中，15 天左右就可以出苗。干旱地区雨季播种 5 ～ 7 天就可以出苗。

（三）田间管理

1．苗期的管理

（1）定苗：苗高 6 ～ 8 cm 时定苗。药用的蒲公英株距一般定为 20 ～ 25 cm，菜用蒲公英的株距可适当密一些。

（2）中耕除草：当蒲公英刚刚显苗，此时正处在幼苗期间，在这一期间幼苗怕湿怕水。如遇连绵阴雨天，根基部便会腐烂，这样会造成缺苗断垄。因此苗出齐后，不要再浇水，可进行浅锄，疏松表土。当叶长长至 10 cm 左右时要进行第二次中耕除草，结合浅锄松土、将表土内的细根锄断，有助于主根生长。

（3）追肥浇灌：当叶长长至 15 cm 左右时，要对蒲公英进行追肥，每亩追施尿素 10 ～ 15 kg，饼肥 25 ～ 40 kg。追肥后应立即浇水，使养分能够被充分的吸收。如遇春旱影响出苗和幼苗生长时，可根据土壤含水量适时适量灌水，保证土壤的水分。

2．生长期的管理

6 月下旬，当叶长长至 25 cm 左右时，蒲公英就进入了生长期，这个时期，植株一般不会再长高，主要是发根壮根。蒲公英的生长期较长，一般可达 3 个月左右。

（1）中耕除草：注意中耕除草，保持田间无杂草，防止草与药共同生长的现象，影响蒲公英的产量和质量。一般 20 天左右进行 1 次，直至封垄。松土时宜浅不宜深，以免伤根。

（2）追肥浇灌：7 月下旬，应氮、磷配合进行追肥。每亩施尿素 4 ～ 5 kg 或硝酸铵 5 ～ 7.5 kg，可顺行间施入。施肥后，应及时浇灌，促使养分能够被充分的吸收。

3．生长后期的管理

9 月下旬，应进行中耕培土防止倒伏，促使土壤保持良好的通透性，以利于根系的发育，增加侧根的数量，提高抗倒伏能力。依据蒲公英的生长情况，应进行叶面喷肥。每亩用尿素 0.75 ～ 1 kg、钼酸铵 5～15 kg、磷酸二氢钾 10～30 kg，兑水 30～50 L 喷雾。

（四）病虫害防治

蒲公英病害发生较少，主要虫害为蚜虫。

蚜虫：主要为害叶片及嫩茎，严重时茎叶布满蚜虫，吸取汁液，使叶片卷曲干枯，嫩茎萎缩，影响药材产量及质量。防治方法：用 33% 氯氟·吡虫啉乳油 3000 倍液，或用 10% 吡虫啉粉剂 1500 倍液喷雾。

【留种技术】蒲公英在生长 2 年后开花较多，当花盘外壳由绿变黄绿时，种子也由乳白色变成褐色，此时就可采收，切不可等到花盘开裂时再采收，防止种子飞散损失。采种时可将花序摘下，放在室内存放 1～2 天后熟，种子半干时，用手搓掉种子头端绒毛后备用。

【采收加工】

（一）采收

1. 食用　在幼苗期分批采摘外层大叶供食，或用刀割取心叶以外的叶片食用。每隔 15～20 天割 1 次。也可一次性割取整株上市。

2. 药用　10 月下旬，蒲公英开始采收。采挖前，应用刀割去地面上部的茎和叶，用耙子搂干净，然后从畦的一头开始挖根，在畦旁开挖 60 cm 深的沟，要一株一株地顺序向前刨挖，挖一株捡一株。

（二）产地加工

将采收的蒲公英抖净泥土，晒干即可。

【商品规格】

（一）含量测定

按照《中华人民共和国药典》2015 年版一部测定：本品按干燥品计算，含咖啡酸（$C_9H_8O_4$）不得少于 0.020%。

（二）商品规格

不分等级，均为统货。

【贮藏运输】置阴凉干燥处，防霉、防虫蛀。适宜温度 28℃ 以下，相对湿度 65%～75%。运输工具必须清洁、干燥、无异味、无污染。运输时不能与其他有毒、有害的物质混装。运输过程中应有防雨、防潮、防污染等措施。

瞿　麦

【药用来源】为石竹科植物瞿麦 *Dianthus superbus* L. 或石竹 *Dianthus chinensis* L. 的干燥地上部分。

【性味归经】苦，寒。归心、小肠经。

【功能主治】利尿通淋，活血通经。用于热淋，血淋，石淋，小便不通，淋沥涩痛，经闭瘀阻。

【植物形态】株高 50～60 cm。茎丛生，直立，绿色，无毛，上部分枝（瞿麦）。叶片线状披针形，长 5～10 cm，宽 3～5 mm，顶端锐尖，中脉特显，基部合生成鞘状，绿色，有时带粉绿色。花 1 或 2 朵生枝端，有时顶下腋生；苞片 2～3 对，倒卵形，长 6～10 mm，约为花萼 1/4，宽 4～5 mm，顶端长尖；花萼圆筒形，长 2.5～3 cm，直径 3～6 mm，常染紫红色晕，萼齿披针形，长 4～5 mm；花瓣长 4～5 cm，爪长 1.5～3 cm，包于萼筒内，瓣片宽倒卵形，边缘裂至中部或中部以上，通常淡红色或带紫色，稀白色，喉部具丝毛状鳞片；雄蕊和花柱微外露。蒴果圆筒形，与宿存萼等长或微长，顶端4裂；种子扁卵圆形，长约2 mm，黑色，有光泽。花期6—9月，果期8—10月。

【植物图谱】见图57-1～图57-6。

图57-1　石竹花期

图57-2　石竹大田（栽培地）

图57-3　石竹单株植物

图57-4　石竹花

图57-5　石竹花（白色）

图57-6　石竹种子

【生态环境】生于山坡、草地、路旁或林下。生于海拔 400 ~ 3700m 的丘陵、山地、疏林下、林缘、草甸、沟谷溪边。

【生物学特征】耐寒，喜潮湿，忌干旱，易成活，适应性较强；对土壤要求不高，以砂质壤土或黏壤土最好。

【栽培技术】

（一）选地、整地

1．选地　应选择地势平坦、排水良好、疏松肥沃的砂质壤土种植。

2．整地

（1）人工整地：4月中下旬进行，深翻 25 cm 以上，每亩施腐熟有机肥 1500 ~ 2000 kg，深翻入土混合均匀后施入耕层做基肥，整平耙细作畦。畦宽 140 cm，畦间距 40 cm 宽，畦长视实际需要而定，浇足底墒水。

（2）机械整地：使用翻转犁深耕灭茬 45 cm 以上，翻耕后用旋耕机或圆盘耙对表层土壤进行细碎和平整处理，达到地表平整、土壤细碎疏松、上实下虚，便于机械播种的要求。深耕后使用旋耕起垄施肥机，均匀施入肥料，做到全层施肥，然后立即混土 5 ~ 10 cm，达到畦面平整，耕层松软。

（二）播种

在4月下旬或5月初，按行距 20 ~ 25 cm 开浅沟，深度 0.5 ~ 1 cm，将种子均匀撒入沟内，覆土 0.5 ~ 1 cm，稍加镇压后浇水。每亩用种量 2 ~ 3 kg。

（三）田间管理

1．间苗、定苗、补苗　苗高 7 ~ 10 cm 时，按株距 10 ~ 13 cm 留苗 1 丛，每丛 3 ~ 4 株。幼苗出土后，要及时松土保墒，对缺苗部位及时补苗。

2．灌溉与排水　移栽的在缓苗前适当浇水，保持地面湿润，直播的出苗前后不可缺水，保持土壤湿润，以利幼苗生长。以后视天气旱涝情况，旱时浇水。雨季注意排涝，地内不可积水，以免烂根死苗、降低产量和品质。

3．中耕除草　苗高 6 ~ 10 cm 时进行浅耕，以后每逢浇水或施肥时，均进行中耕除草，以后每 2 ~ 3 周中耕 1 次，雨后也要及时中耕，保持土壤疏松、田间无杂草，株高 30 cm 后不便锄草，可直接拔除杂草。

（四）病虫害防治

主要病害为根腐病。

根腐病：发病后引起叶片发黄，根部腐烂，数日后植株枯死。防治方法：一是开沟排水；二是在病株周围撒草木灰或石灰；三是发病株及时拔除，集中烧毁或深埋，并用 5% 石灰乳消毒病穴。

【留种技术】瞿麦花期较长，种子成熟度不一致，应于田间选择植物生长茂盛、开花多、无病虫危害的植株留种，8—9月当种子呈黑色时即可采收。

【采收加工】

（一）采收

栽种后，可连续收割 5 ~ 6 年，每年可收割 1 ~ 2 次。收割时应选晴天进行，第一次在盛花期采收，采收时应离地面 3.0 cm 处割下，以利植株重新发芽生长。越冬前的一次可齐地面割下。

（二）产地加工

采下后，应立即晒干或阴干，并除去杂质，打捆包装，贮存。

【商品规格】不分等级，均为统货。

【贮藏运输】置阴凉干燥处，防霉、防虫蛀。适宜温度28℃以下，相对湿度65% ~ 75%。运输工具必须清洁、干燥、无异味、无污染。运输时不能与其他有毒、有害的物质混装。运输过程中应有防雨、防潮、防污染等措施。

拳 参

【药用来源】为蓼科植物拳参 *Polygonum bistorta* L. 的干燥根茎。

【性味归经】苦、涩，微寒。归肺、肝、大肠经。

【功能主治】清热解毒，消肿，止血。用于赤痢热泻，肺热咳嗽，痈肿瘰疬，口舌生疮，血热吐衄，痔疮出血，蛇虫咬伤。

【植物形态】多年生草本，株高 50～90 cm。根状茎肥厚，直径 1～3 cm，呈扁圆柱形，常弯曲成虾状，两端圆钝或稍细，鲜根状茎为红褐色，晒干后为黑褐色。茎直立，高 35～85 cm，不分枝，无毛，通常 2～3 条自根状茎发出。基生叶宽披针形或狭卵形，纸质，长 4～18 cm，宽 2～5 cm；顶端渐尖或急尖，基部截形或近心形，沿叶柄下延成翅，两面无毛或下面被短柔毛，边缘外卷，微呈波状，叶柄长 10～20 cm；茎生叶披针形或线形，无柄；托叶鞘筒状膜质，下部绿色，上部褐色，顶端偏斜，开裂至中部，无缘毛。总状花序呈穗状圆柱形顶生，长 4～9 cm，直径 0.8～1.2 cm，紧密；苞片卵形，顶端渐尖，膜质，淡褐色，中脉明显，每苞片内含 3～4 朵花；花梗细弱，开展，长 5～7 mm，比苞片长；花小密集，淡红色或白色。瘦果椭圆形，两端尖，褐色，有光泽，长约 3.5 mm，稍长于宿存的花被。花期 6—7 月，果期 8—9 月。

【植物图谱】见图 58-1～图 58-6。

【生态环境】生长于草丛、阴湿山坡或林间草甸中。

【生物学特征】拳参喜凉爽气候，耐寒又耐旱。宜选向阳、排水良好的砂质壤上或石灰质壤土栽种。

图 58-1 拳参苗（大田）

图 58-2 拳参原植物（野生）

图 58-3 拳参花（栽培）

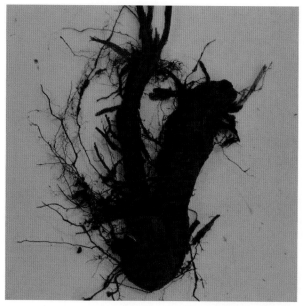

图 58-4 拳参鲜根（野生，断面紫红色）

图 58-5　拳参药材　　　　　　　　　　　图 58-6　拳参饮片

【栽培技术】

（一）繁殖材料

种子繁殖和分根繁殖。

（二）选地、整地

1. 选地　选择应选择地势平坦、阳光充足、排水良好、疏松肥沃的砂质壤土种植。

2. 整地

（1）大田整地：选定种植地后，深翻土壤 30 cm 以上，结合整地施入基肥，每亩施腐熟有机肥 3000 ~ 4000 kg，使基肥与土充分混合后，平整后作高畦，畦宽 140 cm，高 15 ~ 20 cm，畦沟宽 40 cm。四周开好排水沟，以利于排水。

（2）机械整地：使用翻转犁深耕灭茬 45 cm 以上，翻耕后用旋耕机或圆盘耙对表层土壤进行细碎和平整处理，达到地表平整，土壤细碎疏松、上实下虚，便于机械播种的要求。深耕后使用旋耕起垄施肥机，均匀施入肥料，做到全层施肥，然后立即混土 5 ~ 10 cm。整成 140 cm 的宽畦，畦高 20 ~ 25 cm，垄间距 40 cm，畦面平整，耕层松软。

（三）繁殖

1. 繁殖时间　4 月中下旬至 5 月中旬。

2. 繁殖方法

（1）条播：行距 30 ~ 45 cm，开浅沟，将种子均匀撒入，沟内覆土 0.5 ~ 1 cm，每亩播种量 0.1 ~ 0.2 kg。

（2）分根繁殖：秋季或春季萌芽前，挖出根状茎，每株可分成 2 ~ 3 株，按行距 30 ~ 45 cm，株距 30 cm 栽种，覆土压实。

（四）田间管理

1. 间苗、定苗　当苗高 3 cm 左右时，进行间苗，6 cm 左右时按株距 15 ~ 30 cm 定苗。

2. 灌溉、排水　苗期常浇水，保持土壤湿润。雨季及时排水。

3. 中耕除草　保持田间无杂草。

4. 搭棚遮阴　6—8 月间进行搭架遮阴。

5. 施肥　营养生长期施氮肥，后期施磷肥、钾肥多些。

6. 培土　秋季要及时进行清园，去除地面干枯茎叶和杂草，对拳参进行冬前培土。

（五）病虫害防治

根腐病：危害根部。防治方法：一是雨季及时排水，避免湿度过大；二是种植时用50%多菌灵、70%土菌消或50%福美双处理土壤和种根，结合发病期用上述药剂500倍液浇灌也有防治效果。

【留种技术】选取3年生以上植株留种，秋季果实成熟时采收种子，去杂，晾干，置通风阴凉处贮存。

【采收加工】春季发芽前或秋季茎叶将枯萎时采挖，除去泥沙，晒干，去须根。

【商品规格】

（一）含量测定

按照《中华人民共和国药典》2015年版一部测定：本品按干燥品计算，含没食子酸（$C_7H_6O_5$）不得少于0.12%。

（二）商品规格

不分等级，均为统货。

【贮藏运输】应存放于清洁、阴凉、干燥通风、无异味的专用仓库中，并防回潮、防虫蛀。运输工具必须清洁、干燥、无异味、无污染。运输时不能与其他有毒、有害的物质混装。运输过程中应有防雨、防潮、防污染等措施。

人　参

【药用来源】为五加科植物人参 *Panax ginseng* C.A.Mey. 的干燥根和根茎。

【性味归经】甘、微苦，微温。归脾、肺、心、肾经。

【功能主治】大补元气，复脉固脱，补脾益肺，生津养血，安神益智。用于体虚欲脱，肢冷脉微，脾虚食少，肺虚喘咳，津伤口渴，内热消渴，气血亏虚，久病虚羸，惊悸失眠，阳痿宫冷。

【植物形态】人参植株高30～66 cm，茎单一，直立，圆柱形，光滑无毛。叶掌状复叶，有长柄，基部叶最小，小叶椭圆形，边缘细锯齿，表面绿色，沿叶绿有稀疏毛。伞形花序单独顶生，小花有4～40余朵，淡黄绿色。茎的下端常分叉，顶端有根茎，俗称芦头。

【植物图谱】见图59-1～图59-9。

【生态环境】人参喜冷凉，在半阴半阳之处生长，耐寒，忌强光直射。栽培时需搭设荫棚。参畦适宜在上午8时前和下午6时后进入阳光，中午强光直射则会造成参叶焦枯。适宜在25℃以下气温中生长。森林腐殖土最适宜栽培人参，农田土加入充分腐熟的猪粪、堆肥等凉性肥料也可种植。要求在柞树、椴树、桦树等阔叶林地种植，土壤中性或弱酸性。农田栽参，前茬以种过禾本科及豆科，如玉米、高粱、谷子、大豆、小麦等地为好。根茎类作物为前茬不佳。栽种过人参的土地短期内不宜再栽参。怕积水，忌干旱。

【生物学特征】人参种子采下来就播种，要经过20～21个月才能发芽，其中须经过8—9个月催芽处理才能发芽。人参种子有胚后熟、生理后熟两个过程，完成此过程需要一定的温度、湿度条件。在田间条件下，将种子播在5 cm厚的土中，土壤湿度35%左右，从播种到种子裂口，土壤的温度为17～18℃为宜。此时土壤温度由高到低的变化大致可分为三个阶段：即播种到种胚目视可见圆点为第一阶段，此时平均温度21℃左右；从目视种胚可见圆点到占胚乳的1/2为第二阶段，平均地温在17.4℃

图 59-1　林下人参（河北省宽城满族自治县）

图 59-2　盆栽人参（河北省宽城满族自治县）

图 59-3　野生人参（河北省兴隆县）

图 59-4　大田人参（遮阴）

图 59-5　人参花期（仿野生栽培）

图 59-6　人参花枯萎期

图 59-7　人参果实

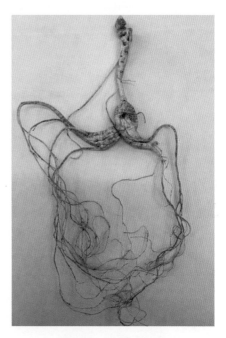

图 59-8　人参根（大田）　　　　　　　　　　　　图 59-9　仿野生人参

左右；第三个阶段是胚占胚乳的 1/2 到裂口，此时胚乳仍继续生长一个阶段，再通过 3 个多月的低温（5℃左右），至春季气温上升至 11.8 ~ 15.2℃时，20 天左右萌发率可达 90% 以上。

【栽培技术】

（一）选地、整地

1. 选地　栽种人参的环境要求无水灾、旱灾、风灾和冻害。农田栽培人参，须选地势高、土质疏松肥沃、保水力强、排水良好的土地。人参喜森林腐殖质土，若土壤的有机质含量低，须在整地时添加有机肥料，使土壤肥沃、性状接近森林腐殖质土。若以一般农田为栽培用地时，前茬以玉米、谷子、豆类、小麦较好；也可在春季播种玉米、豆类，夏季翻压作绿肥，均匀施入 1/3 腐熟猪粪、腐熟落叶、绿肥（大豆秆节）、饼肥、1/3 草炭，若土质严紧，再加入适量细砂，与 1/3 畦面上反复翻拌 3 次，使之均匀，然后做成高畦。在拌土时应于每亩施入过磷酸钙 6.5 ~ 15 kg 以增加肥力，或每亩施入猪粪 15 000 kg，老房土 650 kg，豆饼、过磷酸钙各 350 kg，与畦土拌匀。山坡地栽培人参，应选择坡度为 5 ~ 25° 高燥的缓坡、台地、山地一般坡度 20 ~ 30° 为宜。坡度过大作业不方便，容易造成水土流失。宜选腐殖质较厚（13 cm 左右）的土壤，有条件也应施入一定量基肥。

山地选好之后，进行场地处理。把乔木和石块清出场地之外，然后把灌木、草贴地皮割下，均匀铺在地面上晒干，四周围打火道，选无风天，天空晴朗，点火烧，全部变成红炭，灭火。用土埋或用水浇均可，这样增加了磷肥、钾肥，也杀死了地下害虫。增高了地温和加快腐熟。

2．山地栽参　山地栽参的原则是："头戴帽，腰束带，脚穿靴"，目的是防止水土流失。按坡度留出拦排水的拦水坝。所以烧完场地后定出排水坝的位置。一般每隔 20 ~ 40 m 设一条蹬，宽 100 cm，蹬的斜度与山地等高线的夹角以 2° ~ 3° 为宜，留做蹬的树柱子，起固定作用。翻地时，定蹬的位置不翻。应把石块、杂物等拾出来扔到蹬的旁边。做成坝型，起到拦水和排水的作用。

确定参畦的走向主要还是利用早阳、晚阳，躲开中午阳光直射。山地栽参畦的走向多是正南、正北走向，如果东西有高山影响，以稍偏西为好，南北两坡，可顺山做畦，东西坡坡度不大，雨水能顺流，可以横山或斜山做畦，特陡的山，斜山顺山做畦，方向定好后，钉上标桩，撒白灰做标记也可以。参畦方向的标准线，用罗盘仪或经纬仪测定。将仪器放在地的一端架设好，调节仪器上的度数与床位要求的度数相符，从镜筒找标准杆位置，使之与罗盘仪十字线相重合，在标准点和罗盘仪重锤指点各插一个标桩，用测绳连接两标桩，顺测绳撒上白灰即成基准线。从基准线两个端点做垂线即为端线。从基准线两个端点起，沿端线方向，用测绳或尺码杆量出畦串的宽度（畦宽和作业道宽度）插好标杆。将端线上相对应的两个标桩，用测线连接即成与基准线相平行的中线。两串线之间面积即为一个参畦，畦的长短应根据地块和地势而定。

3．整地　用地头一年翻耕土地，使用隔年土，夏秋两季进行。播种地第二年 7 月翻耕。移栽用地 9 月翻 15 ~ 20 cm 深，交通不便的地方用人刨地，顺着畦串用镐或铁锹、锹翻起来的土扣在畦中间，堆成垄，进行风化。树根全部刨出，并填平坑踏实防止积水。把土整碎，细枝后堆放畦串中间，播种前或栽参前再倒一次土，彻底清除碎石块、树根之类杂质，做畦。我国栽种人参，采取西洋参栽法，一棚多畦，畦宽 130 ~ 150 cm，二畦间距 50 cm，作业道宽 200 cm；一棚二畦，畦宽 130 ~ 150 cm，相邻畦间距 50 cm，作业道宽 200 cm；一棚一畦，畦宽 120 ~ 150 cm，作业道宽 150 ~ 200 cm，畦高均为 20 ~ 25 cm。在选地的同时应确定畦的方向，人参忌强烈日光直射，在参畦架设荫棚后，原则上不使中午强烈日光直射参苗。人参畦用高畦，高 20 ~ 33 cm；畦宽以作业方便为准，一般为 100 ~ 130 cm；畦长度视地势而定，作业道宽为 130 ~ 300 cm，应以能保持作业方便及通风为准。

（二）繁殖方法

种子繁殖，先育苗再移栽，多被人工栽培所采用。

1．育苗　有春播、夏播和秋播。春播在 3 月中旬下种，秋播在 10 月下旬，所用种子根据具体情况可进行催芽后播种或不处理播种。春播则将种子催芽后播种；6 月上旬（芒种前）可将隔年干种子播种；夏播 7 月下旬至 8 月下旬可将当年采集水种子播种，目前多采用这种方法。秋播种子也需催芽处理。

2．催芽

（1）室内催芽：将干种子置清水中浸泡 48 小时，使其充分吸水，取出用两倍湿砂土（细砂和腐殖土各半，湿度约 35%，以手握成团、落地散开为宜）拌匀，装入盆钵内，置 18 ~ 20℃ 温度下，经常保持湿润状态，经过 2 ～ 3 个月，种子绝大部分裂口，即可进行播种。如不立即播种，应放窖内冷冻或在冬季埋于室外土内贮藏，以抑制芽的生长。

（2）室外催芽：选择向阳背风、高燥、排水良好的场地，挖 23 ～ 33 cm 的深坑，放入无底木框（或用砖石做框），框的大小根据种子的多少而定。将种子混拌两倍量的混合土（1/3 的细砂，2/3 的腐殖土混合，淋水湿润至手握成团、落地散开的程度，再与种子混合）装入坑内，上面盖上混合土 6 cm 左右，踏实。晚间和雨天盖以草帘，白天和晴天揭开进行日晒，每隔 1 ～ 2 周取出翻拌 1 次，调整水分，再装入坑内，经 2 ～ 3 个月种子即裂口。

（3）水籽播种：即将 7—8 月采集的种子，洗去果肉即可播种。也可将种子收集后陆续贮藏于湿砂土内，集中播种。这样可使其在自然条件下完成种胚后熟阶段，翌春出苗。

3．播种

（1）点播：即按 3 cm 距离压孔，放入种子 1 粒，此法使参苗生长均匀，节省种子，但是费工。

（2）撒播：用木板将畦面刮成 5 ～ 6 cm 深槽，撒入种子，将原土覆平，保持土壤湿润。如果翌年出苗，则须盖草一层，压土 3 ～ 6 cm。每亩需种子 20 ～ 30 kg。

4．移栽

幼苗生长 2 ～ 4 年进行移栽，一般多在 3 年移栽。如土壤肥力不高，也可再移栽一次。春秋两季均可移栽。二年参苗移栽是使小苗充分利用土壤中的水分、肥料和光照，利于参苗生长。二年生的参苗成活率高，因参苗小，易缓苗，生殖生长期增一年，有利于参根增重。一般多采用秋栽，秋栽在 10 月进行。栽参头一天把苗起出，栽多少起多少，远距离引用，要用苔藓外包装。选芽苞肥大、浆足、芦头完整、须完整健壮的参苗。参苗消毒用 150 单位抗霉素、120 倍波尔多液等药液浸种 5 ～ 10 分钟，勿浸泡芽，取出稍晾干，用于移栽。为了田间管理方便，按参苗大小分成三至七等，一般则分为三等。参苗要用白布盖严，防止风吹日晒。栽参畦面用刮板（长 26 cm，宽 16 cm，下面有薄刃，背呈木梳状）刮沟，沟底平整或斜坡。将参苗接芦头向畦端摆匀，用刮板覆土顺参压好参须，再行覆土。栽到最后一行要倒栽，即芦头向畦末端，参须相对。栽完耙平畦面，使畦中略高，以便排水，覆盖植物秸秆残叶，并覆盖土 3 ～ 6 cm。移栽的株行距、参苗株数及覆土深度，应按参苗大小有所不同。

（三）田间管理

1．土壤管理　土壤解冻后，芽苞尚未萌发时去掉防寒草，用耙子深松土一次，深度以不伤根为度。以后各次松土要浅，每年松土 3 ～ 4 次。撤除防寒物后，要及时用药剂对畦面进行全面消毒，这是一项保苗、防病、增产的有效措施。特别是移栽地以及病害严重的地块，上防寒物前和下防寒土后，应用 50% 多菌灵 1000 倍液，1% 硫酸铜 100 ml/L，多抗霉素或代森锌 500 倍液、代森锰锌 1000 倍液进行床面、参棚和作业道等全面消毒。用药量以渗入床面 1 ～ 2 cm 为宜，然后松土，把药液渗入土内。人参顶药出土，起到杀菌、保苗、防病作用。第一次松土后，刚刚出苗或没有出苗时搭荫棚，棚前檐高 100 ～ 130 cm，后檐高 66 ～ 100 cm，其差度称为张口，一般在 26 ～ 33 cm。上面覆草帘、芦苇帘、板，也可以用芦苇、树条等材料编成透光漏雨的简易帘，帘宽 200 ～ 250 cm，透光度 30% 左右。可采用双透大平棚，即能透光透雨。人参展叶后，建议在畦面上盖树叶 3 ～ 5 cm，以保持土壤水分，防止土壤板结和雨水冲刷，减少病害。

2．排水、灌水　土壤干旱时要适当浇水，尤其是雨量较少地区的农田栽参更应注意浇水。浇水后要松土，雨季防止积水。

3．除蕾　除留种地外，其他地块要在花蕾期掐除花序，增加参根产量。掐法：左手扶参茎，右手掐，千万不能硬拉和扯，怕伤植株，掐下来的花蕾集中晒干，做参花茶、参花精或提取人参皂苷。一般只留 5 年生种子。

4．遮阳　夏季炎热季节，用阔叶树枝插在畦前后檐，阻挡强光直射，避免参叶被晒焦枯而早期落叶死亡。建议在参畦后种一行玉米为好，也可起遮阴作用。人参有趋光性，长在畦面外边的四、五年生大苗，植株很大，又趋光，所以需在根部培土，并防止大风、大雨导致倒伏。也可拉线，防止人参趋光外倒。

（四）秋季人参管理

7月下旬至8月上旬，果实陆续成熟。分两次采集，当果红后，下种子或剪掉花梗，去病种子和果梗，搓掉果肉，把种子置清水中洗，漂去果肉和瘪粒，捞出沉在水底的饱满种子，放在席上晾干或阴干，当种子含水率降到15%左右收藏。同砂混拌装在一定容器内，埋在阴凉地方，防雨淋湿。第二年取出催芽，或者不砂藏直接播种。秋季人参枯萎后，畦面用草覆盖越冬，帘子拆除或不拆皆可。

（五）冬季田间管理

1．上雪和撒雪　入冬以后，一般板棚、帘棚要撒下来或掀开，使冬季降雪落到畦上，起到防寒保温作用。秋末至封冻或春季化冻时，降到畦面的雪，融化成雪水后，容易渗入畦内，使人参感病、烂芽、烂根和破肚子，必须将此雪及时撒下来。不下帘的参棚，当积雪厚度达10 cm以上时，易压坏参棚，也要及时撒下来。

2．防止"桃花水"　降雪较多年份的3—4月间，积雪开始融化，如排水沟挖得不好或堵塞，雪水流不出去，截水地方造成积水浸入畦内，水流地方易冲坏参畦，或从畦面漫过，受害地方人参易感病、烂芽、烂根，所以必须做好预防工作。当冰雪融化时，派专人检查，把存水的地方疏通，引出"桃花水"。

3．预防缓阳冻　初冬和早春的气温变化大，特别是向阳坡和风口地方，白天化冻、晚间结冻，一冻一化极易引起参根遭受融冻型冻害，俗称缓阳冻，对此万不可掉以轻心，要百备而无一患，因此在上防寒土或防寒物时，一定要符合标准，结合清理排水沟时，往畦面多加些土或盖一层帘子，防止发生缓阳冻害。

（六）病虫害防治

1．病害

（1）立枯病：主要发生在出苗展叶期，1～3年人参发病重。受害参苗在土表下干湿土交界处的茎部呈褐色环状缢缩，幼苗折倒死亡。防治方法：一是播前1～2个月，每亩用氯化苦50～80 L熏蒸土壤。做床时，每亩施入50%多菌灵可湿性粉剂6～10 kg，拌入3～5 cm深的土层内进行土壤消毒，然后再播种。若与甲霜噁霉灵混用，可兼治由腐霉菌引起的猝倒病。或以每100 kg种子用50%福美双可湿性粉剂0.4～0.8 kg与70%土菌消可湿性粉剂0.4～0.7 kg混合均匀后拌种，或者用40%拌种双可湿性粉剂0.5 kg拌种。二是苗床发现病株及时拔除，并用上述药剂浇灌床面，防止蔓延。

（2）斑点病：主要危害叶片，茎和果实红熟时也可受害。叶片产生不规则形或近圆形褐色病斑，严重时叶片早期脱落。红熟果实受害后变黑色干瘪，种子亦呈不同程度的黑色。防治方法：一是做好清园工作，及时清除并烧毁病原体。二是展叶初期用多抗霉素100～200单位，展叶后特别是进入雨季可改喷1∶1∶120波尔多液、50%扑海因500～800倍液或咪唑霉400倍液等，宜交替使用。三是对发病严重的地块，用100单位多抗霉素对参畦作业道及参拥进行全面消毒。

（3）疫病：主要危害叶片，根部亦可受害。病叶呈暗绿色水渍状。根受害后呈浅黄褐色软腐状，根皮易剥离，内部组织呈黄褐色不规则花纹。雨季发病较重。防治方法：一是发现中心病株立刻拔掉，并用铜铵合剂（1∶1∶1500）、1%硫酸铜对病穴及周围土进行消毒，防止蔓延；二是加强田间管理，雨季及时排水；三是发病初期喷1∶1∶120波尔多液、40%乙磷铝300倍液或58%甲霜灵锰锌1000倍液或淋浇植株中下部和土面，最好在大雨后喷洒，7～10天喷施1次，连续2～3次。

（4）锈腐病：主要危害根部和芽苞，茎基部也可受害。根上病斑锈红色，逐渐扩大，造成根部腐烂。防治方法：一是加强栽培管理，栽参选择无病的植株，避免造成伤口，用 200 ml/L 浸根 10 分钟，或用 5% 多菌灵 500 倍液浸参根 15 分钟，栽前每平方米用多菌灵 6 ～ 10 kg 进行畦土消毒，土壤要充分翻倒，均匀后再栽参；二是雨季及时排水，及时拔去死亡病株，用石灰处理病穴；三是发病期用 50% 多菌灵或用 50% 甲基托布津 500 倍液浇灌病穴。与禾本科作物轮作有一定的预防作用。

（5）菌核病：主要危害根部，受害根腐烂后只剩表皮，内外均有褐色鼠粪状菌核。防治方法：一是用 50% 速克灵或扑海因可湿性粉剂，按种子重量的 0.1% ～ 0.3% 拌种，或用上述药剂及 40% 菌核净 500 倍液浇灌；二是发现病株及时拔除，用生石灰或 1% ～ 5% 石灰乳病穴消毒。

（6）根腐病：危害根部，受害根里灰黑色湿腐。防治方法：一是雨季及时排水，避免湿度过大；二是种植时用 50% 多菌灵、70% 土菌消或 50% 福美双处理土壤，结合发病期用上述药剂 500 倍液浇灌也有防治效果。

2．虫害

（1）蛴螬：以幼虫为害，咬断参苗或嚼食参根，造成断苗，断根空洞，为害严重。白天常在被害株根际或附近上下 3 ～ 6 cm 处找到。

（2）地老虎：主要有小老虎和黄地老虎。以幼虫为害，咬断根茎处。常在被害株根际或附近表上下找到。

（3）蝼蛄：主要有华北蝼蛄和非洲蝼蛄两种。成虫或若虫咬断幼苗并在土中做隧道，被害苗断处常呈麻丝状。

（4）金针虫：主要有细胸金针虫和沟金针虫两种。以幼虫伤害幼苗根部。

以上四类地下害虫的防治方法基本相同：一是施用的粪肥要充分腐熟，最好用高温堆肥；二是灯光诱杀成虫。在田间用黑光灯或马灯或电灯进行诱杀，灯下放置盛虫的容器，内装适量水，水中加少许煤油即可。

【留种技术】采收种子前，6 月左右选择健壮、生命力强、无病害的植株，摘除花序中间部分花朵，果实膨大时剔除发育不良的弱果及侧枝上的果实，留下养分充分、籽粒饱满的果实。采收时间为 7 月中旬或 8 月中旬。采果时要将健果、病果分开处理，避免传病。采收后用手或搓种机去掉果肉，放在水中，去掉不充实的种子和杂质，剩下的种子留作播种。若当年播种，稍加晾晒，种皮上无水即可播种。若当年不用的种子，晾干后，保存在干燥通风处。

【采收加工】

（一）采收

一般栽培 6 年（6 年生）收获加工，也有 6 年以上才收获的。9 月中旬至 10 月中旬挖取，挖时防止创伤，摘去地上茎后将参根装入麻袋或筐内运回加工。

（二）产地加工

1．红参　选浆足不软、完整、无病斑的参根洗干净，放蒸笼里蒸 2 ～ 3 小时，先武火后文火。大的加工单位已用蒸汽蒸参，数量大，进度快。取出晒干或烤干，干燥过程中剪掉芦头和支根的下段。剪下的支根晒干捆成把，即为红参须。捆不成把的小毛须蒸后晒干也成红色，即为弯须。

2．糖参　将根软、浆液不足的参根刷洗干净，头朝下摆入筐中，放沸水中烫 15 分钟，参根变软、内心微硬时再拿出晒半小时左右。将参铺平放于木板上，用排针器向上扎，扎遍参体。再用骨制顺针顺参根由下向上扎几针，但不穿透。扎后参头向外，尾向内，平摆于缸内，不要装得太满。上面放一帘，用石头压住。糖熬到挑起发亮，并有丝不断时趁热倒入装好参根的缸内，待 10 ～ 12 小时出缸。摆到参盘中晾晒至不发黏时进行第二次排针灌糖。依此法灌 3 次后晒干或烤干。熬糖方法：第一次灌糖，

0.5 kg 参需 0.65 kg 白糖，0.5 kg 糖加水 0.15 kg。先把水放火锅内，加入糖后再生火，边熬边搅拌，熬到要求的标准即可。第二次灌糖，1.5 kg 参，0.5 kg 糖加水 100g，加入第一次糖浆中再熬。第二次灌糖用第二次糖浆，熬开即可。

3．生晒参　生晒参分下须生晒和全须生晒。下须生晒，选体短有病疤的参；全须生晒，应选体大、形好、须全的参。下须生晒除留主根及大的枝根外，其余的全部去掉。全须生晒则不下须，只去掉小主须。下须后洗净泥土，病疤用竹刀刮净，晒干或烤干即可。

【商品规格】

（一）含量测定

按照《中华人民共和国药典》2015 年版一部测定：本品按干燥品计算，含人参皂苷 Rg$_1$（C$_{42}$H$_{72}$O$_{14}$）和人参苷 Re（C$_{48}$H$_{82}$O$_{18}$）的总量不得少于 0.30%，人参皂苷 Rb$_1$（C$_{54}$H$_{92}$O$_{23}$）不得少于 0.20%。

（二）**商品规格**

1．园参

（1）边条鲜参规格标准

一等：鲜货。根呈长圆柱形，芦长、身长、腿长，有分枝 2～3 个，须芦齐全，体长不短于 20 cm（6 寸）。浆足丰满，艼帽不超过 15%。每支重 125 g（2.5 两）以上。不烂，无瘢痕、水锈、泥土、杂质。

二等：鲜货。根呈长圆形，芦长、身长、腿长，有分枝 2～3 个，须芦齐全，体长不短于 18.3 cm（5.5 寸）。浆足丰满，艼帽不超过 15%。每支重 85 g（1.7 两）以上。不烂，无瘢痕、水锈、泥土、杂质。

三等：鲜货。根呈长圆形，芦长、身长、腿长，有分枝 2～3 个，须芦齐全，体长不短于 16.7 cm（5 寸）。浆足丰满，艼帽不超过 15%。每支重 60 g（1.2 两）以上。不烂，无瘢痕、水锈、泥土、杂质。

四等：鲜货。根呈长圆形，芦长、身长、腿长，有分枝 2～3 个，须芦齐全，体长不短于 15 cm（4.5 寸。）浆足丰满，艼帽不超过 15%。每支重 45 g（0.9 两）以上。不烂，无瘢痕、水锈、泥土、杂质。

五等：鲜货。根呈长圆形，芦长、身长、腿长，有分枝 2～3 个，须芦齐全，体长不短于 13.3 cm（4 寸）。浆足丰满，艼帽不超过 15%。每支重 35 g（0.7 两）以上。不烂，无泥土、杂质。

六等：鲜货。根呈长圆形，芦长、身长、腿长，有分枝 2～3 个，须芦齐全，体长不短于 13.3 cm（4 寸）。浆足丰满，艼帽不超过 15%。每支重 25 g（0.5 两）以上。不烂，无泥土、杂质。

七等：鲜货。根呈长圆形，须芦齐全，浆足丰满，每支重 12.5g（0.25 两）以上。不烂，无泥土、杂质。

八等：鲜货。根呈长圆形，凡不合以上规格和缺少芦，破断条者，每支重 5 g（0.1 两）以上。不烂，无泥土、杂质。

（2）普通鲜参规格标准

特等：鲜货。根呈圆柱形，有分枝，须芦齐全，浆足。每支 100～150 g（2～3 两）。不烂，无瘢痕、水锈、泥土、杂质。

一等：鲜货。根呈圆柱形，有分枝，须芦齐全，浆足。每支 62.5 g（1.25 两）以上。不烂，无瘢痕、水锈、泥土、杂质。

二等：鲜货。根呈圆柱形，有分枝，须芦齐全，浆足。每支 41.5 g（0.83 两）以上。不烂，无瘢痕、水锈、泥土、杂质。

三等：鲜货。根呈圆柱形，有分枝，须芦齐全，浆足。每支 31.5 g（0.63 两）以上。不烂，无瘢痕、水锈、泥土、杂质。

四等：鲜货。根呈圆柱形，有分枝，须芦齐全，浆足。每支 25 g（0.5 两）以上。不烂，无瘢痕、水锈、泥土、杂质。

五等：鲜货。根呈圆柱形，有分枝，须芦齐全，浆足。每支 12.5 g（0.25 两）以上。不烂，无瘢痕、水锈、泥土、杂质。

六等：鲜货。根呈圆柱形，每支 5 g（0.1 两）以上。不合以上规格和缺须少芦折断者。不烂，无瘢痕、水锈、泥土、杂质。

【贮藏运输】

1．鲜人参应贮存于地下仓库，相对湿度在 70% 以上，温度 5～10℃。加工红参的鲜人参贮存时间最多不得超过 7 天，加工生晒参的鲜人参不得超过 10 天。

2．成品人参应贮藏在清洁、卫生、干燥、通风、防潮、无异味的库房中。保鲜参要在保鲜库房内贮存，库房内温度 0～5℃，相对湿度 50% 以上，定期检查保鲜参的贮存情况。

运输工具必须清洁、干燥、无异味、无污染。运输时不能与其他有毒、有害的物质混装。运输过程中应有防雨、防潮、防污染等措施。

沙 棘

【药用来源】为胡颓子科植物沙棘 *Hippophae rhamnoides* L. 的干燥成熟果实。

【性味归经】酸、涩，温。归脾、胃、肺、心经。

【功能主治】健脾消食，止咳祛痰，活血散瘀。用于脾虚食少，食积腹痛，咳嗽痰多，胸痹心痛，瘀血经闭，跌扑瘀肿。

【植物形态】落叶灌木或小乔木，高 1～5 m 或更高，具粗壮棘刺。幼枝密被银白色而带褐色鳞片或有时具白色星状柔毛。叶互生，线性或线状披针形，下面密被淡白色鳞片；叶柄极短。先叶后花，雌雄异株；短总状花序腋生于头年枝上；花小，淡黄色，雄花花被 2 裂，雄蕊 4；雌花花被筒囊状。果实近球形，直径 4～6 mm，橙黄色或橘红色。花期 3—4 月，果期 9—10 月。

【植物图谱】见图 60-1～图 60-4。

图 60-1　沙棘原植物（野生）

图 60-2　沙棘茎叶果

图 60-3 沙棘果实

图 60-4 沙棘果实（野生）

【生长环境】主要分布在海拔 1000 m 以上的地区，其中海拔 1600 ~ 2000 m 之间生长最为茂盛，产果较多，以中性或微碱性的砂质壤或轻壤的向阳坡为佳。对生态适应能力很强，对环境要求低，无论海拔高低、坡向南北、土壤肥瘠、环境干湿都能生长。能耐寒、耐旱、耐瘠薄，抗风沙，黄土高原沙棘灌丛总覆盖度高达 80% 以上；华北低山丘陵，沙棘一般混生在阔叶杂木灌丛中；在新疆伊犁河滩上，其覆盖度约占 50%；在内蒙古阿拉善地区海拔 2000 ~ 2400 m 的山地常与胡棒子组成群落并存。

【生物学特征】沙棘种子较小，自然界主要通过鸟粪便进行传播。幼芽细弱，抗寒、抗旱能力较差，因此通过沙棘种子繁殖受到限制。沙棘根分蘖能力强，三年生以上的沙棘，可分蘖 9 ~ 20 株。沙棘雌雄异株。结果主要是两年生以上枝条，实生苗生长缓慢，4 ~ 5 年进入盛果期，分蘖苗 2 ~ 3 进入盛果期，几年后生长停滞，植株开始衰老。

【栽培技术】

（一）繁殖技术

沙棘可采用种子、扦插、分根等多种方法繁殖。由于沙棘为雌雄异株植物，种子繁殖很难控制雌雄比例，而扦插和分根则可以有效控制雌雄比例。

1. 种子繁殖　当果实成熟时采摘，搓去果肉，将种子漂洗干净，阴干，贮存于干燥通风处。种子繁殖可采用春播或秋播，春播在 3—4 月，播种前进行浸种处理；将种子置于 30℃ 左右温水中 24 小时，至种子膨胀，催芽后直播，行距 15 cm，如温、湿度适宜，6 ~ 10 天可出苗。秋播为晚秋播种，种子一般不处理，播种后，浇冻水。翌春出苗。

2. 扦插繁殖　早春选取中等程度成熟的生长枝，截取后低温保存，气温 20 ~ 30℃（4—5 月）进行扦插。用剪刀将插条剪成长 10 cm，并带有 10 个节的短枝。短枝下端 2 ~ 3 cm 可用萘乙酸浸泡，浸泡深度 1.5 ~ 3 cm，时间为 14 ~ 16 小时，之后将扦插短枝取出，以便生根。在苗圃中按行距 20 cm，株距 10 cm 斜插。沙棘生根对温度敏感，注意遮阴。扦插苗生长的适宜条件：基质温度 28℃ 左右，湿度 20% ~ 25%，空气湿度保持 80% ~ 90%。翌年春天可进行移栽。

3. 分根繁殖　将植株周围的萌生苗挖起栽种即可。

（二）移栽

沙棘种子育苗 2 ~ 3 年，扦插育苗 1 ~ 2 年，即可进行移栽、定植，一般在 3—4 月进行。定植时，行距 5 ~ 8 m，株距 2 m 挖穴，穴直径 40 cm、深 0.5 m，雌雄比例 8∶1 为好。

（三）田间管理

1. 防风　沙棘种植地要注意防风，建立防风林有利于授粉，提高沙棘产量。

2．追肥　前期主要施氮肥、钾肥，枝条停止生长以后主要施磷肥、钾肥。每年进行几次中耕除草，还可以进行树盘覆盖，以利保墒和提高土壤肥力。

3．灌溉、排水　沙棘抗旱，但不耐涝，在雨水较多的季节要注意排水，在萌芽期和果实成熟期根据情况进行灌水。

4．整形修剪

（1）幼树整形修剪：主要在春季进行。树形依树势、立体条件进行修剪，一般为灌丛状或主干整形。

（2）成龄树修剪：冬季修剪主要是去除徒长枝、三次枝、下垂枝、干枯枝、内膛过密枝及外围弱果枝。对外围的一年生枝进行缓放或轻短截。夏季修剪主要是去除过密枝以及徒长枝摘心。

（3）老树更新修剪：沙棘树在 7 年生时可考虑更新，适当回缩老结果枝，缓放或重剪果枝下部的长枝；10 年可考虑大更新，丛状整形的只保留一个枝，并从 60 cm 处短截。

（四）病虫害防治

1．病害

（1）干枯病：发生于 5 月底到 6 月初。主要症状为部分枝条的叶片发黄、脱落，枝条逐步枯萎，全株生长不良；或整株叶片发黄，部分枝条死亡，甚至整株死亡。防治方法：控制植株密度在 0.6 左右，保持林间通风透光；主干上的病斑实行刮除，病枝也要及时剪除，并将病株和病枝清除、烧毁；栽培前可适当施一些石灰、磷肥、钾肥和微量元素；可用 75% 百菌清或复配剂 KB 进行杀菌。

（2）猝倒病：一般在幼苗长出 2～4 片真叶时发病，发病时根茎处出现褐色病斑，病部凹陷缢缩，严重时倒苗死亡。防治方法：发病时喷施高锰酸钾 1000 倍液、甲基托布津或多菌灵 500 倍液。

（3）褐腐病：一般多在苗期发病。防治方法：发病时要及时清除病株并用 10% 甲醛溶液喷施。

2．虫害

沙棘受蚜虫、柳蝙蛾、沙棘巢蛾、沙棘蝇、沙棘豆象危害。主要防治方法为：蚜虫用吡虫啉喷杀；柳蝙蛾用 20% 速灭沙丁乳油 2000 倍液喷杀；沙棘巢蛾在芽苞生长初期，用美曲膦酯 500 倍液喷杀；沙棘蝇在虫害发生期，用美曲膦酯 500 倍液喷杀；沙棘豆象在虫害发生期，用美曲膦酯杀螟松 500 倍液喷杀。

【留种技术】当果实成熟变黄时采下，搓去果肉，将种子漂洗干净，将种子阴干，贮于干燥通风处贮藏。

【采收加工】

（一）采收

秋、冬二季果实成熟或冻硬时采收，除去杂质，干燥或蒸后干燥。

（二）产地加工

直接干燥或蒸后干燥，也可采取低温烘干（60℃烘干 3 小时）。

【商品规格】

（一）含量测定

按照《中华人民共和国药典》2015 年版一部测定：本品按干燥品计算，含黄酮以芦丁（$C_{27}H_{30}O_{16}$）计，不得少于 1.5%；按干燥品计算，含异鼠李素（$C_{16}H_{12}O_7$）不得少于 0.10%。

（二）商品规格

统货，无杂质、虫蛀、霉变。

【贮藏运输】应置于通风干燥处储藏，防霉，防蛀。运输工具必须清洁、干燥、无异味、无污染。运输时不能与其他有毒、有害的物质混装。运输过程中应有防雨、防潮、防污染等措施。

沙 苑 子

【药用来源】为豆科植物扁茎黄芪 *Astragalus complanatus* R.Br. 的干燥成熟种子。

【性味归经】甘，温。归肝、肾经。

【功能主治】补肾助阳，固精缩尿，养阴明目。用于肾虚腰痛，遗精早泄，遗尿、尿频，白浊带下，眩晕，目暗昏花。

【植物形态】多年生草本，高 30 ～ 100 cm，通体被柔毛。根长而粗壮。茎略扁，较细弱，基部常倾卧，有分枝。单数羽状复叶互生，托叶小，极针形；小叶 9 ～ 21 片，矩状椭圆形，长 0.6 ～ 1.4 cm，宽 0.3 ～ 0.7 cm，先端浑圆或微凹，有小细尖，小叶柄不明显。夏季开黄色蝶形小花，总状花序腋生，总梗细长，上部疏生 3 ～ 9 朵花，花梗长 0.1 ～ 0.2 cm；花冠长约 1 cm，旗瓣近圆形，先端凹入，基部有爪；二强雄蕊较雌蕊短，柱头有髯赞毛。荚果膨胀，纺锤形，长约 3 cm，先端有尖橡，表面被黑色硬毛，里面具假隔膜。种子 20 ～ 30 粒，圆肾形，长约 0.2 cm，宽约 0.15 cm，厚不足 0.1 cm。表面发棕色至深棕色，光滑。两面微凹陷，在凹入一侧有明显的种脐。

【植物图谱】见图 61-1 ～图 61-5。

【生态环境】喜温暖，耐旱，耐寒，耐盐碱，怕涝，多生长于向阳处，对土壤的要求不严，适宜在质地疏松、排水良好的砂质壤土生长。忌连作，前茬以禾本科、蒲公英等为好。

【生物学特征】由于沙苑子根系发达，根瘤菌有固氮作用，能培肥土壤，可作为改造沙漠、防风固沙的优良作物。种子有豆腥气，千粒重 2.3g 左右。

【栽培技术】

（一）选地、整地

1. 选地　应选择地势平坦、高燥向阳、疏松肥沃、排水良好的砂质壤土种植。

2. 整地　雨水少的地方可以选择做平畦，雨水多的地方可以选择做高畦。

（1）人工整地：4 月中下旬进行，深翻 25 cm 以上，每亩施腐熟有机肥 3000 ～ 4000 kg、过磷酸钙 25 ～ 30 kg，深翻入土混合均匀后施入耕层做基肥，整平耙细作畦。畦宽 140 cm，畦间距 40 cm 宽，畦长视实际需要而定，浇足底墒水。

图 61-1　沙苑子大田

图 61-2　沙苑子单株

图 61-3 沙苑子花

图 61-4 沙苑子果实

图 61-5 沙苑子种子

（2）机械整地：使用翻转犁深耕灭茬 45 cm 以上，翻耕后用旋耕机或圆盘耙对表层土壤进行细碎和平整处理，达到地表平整，土壤细碎疏松、上实下虚，便于机械播种的要求。深耕后使用旋耕起垄施肥机，均匀施入肥料，做到全层施肥，然后立即混土 5 ～ 10 cm，达到畦面平整，耕层松软。

（二）播种

4 月中下旬播种，按行距 30 cm，开深 2 ～ 3 cm，宽 5 ～ 6 cm 的浅沟，每亩播种量 1 ～ 1.5 kg，将种子均匀撒入沟内，覆土 1 ～ 2 cm，稍加镇压，播后保持土壤湿润。

（三）田间管理

1. 定苗　当苗高 6 ～ 9 cm 时定苗，按株距 10 cm 左右定苗，留壮苗 2 ～ 3 株，对缺苗部位进行移栽补苗。要带土移栽，栽后及时浇水，以利成活。

2. 中耕除草　幼苗期要及时除草，孕蕾期应进行 1 ～ 2 次松土除草，每年收获后都应彻底中耕除草一次。

3. 追肥　花蕾期结合松土每亩追施人粪尿或硫酸铵 2 次，每年返青时每亩追施厩肥 1200 ～ 1500 kg，入冬前要追施越冬肥。

4. 灌溉、排水　雨季应及时排水，干旱时应及时浇水，追施越冬肥后，浇冻水，可连续收获 3 ～

4年。

（四）病虫害防治

1. 病害

（1）白粉病：主要危害叶片。发病初期，叶片上出现灰白色粉状病斑。后期病斑上出现黑色小颗粒，无明显病斑。防治方法：一是清理田园，处理病残株；二是发病初期，每隔10天左右喷洒1000倍50%甲基托布津或800倍代森铵，连续3～4次。

2. 虫害

红蜘蛛：危害整个植株或幼嫩器官。防治方法：用50%辛硫磷乳油1000倍液喷雾。

【留种技术】一般利用种子繁殖，于9—10月当荚果有80%呈黄褐色时，在距地面6 cm处将植株割下，晒干后脱粒，去除杂质，置于通风干燥处贮藏，留种。

【采收加工】10月当荚果80%呈黄褐色时，在距地面6 cm处将植株割下，晒干后脱粒，除去杂质，置于通风干燥处贮藏入药或留种。

【商品规格】

（一）含量测定

按照《中华人民共和国药典》2015年版一部测定：本品按干燥品计算，含沙苑子苷（$C_{28}H_{32}O_{16}$）不得少于0.060%。

（二）商品规格

统货，以身干、粒大、饱满、绿褐色、无杂质为佳。

【贮藏运输】应置于通风干燥处储藏，严防受潮、霉变、虫蛀。商品安全水分为10%～13%。运输工具必须清洁、干燥、无异味、无污染。运输时不能与其他有毒、有害的物质混装。运输过程中应有防雨、防潮、防污染等措施。

山 楂

【药用来源】为蔷薇科植物山里红 *Crataegus pinnatifida Bge.var.major* N.E.Br. 或山楂 *C.pinnatifida* Bge. 的干燥成熟果实。

【性味归经】酸、甘，微温。归脾、胃、肝经。

【功能主治】消食健胃，行气散瘀，化浊降脂。用于肉食积滞，胃脘胀满，泻痢腹痛，瘀血经闭，产后瘀阻，心腹刺痛，胸痹心痛，疝气疼痛，高脂血症。焦山楂消食导滞作用增强。用于肉食积滞，泻痢不爽。

【植物形态】落叶乔木，高达7 m。小枝紫褐色，老枝灰褐色，枝有刺。单叶互生或多数簇生长于短枝先端；叶片宽卵形或三角状卵形，叶片小，分裂较深。叶柄无毛。伞房花序，花白色，萼筒扩钟状。梨果近球形，深红色。

【植物图谱】见图62-1～图61-3。

【生态环境】对环境条件的适应性较强，适于栽培的年平均温度为6～14℃，积温为2300～4000℃，无霜期140～200天，年降水量370～1000 mm。对土壤的要求不严，在山地、平原、丘陵、沙荒地、酸性或碱性土壤上均可栽培。

图 62-1　山楂原植物

图 62-2　山楂花和青果

图 62-3　山楂果实

【生物学特征】为多年生植物，根系生长力强，水平根发达。栽植第一年为缓苗期，第二年进入速长期，3～4年开始结果。山楂树具有较强的抗寒、抗风能力。山楂大小年结果现象不明显，花芽是混合芽，分化和连续结果能力强。全年生长期 180～200 天，开花至成熟需 150～160 天。2～4年开始结果，10年后进入盛果期，可持续 50～60 年，花期短，结果早，寿命长。

【栽培技术】

（一）选地、整地

1．选地　应选择地势平坦、土层深厚、灌水方便、排水良好、向阳、肥沃而疏松的壤土或砂壤土为好。不宜在涝洼地、排水不良的黏重土壤和土层薄的沙土地育苗，更不适宜在土壤上育苗。育苗地切忌连作，以免引起某些矿物质营养的匮乏和根腐病、立枯病等病害加重。

2．整地　秋季清除田间杂草、石块。深翻细耙，秋翻深度 30 cm 以上，有利于土壤改良、蓄水保墒和根系生长。春旱地区，秋季翻地效果更好，随翻随耙，可减少水分蒸发，保持冬春季的雨雪。如果来不及秋翻，要在春季化冻后立即春翻。然后每隔 2 m 左右做一根长 6～10 cm 的育苗床，两边开好排水沟。床埂做好后，把腐熟的圈肥或堆肥施在床面上，与土混匀，每亩施肥 3200～4000 kg。

（二）种子处理

种子壳厚而坚硬，种子不易吸水膨胀或开裂。另外，种仁休眠期长，出苗困难。因此，在播种一定要预先进行处理，才能保证其发芽率。大量贮藏时多用窖藏法，在天气转冷后入窖。少量贮藏时多用水缸等容器，将山楂与细沙混放，然后封口，并保持一定湿度。容器置阴凉处，保持较低的温度。贮藏期间进行定期检查，剔除变褐腐烂的果实。在10月中旬至11月中旬将沙藏的种子从坑中取出，筛出沙子，留待播种。

（三）繁殖方法

繁殖方法有种子繁殖、分株繁殖、嫁接繁殖，常用嫁接繁殖。

1．种子繁殖

（1）播种时间：可秋播和春播。

1）春播：经过一冬沙藏的种子，可在春季萌芽时，将已萌发的种子选出，集中点播。

2）秋播：也可在已贮一冬一夏后进行秋播。

春播宜早播，秋播一般在土壤冻结前进行。

（2）播种方法：播种前2～3天在整好地的畦地上浇一次透水，水渗下后便于操作播种。常见的播种方法有条播、点播和撒播三种。

1）条播：采用带状条播（即大小垄），带内距50 cm，边行距畦埂10 cm。播种沟深3～4 cm，宽4～5 cm。开沟后搂平沟底，耙碎翻出的土块，将种子均匀地播入沟内，然后覆细土1.5～2 cm。覆土后，可采用地膜覆盖。为节约地膜，可用宽于带内距的地膜顺垄覆盖其上，两侧用土压实。地膜覆盖既保温又保湿，可提早出苗。采用条播法每亩用种15～20 kg。

2）点播：在开好的播种沟里，按株距10 cm进行点播。每穴点播2～3粒，播后覆土1.5 cm左右。为了保墒和防止土壤板结，覆土后盖1 cm厚的细沙，或覆盖地膜。采用点播法每亩用种量8～10 kg。点播可节省种子，且出苗整齐，在种子少的情况下，可采用此法。

3）撒播：在浇足水的畦面上均匀撒上混沙种子，而后覆一层细沙土，然后覆土2～3 cm，稍压实。每亩用种量35～40 kg。

2．分株繁殖　春季将粗0.5～1 cm的根切成根段，每段长12 cm左右，扎成捆，用0.3～0.5 ppm（3/1000万～5/1000万）的赤霉素浸泡一段时间，捞出置于湿沙中贮存6～7天后，斜插于苗圃中，稍压实。然后浇水。

3．嫁接繁殖　在春、夏季栽植均可。选取健壮的幼苗，按株行距3 m×4 m栽植，也可按2 m×4 m或3 m×2 m栽植，栽植时先将栽植坑内挖出的部分表土与肥料拌匀，将另一部分表土填入坑内，边填边踩实。填至近一半时，再把拌有肥料的表土填入。然后将幼苗放在中央，使其根系舒展，继续填入残留的表上，同时将苗木轻轻上提，使根系与土壤密切接触并压实。苗木栽植深度以根茎部分比地面稍高为度。避免由于栽后灌水，苗木下沉造成栽植过深现象。栽好后，在苗木周围培土埂，浇水，水渗后封土保墒。在春季多风地区，可培土30 cm高，以免苗木被风吹摇晃，使根系透风。

（四）田间管理

1．土壤管理　土壤深翻熟化是增产技术中的基本措施，在夏、秋两个季节进行深翻熟化，同时结合扩穴压入绿肥植物，可以改良土壤，增加土壤的通透性，促进树体生长。此外也可在春季萌芽前施肥浇水后，将麦草或秸秆粉碎至10 cm以下，平铺树冠下，厚度为15～20 cm，连续3～4年后深翻入土，提高土壤肥力和蓄水能力。

2．中耕除草　生长季进行中耕除草3～4次，清除根蘖，减少养分和水分的消耗。

3．灌水与排水　一年浇四次水，灌冻水一般结合秋季施基肥进行，浇透水以利树体安全越冬。早春土壤解冻后萌芽前结合追肥灌一次透水，以促进肥料的吸收利用。花后结合追肥浇水，以提高坐果率。果实膨大前期如果干旱少雨要及时灌水，有利于果实增大。

4．追肥　采果后立即施基肥，基肥以有机肥为主，每亩开沟施有机肥 3000 ～ 4000 kg，加施尿素 20 kg、过磷酸钙 50 kg、土杂肥 500 kg。追肥一般采用条沟施肥，在树与树的行间开一条宽 50 cm、深 30 cm 的沟，将肥料施入沟中，然后覆土。也可在展叶期、花前与花后期、盛果期用 0.3% 尿素与 0.2% 磷酸二氢钾溶液进行根外追肥，以补充树体生长所需的营养，促进开花结果。另外在花期喷洒 50 ppm（50/100 万）赤霉素溶液，可防止落花落果，提高坐果率，促进增产。

5．整形剪枝　根据树体生长发育特性、栽培方式以及环境条件的不同，通过人为的整形修剪使树体形成匀称、紧凑、牢固的骨架和合理的结构。

（1）冬季修剪：由于植物外围易分枝，常使外围郁闭，内膛小枝生长弱，枯死枝逐年增多，各级大枝的中下部逐渐裸秃。防止内膛光秃的措施应采用疏、缩、截相结合的原则，进行改造和更新复壮，疏去轮生骨干枝和外围密生大枝及竞争枝、徒长枝、病虫枝，缩减衰弱的主侧枝，选留适当部位的芽进行小更新，培养健壮枝组。幼树整形修剪多采用疏散分层形法，通过整形修剪，使其形成骨架牢固，树型张开，树冠紧凑，膛内充实，大、中、小枝疏散错落生长，上下里外均能开花结果的疏散分层形丰产树。结果期及时进行枝条更行，以恢复树势，促进产量的提高。

（2）夏季修剪：夏季修剪主要是拉枝、摘心、抹芽、除芽等。由于山楂树萌芽能力强，加之落头、疏枝、重回缩可能刺激隐芽萌发，形成徒长枝，因此要及时抹芽、除芽。夏季对生长旺盛而有空间的枝在 7 月下旬新梢停止生长后，将枝拉平，缓势促进成花，增加产量。如果还有生长空间，每隔 15 cm 留一个枝，尽量留侧生枝，当徒长枝长到 15 cm 以上时，留 10 ～ 15 cm 后摘心，促生分枝，培养成新的结果枝组。此外，在辅养枝上进行环剥，环剥宽度为被剥枝条粗度的 1/10。

（五）病虫害防治

1．病害

（1）白粉病：对幼树危害较重，主要在花蕾期和花后发生。防治方法：发病时用甲基托布津 800 ～ 1000 倍液喷杀；25% 粉锈宁 600 ～ 700 倍液喷杀；再发芽前喷一次 5 波美度石硫合剂。

（2）轮纹病：谢花后 1 周喷 80% 多菌灵 800 倍液，以后在 5 月中旬、7 月下旬、8 月中上旬各喷 1 次杀菌剂。

（3）白绢病：病菌寄生于山楂树体的根茎部分，受害部分产生褐色斑点并逐渐扩大，其上着生一层白色菌丝，很快缠绕根茎，当环周皮腐烂后，全株枯死。防治方法：注意水肥管理，增强树势；防止日灼与冻害。

2．虫害

（1）桃小食心虫：主要危害果实，一般在山楂树上一年发生两代。防治方法：清洁田园，及时清除烂叶枯枝；在越冬幼虫出土前，用 75% 辛硫磷乳剂按每亩 0.25 ～ 0.5 kg 拌成毒土撒入树下土中诱杀；在 6 月中旬树盘喷 100 ～ 150 倍对硫磷乳油，杀死越冬的食心虫幼虫；7 月初和 8 月上中旬，树上喷 1500 倍对硫磷乳油，消灭食心虫的卵及初入果的幼虫。

（2）山楂粉蝶：主要危害嫩叶。一年发生一代，以二至三龄幼虫在卷叶中的虫巢中越冬。防治方法：将越冬、越夏群居的幼虫巢剪下，集中烧毁；幼虫危害时，向虫喷洒 505 杀螟松乳剂 1000 倍液或 50% 辛硫磷乳剂 1000 倍液进行杀灭。

（3）蚧壳虫：主要发生在 6—7 月。防治方法：落叶后清扫果园落叶、落果，清除病虫枝，集中销毁，减少越冬虫源；发病时喷洒 10% 氯氰菊酯 1600 ～ 2000 倍液。

（4）红蜘蛛、桃蛀螟：主要发生在 5—6 月。防治方法：彻底清理园区，集中销毁，减少越冬虫源；

喷洒蛾螨灵或 1.0% 阿维菌素 3000 ~ 4000 倍液防治。

【留种技术】一般选择在 9 月中下旬，选择健壮、无病害的野山楂植株作为留种母株，当野山楂果实刚开始着色，种子已基本成熟，但胶质尚未硬化时采收，发芽率较高，采回果实后，经过碾碎、堆积、发酵等过程，使果肉软化后，用木棍捣成泥状，用清水洗淘，去除种子，晾干贮藏。

【采收加工】

（一）采收

一般于 9—10 月间果实皮色发红显露、果点明显时采收。采收时通常采用摇晃、棍棒敲打震落的方法采收，注意不要损伤枝叶，为了提高品质，一般采用人工采摘。

（二）产地加工

果实采收以后，置于通风处干燥几天，草帘覆盖，使其充分散热，然后包装储运。或果实采摘后趁鲜切成两半，晒干或低温烘干。

【商品规格】

（一）含量测定

按照《中华人民共和国药典》2015 年版一部测定：按干燥品计算，含有机酸以枸橼酸（$C_6H_8O_7$）计，不得少于 5.0%。

（二）商品规格

果实类球形，直径 1 ~ 1.5 cm。表面深红色，有小斑点，顶端有宿存花萼，基部有细长果柄。质坚硬。气微清香，味酸微涩。以个匀、色棕红色、肉厚者为佳。

【贮藏运输】应置于通风干燥处储藏，严防受潮、霉变、虫蛀。运输工具必须清洁、干燥、无异味、无污染。运输时不能与其他有毒、有害的物质混装。运输过程中应有防雨、防潮、防污染等措施。

山茱萸

【药用来源】为山茱萸科植物山茱萸 *Cornus officinalis* Sieb. et Zucc. 的干燥成熟果实。

【性味归经】酸、涩，微温。归肝、肾经。

【功能主治】补益肝肾，收涩固脱。用于眩晕耳鸣，腰膝酸痛，阳痿遗精，遗尿尿频，崩漏带下，大汗虚脱，内热消渴。

【植物形态】落叶灌木或乔木，高 4 ~ 10m，树皮灰褐色，小枝细圆柱形，无毛或被贴生短柔毛。单叶对生，纸质，卵状披针形或卵状椭圆形，长 5.5 ~ 10 cm，宽 2.5 ~ 4.5 cm，先端渐尖，基部宽楔形或近圆形，全缘，上面绿色，下面浅绿色，脉腋有黄褐色短柔毛，叶柄长 6 ~ 12 mm，幼时有黄褐色毛。伞形花序，花先叶开放，簇生于小枝顶端，总苞片 4 枚，卵形，厚纸质至革质，带紫色，两侧略被短柔毛；花两性，黄色；花萼裂片 4，宽三角形；花瓣 4，舌状或披针形，黄色，向外反卷；雄蕊 4，与花瓣互生；子房下位，花托倒卵形，密被贴生疏柔毛；花盘环状，肉质。核果长椭圆形，成熟时红色至紫红色，有光泽，外果皮革质，中果皮肉质，内果皮坚硬木质。花期 3—4 月，果期 9—10 月。

【植物图谱】见图 63-1 ~ 图 63-5。

【生态环境】适宜温暖湿润的气候，具有耐阴、喜光、怕湿的特性。山茱萸是暖温带和北亚热带深山区药用树种，多生于海拔 600 ~ 1000 m，阴凉、湿润、背风的深山区，常见于山沟、溪边、路旁等腐殖质土层厚的地方。栽植容易，生命力极强，不择土壤，耐严寒，在最低温度 –38℃下可安全越冬。

【生物学特征】山茱萸若种子育苗到结果需培育 7 ～ 10 年，若采用嫁接苗繁殖，2 ～ 3 年就能开花结果。山茱萸根据树龄可分为幼龄期（实生苗长出至第 1 次结果，一般为 7 ～ 10 年）、结果初期（第 1 次结果至大量结果，一般延续 10 年左右）、盛果期（大量结果至衰老以前，一般持续百年左右）、衰老期（植株衰老到死亡）。

图 63-1　山茱萸原植

图 63-2　山茱萸茎干和花

218

图 63-3　山茱萸果实（青果）

图 63-4　山茱萸果实（干品）

图 63-5　山茱萸药材（成熟果肉）

【栽培技术】

（一）繁殖材料

山茱萸多数采用种子繁殖，也可采用压条、扦插繁殖。

（二）选地、整地

1. 育苗地　山茱萸栽培大多在山区，因此在选择育苗地时宜选择背风向阳、光照良好的缓坡地或

219

平地。土层深厚，疏松、肥沃、湿润、排水良好、中性或微酸性的砂质壤土，以及有水源、灌溉方便的地块为好。为减少病虫害的发生，提高出苗率和苗木质量，育苗地不宜重茬。地选好后，在入冬前进行一次深耕，深 30 ～ 40 cm，耕后整细耙平。结合整地每亩可施充分腐熟的厩肥 2500 ～ 3000 kg 作基肥。播种前，再进行一次整地作畦。北方地区多作平畦，南方多作高畦，但是不管是高畦或是低畦都应有排水沟。畦的长度根据育苗地具体情况而定，一般畦面宽 1.5 m。

2. 栽植地　山茱萸对土壤要求不严，以中性和偏酸性、具团粒结构、透气性佳、排水良好、富含腐殖质、无污染土壤为最佳。选择海拔 200 ～ 1200 m，坡度不超过 20°～ 30°，背风向阳的山坡、村旁、水沟旁、房前屋后等空隙地。高山、阴坡、光照不足、土壤黏重、排水不良等处不宜栽培。由于山茱萸种植多为山区，在坡度小的地块按常规进行全面耕翻；在坡度为 25°以上的地段按坡面一定宽度沿等高线开垦即带垦。在坡度大、地形破碎的山地或石山区采用垦穴，其主要形式是鱼鳞坑整地。全面垦覆后挖穴定植，穴径 50 cm 左右，深 30 ～ 50 cm。挖松底土，每穴施土杂肥 5 ～ 7 kg，与底土混匀。土壤肥沃，水质好，阳光充足条件下种植的山茱萸，结果早，寿命长，单产高。

（三）繁殖

1. 种子繁殖　山茱萸种子坚硬，且外被胶质层，水分不易侵入，发芽极其困难，播种前必须进行种子处理，以软化种皮，解除胶质层。层积沙藏催芽法：秋季将去果肉的新鲜种子，用 2 ～ 3 倍的湿沙，沙藏于室外向阳处，上面盖草，经常保持湿润，至翌年 3—4 月，有 30% ～ 40% 的种子萌芽时，即可播种。

2. 压条繁殖　在秋后或春季芽萌动前，选择 10 ～ 15 年生健壮、无病虫害、早实、丰产、优质的树作为母树。将根际周围萌蘖的 1 ～ 2 年生枝条或树干上靠近地面的枝条弯曲固定，将入地枝条的阴面部割伤，将枝条埋入土中，固定压紧，枝条前端露出地面，埋入提前翻松并施有腐熟厩肥的土壤中，加强肥水管理，这样处理有利于所压部位生根。翌年春季或秋季，将生根的压条与母株分离、移栽。

3. 扦插繁殖　5 月中、下旬选带顶芽的一年生嫩枝，于 15 ～ 20 cm 处剪下，上部留 3 ～ 4 片叶，下部切成斜 1∶3，并用 ABT 生根粉 50 ppm（50/100 万）溶液浸泡半小时，随后插入 20 ～ 25℃的苗床内，10 天后即可开始生根。这期间应保持较高的湿度，或上部适当搭棚遮阴。加强肥水管理，入冬前或翌年早春起苗定植。

（四）田间管理

1. 苗期管理　抓住保湿、除草、施肥 3 个环节。在出苗前经常保持土壤湿润，防止干旱板结，苗出土后，利用阴天或傍晚除去盖草，久旱无雨需及时灌水提墒；幼苗期间经常拔草、松土锄草；如小苗太密，在苗高 10 ～ 20 cm 时，按株距 8 ～ 10 cm 间苗、定苗；苗高 15 cm 左右可结合除草追第 1 次肥，6 月以后每隔 20 天追 1 次肥，共需追肥 2 ～ 3 次，以加速幼苗生长；7—8 月对幼苗根颈部萌发的直立萌蘖条及时剪除。当年育苗，水肥供给及时，加强田间管理，幼苗株高可达 70 ～ 100 cm。

2. 定植后管理　定植后每年都应进行中耕除草 4 ～ 5 次，时间为 4—8 月，坚持"除净、除小、除了"的原则。采果后落叶前尽早施基肥，每株盛果树施用圈粪 100 ～ 200 kg，饼肥和磷肥各 0.5 ～ 1.0 kg，环沟或条沟深施。追肥宜以速效肥为主，本着"早施坐果肥、重施保果肥、适施壮果肥"的原则，分次施入。施肥量因树龄而定，小树少施，大树多施，10 年以上的大树每株每次可施入尿素或复合肥 0.5 ～ 1.0 kg，加稀粪尿水 50 ～ 100 kg 同步开沟施入。施肥后如遇干旱应及时灌水，以防落花落果。幼树高 1 m 左右时，2 月间打去顶梢，以促进侧枝生长。幼树期，每年早春将数基从生枝条剪去。修剪以轻剪为主，剪除过密、过细及徒长的枝条。主干内侧的枝条，可在 6 月间采用环剥、摘心、扭枝等方法，削弱其生长势，促使养分集中，以达到早结果的目的。幼树每年培土 1 ～ 2 次，成年树可 2 ～ 3 年培土 1 次。若根部露出地表，应及时壅根。在灌溉方便的地方，一年应浇 3 次大水，第一次在春季发芽开花前，第二次在夏季果实灌浆期，第三次在入冬前。

（五）病虫害防治

1. 病害

（1）灰色膏药病：多发生在 20 年以上的老树树干和枝条上，病斑贴在树干上形成不规则厚膜，像膏药一样，故称膏药病。此病通常以介壳虫为传播媒介。当土壤贫瘠，排水不良，土壤湿度大，通风透光差，植株长势较弱时发病严重。防治方法：培育实生苗，砍去有病老树；对轻度感染的树干，用刀刮去菌丝膜，涂上石灰乳或波美 5 度的石硫合剂；5—6 月发病初期，用 1：1：100 波尔多液喷施。

（2）炭疽病：又名黑斑病、黑疤痢。6—7 月始发，主要危害果实和叶片。果实病斑初为棕红色小点，逐渐扩大成圆形或椭圆形黑色凹陷病斑，病斑边缘红褐色，外围有红色晕圈。叶片病斑初为红褐色小点，以后扩展成褐色圆形病斑，果炭疽病发病盛期为 6—8 月，叶炭疽病发病盛期为 5—6 月。多雨年份发病重，少雨年份发病轻。防治方法：病期少施氮肥，多施磷肥、钾肥，促株健壮，提高抗病力，减轻危害；选育优良品种；清除落叶、病浆果；发病初期用 1：2：200 波尔多液或 50% 多菌灵可湿性粉剂 800 倍液喷施。防治叶炭疽病第 1 次施药应在 4 月下旬，防治果炭疽病，第 1 次施药应在 5 月中旬，10 天左右喷 1 次，共施 3～4 次。

（3）白粉病：7—8 月多发，危害叶片，受害叶表面有白粉层，系白粉菌的菌丝体和分生孢子。发病初期，可用 50% 托布津 1000 倍液或生物制剂武夷菌素 300 倍液喷雾防治。

2. 虫害

（1）蛀果蛾：9—10 月发生，幼虫危害果实。防治方法：于 8—9 月羽化盛期用 0.5% 溴氰菊酯乳剂 5000～8000 倍液或 26% 杀灭菊酯 2000～4000 倍液喷雾。

（2）大蓑蛾：又名大袋蛾、皮虫、避债蛾、袋袋虫、布袋虫。幼虫以取食叶片为主，也可咬食嫩枝和幼果。据调查，在山茱萸产区，该虫多发生在 10～20 年生山茱萸树上，尤以长江以南地区发生为害重，1 年发生 1 代，老熟幼虫悬吊在寄主枝条上的囊中越冬。防治方法：人工捕杀，即于冬季落叶后，摘取悬挂在树枝上的虫囊杀之；放养蓑蛾瘤姬蜂等天敌。

（3）木尺蠖：又名量尺虫、造桥虫、吊丝鬼等，幼虫咬食叶片，仅留叶脉，造成枝干光秃，树势衰弱。1 年发生 1 代，以蛹在土内或土表层石块缝内越冬，6—8 月为羽化期，7 月中下旬为盛期，成虫喜在晚间活动，幼虫危害期长（7 月上旬至 10 月上旬）。防治方法：于 7 月幼虫盛发期及时喷施 2.5% 鱼藤精 500～600 倍液或 90% 美曲膦酯 1000 倍液或 2.5% 溴氰菊酯乳剂 500 倍液；开春后，在树干周围 1 m 范围内挖土灭蛹或在地面撒施甲基异柳磷，防蛹羽化；在幼虫发生初期用苏云金杆菌（Bt）2250～3000 g/hm^2 稀释 300～500 倍喷雾。

【留种技术】于 9 月下旬果实陆续成熟时，在高产、果大、肉厚、生长健壮的母树上及时采摘果皮为鲜红色、大而齐整、颗粒饱满、无病虫害的果实，晾至半干，挤出核，阴干备用。

【采收加工】

（一）采收

山茱萸果熟期 9—11 月，全株果实绝大部分由绿变红，呈现本色，开始自然脱落时，可进行采收。山茱萸定植 4 年后即可开花结果，10～20 年以下者产量低，20～50 年进入结果盛期，能结果 100 年以上。采收时，坚持熟一株摘一株。

（二）产地加工

山茱萸的加工可分为净化、软化、去核、干燥四个程序。

1. 净化　对采摘的成熟鲜果，去除枝叶果柄，剔除病虫果。

2．软化

（1）水煮：用普通铁锅，加入 2/3 左右的清水，加热水温到 85 ～ 90℃时，缓慢投入适量鲜果，锅内保持 3.3 cm 左右的水深，中等火力加热并保持水温，不断用锅铲或木器缓缓上下翻动，使鲜果均匀受热，至果实膨胀柔软，用手指挤压，果核能自动滑出时，快速捞出，立即倒入适量冷水中冷却，5 ～ 10 分钟后捞出沥干水。

（2）笼蒸：将净鲜果，放入蒸笼内加盖，蒸笼放到盛热水的铁锅上加热至蒸笼冒气 5 ～ 7 分钟，果实膨胀发热，用手挤压果核能自动滑出时，取出冷却。

3．去核　将软化的果实冷却至手感不烫时快速用手挤出果核。

4．干燥

（1）晒干法：将鲜果肉皮均匀地平摊在竹席、竹筛上，1 ～ 2 cm 厚，在日光下晾晒，及时翻动，晒至手翻动时有沙沙声响时收起，稍放散热，放置容器中密封。

（2）烘干法：遇连阴雨天气时将果肉皮，置于直径 80 cm，高 5 cm，孔径 0.5 cm 的竹筛上摊放 3 cm 厚，放置距木炭或煤炭火 40 ～ 50 cm 的架子上烘干。隔 5 ～ 10 分钟翻动一次，烘至翻动时果肉皮有沙沙响声时，取出晾凉，置于密闭容器中。也可在火炕上铺上干净竹席，放置 3 ～ 4 cm 厚鲜果肉，加热烘干。

【商品规格】

（一）含量测定

按照《中华人民共和国药典》2015 年版一部测定：本品按干燥品计算，含马钱苷（$C_{17}H_{26}O_{10}$）不得少于 0.50%。

（二）商品规格

山茱萸商品不分等级，均为统货，干货。味酸涩，果核不超过 3%，无杂质、虫蛀、霉变。

【贮藏运输】应置于通风干燥处储藏，严防受潮、霉变、虫蛀。运输工具必须清洁、干燥、无异味、无污染。运输时不能与其他有毒、有害的物质混装。运输过程中应有防雨、防潮、防污染等措施。

射　干

【药用来源】为鸢尾科植物射干 *Belamcandachinensis*（L.）DC. 干燥根茎。

【性味归经】苦，寒。归肺经。

【功能主治】清热解毒，消痰，利咽。用于热度痰火郁结，咽喉肿痛，痰涎壅盛，咳嗽气喘。

【植物形态】多年生草本，高 50 ～ 120 cm，根茎横走，呈结节状，有分枝，长 3 ～ 10 cm，直径 1 ～ 2 cm。叶剑形，扁平，嵌迭状排成二列，叶长 25 ～ 60 cm，宽 2 ～ 4 cm。伞房花序，顶生，总花梗和小花梗基部具膜质苞片，花橘红色，散生暗色斑点，花被片 6，雄蕊 3 枚，子房下位，柱头 3 浅裂。蒴果倒卵圆形，种子黑色。

【植物图谱】见图 64-1 ～ 图 64-4。

【生态环境】生长于林缘或山坡草地，大部分生于海拔较低的地方，但在西南山区海拔 2000 ～ 2200 m 也可生长。适应性强，喜阳光充足、温暖、湿润气候，耐寒，耐旱，在 -17℃的低温可自然越冬，怕涝。生长期间如遇过于干旱的气候，叶片易灼烧枯黄。对土壤要求不严，在排水良好、肥沃、疏松的中性或微碱性砂质壤土里生长良好，黏性土地不宜栽培。忌低洼积水，土壤湿度大容易引起根茎腐烂。

【生物学特征】射干种子成熟后约有 50 天的休眠期。在 5 ~ 30℃ 范围内均能萌发，15 ~ 25℃ 是其最适宜的萌发温度。在恒温条件下萌发率不高，变温可以提高种子萌发率。射干当年秋播的种子有极少数发芽，大部分种子第二年春季开始发芽，其种子属于留土萌发的类型，胚根露出后的 2 ~ 3 天形成幼苗，幼苗生长 30 天左右开始在根茎上萌发新芽。当年生射干主茎可以抽成地上茎，但无花芽分化，至 12 月逐渐枯萎。二年生射干在 5 月中旬开始抽茎，叶面积开始逐渐增大，6 月中旬可达 5 ~ 60 cm²，并向生殖生长过渡，开始花序原基分化，6 月中旬，花序轴迅速生长，6 月下旬开始开花，7 月中旬至 9 月中旬果实开始成熟，果熟期可持续 1 个月左右。

【栽培技术】

（一）选地、整地

1．选地　选择土层深厚疏松、排水良好、阳光充足、无化学除草剂残留的砂质壤土种植。

2．整地

（1）人工整地：4 月上中旬进行，深翻 30 cm 以上，每亩施腐熟有机肥 3000 ~ 4000 kg、磷酸二铵复合肥 7.5 ~ 10 kg、硫酸钾 5 ~ 7 kg，深翻入土混合均匀后施入耕层做基肥，整平耙细作畦。畦宽

图 64-1　射干种植基地（河北省滦平县）

图 64-2　射干花

图 64-3　射干果实

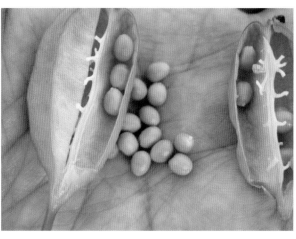

图 64-4　射干果实解剖图

140 cm，畦间距 40 cm 宽，畦长视实际需要而定，浇足底墒水。

（2）机械整地：使用翻转犁深耕灭茬 45 cm 以上，翻耕后用旋耕机或圆盘耙对表层土壤进行细碎和平整处理，达到地表平整，土壤细碎疏松、上实下虚，便于机械播种的要求。深耕后使用旋耕起垄施肥机，均匀施入肥料，做到全层施肥，然后立即混土 5 ~ 10 cm，达到畦面平整，耕层松软。

（二）种植方法

1．直播

（1）人工播种：4 月中下旬进行，在整好的畦面上，条播按行距 30 cm、株距 20 cm，沟深 3 ~ 5 cm，幅宽 7 ~ 10 cm，每亩播种量 2 ~ 2.5 kg，将种子均匀撒入沟内，覆土 2 ~ 3 cm，稍加镇压。播种后要保持土壤湿润。

（2）机械播种：播种机播种一般为 6 垄，播种深度 1 ~ 2 cm，株距 2 ~ 3 cm，覆土 2 cm，每亩播种量 4 kg，播后适当镇压并保持土壤湿润。

2．育苗移栽　4 月上旬进行，选择背风向阳、土质肥沃、土壤疏松的地块做苗床，床宽 100 cm 左右，高 20 cm 左右，长度视需要而定。整地后在育苗床上开沟，按行距 20 cm、沟深 3 ~ 5 cm，幅宽 7 ~ 10 cm，覆土 2 ~ 3 cm，每亩播种量 10 kg 左右，压实后，覆盖薄膜或草苫保温，温度保持在 18 ~ 22℃。出苗后及时通风炼苗，逐渐去除薄膜或草苫，拔除杂草、浇水。苗高 3 ~ 5 cm 时，拔除过密苗、弱苗。当苗高 10 ~ 15 cm 时移栽定植，按行距 20 ~ 30 cm，株距 20 ~ 30 cm，穴深 8 ~ 10 cm，每穴 1 ~ 2 株苗，芽苗向上，剪去过长须根。栽后压实，浇定根水。

3．根茎繁殖　在秋季枯叶前后、春季出苗前，挖取射干地下根状茎，选择色泽鲜黄、健壮无病虫害的根茎，切成每段有 2 ~ 3 个芽眼和部分须根的小段，用草木灰消毒，放置阴凉处愈合伤口，待切口愈合后即可栽种。栽植行距 30 cm、株距 20 cm，挖穴栽植，穴深 10 ~ 15 cm，每穴放入 2 段根茎，芽眼向上，盖土压紧，浇一次透水。一般 15 天左右生根，长出新芽。

（三）田间管理

1．中耕除草　苗高 3 ~ 5 cm 时，进行第一次中耕除草；至封垄前，中耕除草 3 ~ 4 次，保持田间土壤疏松无杂草。第 2 年中耕除草 3 ~ 4 次，封垄后不再中耕除草。每年 10 月初植株枯黄后，结合中耕除草，进行根际培土，以利越冬，防止倒伏。

2．间苗、定苗、补苗　苗高 3 ~ 5 cm 时，拔除过密苗、弱苗；苗高 10 cm 时定苗；对缺苗断垄处带土补植。

3．追肥　除施足基肥，从第二年开始每年 3 月、6 月、9 月各追肥一次。3 月每亩追施有机肥 1000 ~ 2000 kg，6 月、9 月要增施氮肥、磷肥、钾肥。每亩施磷酸二铵 20 ~ 30 kg、硫酸钾复合肥 5 ~ 10 kg，追肥后及时浇水。

4．灌水与排水　幼苗期和移栽后要保持田间土壤湿润，苗高 10 cm 后，可不必灌水。但如遇持续干旱时，要适当灌水。雨季应注意及时排水防涝，田间积水易造成烂根。越冬前浇一次封冻水。

5．摘除花蕾　非留种田，于抽薹时，选晴天上午，将花蕾分期分批摘除，有控上促下的作用，增产效果显著。

6．越冬　秋季植株枯萎后，及时进行清园、培土。

（四）病虫害防治

1．病害

（1）锈病：秋季危害植株叶片，呈褐色隆起的锈斑，破裂后散发出锈色粉末，成株发生早，幼苗发生较晚。防治方法：发病初期及时喷药防治，可用 30% 戊唑·咪鲜胺可湿性粉剂 500 倍液或 20% 烯肟·戊唑醇悬浮剂 1500 倍液喷雾，每 5 ~ 7 天喷洒一次，连用 2 ~ 3 次。

（2）根腐病：多发生于夏秋多雨季节或积水之地，多因土壤积水、带菌种苗或未充分腐熟的农家肥诱发此病。防治方法：一是选用无病的幼苗移栽定植；及进拔除病株，病穴及周围用生石灰进行土壤消毒。二是发病初期用15%噁霉灵水剂750倍液或3%甲霜·噁霉灵水剂1000倍液喷淋根茎部，每7～10天喷药1次，连用2～3次；或用50%托布津1000倍液浇灌病株。

2．虫害

（1）地老虎：地老虎幼虫危害射干地上茎，常从地表处将茎咬断使植株死亡，造成缺苗断条。防治方法：一是加强中耕除草；发现害虫立即捕捉。二是用90%晶体美曲膦酯800～1000倍液或40%辛硫磷乳油800～1000倍液浇灌。

（2）蛴螬：蛴螬主要咬食根状茎和嫩茎，危害严重。白天可在被害植株根茎、根际或附近土下3～6 cm处找到。防治方法：一是灯光诱杀成虫，在田间用黑光灯或杀虫灯进行诱杀，灯下放置盛虫容器，内装少量水加滴少许煤油即可。二是用90%晶体美曲膦酯800～1000倍液或40%辛硫磷乳油800～1000倍液浇灌。

【留种技术】 选择二年生以上的地块，于9—10月当80%以上的种子成熟时，把果序剪下，晒干拍打出种子，净选后晾干，放入编织袋内，放置阴凉干燥处贮藏备用。

【采收加工】

（一）采收

种子播种的3～4年采收，根茎繁殖的2～3年收获。秋季地上植株枯萎后，或早春萌发前，选晴天采挖，去掉须根，抖净泥土，晒干或烘干。

（二）产地加工

采收剪掉茎叶，直接晒干或烘干即成商品。

【商品规格】

（一）含量测定

按照《中华人民共和国药典》2015年版一部测定：本品按干燥品计算，含次野鸢尾黄素（$C_{20}H_{18}O_8$）不得少于0.10%。

（二）商品规格

规格：以无须根、泥沙、杂质、霉变、虫蛀为合格。以根茎粗壮、质坚实、断面色黄者为佳。

统货：根茎呈不规则的结节状，表面黄褐色、棕褐色或黑褐色，皱缩，有较密的环纹，上面有圆盘状凹陷的茎痕，下面有残留的细根及根痕。质坚硬，断面黄色，颗粒状。气微，味苦。以身干、肥壮、断面色黄、无须根者为佳。无杂质、虫蛀、霉变。

【贮藏运输】 储藏于清洁、阴凉、干燥、通风、无异味的专用仓库中，并定期检查，防止虫蛀、霉变、腐烂、泛油等现象的发生。运输工具必须清洁、干燥、无异味、无污染。运输时不能与其他有毒、有害的物质混装。运输过程中应有防雨、防潮、防污染等措施。

升 麻

【药用来源】 为毛茛科植物大三叶升麻 *Cimicifuga heracleifolia* Kom.、兴安升麻 *Cimicifuga dahurica*（Turca.）Maxim. 或升麻 *Cimicifuga foetida* L. 的干燥根茎。

【性味归经】辛、微甘，微寒。归肺、脾、胃、大肠经。

【功能主治】发表透疹，清热解毒，升举阳气。用于风热头痛，齿痛，口疮，咽喉肿痛，麻疹不透，阳毒发斑，脱肛，子宫脱垂。

【植物形态】株高 1～2 m。根茎大形，表面黑色，有多数内陷的圆洞状老茎残基。茎圆柱形，中空。下部茎生叶三角形，2～3 回三羽状全裂；顶生小叶具长柄，菱形，常浅裂，边缘有锯齿，侧生小叶具短柄或无柄，斜卵形，较顶生小叶略小；上面无毛，下面沿脉疏被白毛柔毛；茎上部叶小，具短柄或无柄，常 1～2 回三出式羽全裂。圆锥花序，具分枝 3～20 条；苞片钻形，较花梗短；花两性；萼片 5，花瓣状，倒卵状圆形，白色或绿白色，能育雄蕊多数；心皮 2～5，密被灰色毛。蓇葖长圆形，被黏状柔毛，顶端有短喙；种子 3～8，椭圆形，全体生膜质鳞片。花期 7—9 月，果期 8—10 月。

【植物图谱】见图 65-1～图 65-6。

【生态环境】野生资源多生于阴坡或阳坡的落叶松林、针阔混交林、阔叶林、林缘、灌木丛、沟塘或溪边等，伴生植物种类较多。对土壤要求不严，在含有腐殖质的棕色壤土、棕褐色壤土、黑色壤土、肥力较弱风化弱性黏质土等各类土壤中均可生长。年降水量 400 mm 以上均可满足其正常生长，但长势

图 65-1　升麻（野生）

图 65-2　升麻叶

图 65-3　升麻花

图 65-4　升麻花

图 65-5　升麻根

图 65-6　升麻果实

有所不同，以蒸发量较小的林下地、沟塘等湿润地长势健壮。对光线要求较严格，大多数是散射光，占生长发育期 55% ~ 65%，少数是直射光，占生长发育期 35% ~ 45%。土壤干旱、贫瘠、光照度强，则植株矮小、瘦弱。

【生物学特征】种子发芽最低温度为 12℃，最适发芽温度为 18 ~ 22℃，最高发芽温度 25℃。最高发芽率达 80%。种子不耐贮藏，自然条件下贮藏 16 个月后发芽率几乎为零。

【栽培技术】

（一）选地、整地

1．选地　应选择地势平坦、高燥向阳、疏松肥沃、排水良好的砂质壤土种植。

2．整地　雨水少的地方可以选择做平畦，雨水多的地方可以选择做高畦。

（1）人工整地：4 月中下旬进行，深翻 25 cm 以上，每亩施腐熟有机肥 3000 ~ 4000 kg，深翻入土混合均匀后施入耕层做基肥，整平耙细作畦。畦宽 140 cm，畦间距 40 cm 宽，畦长视实际需要而定，浇足底墒水。

（2）机械整地：使用翻转犁深耕灭茬 45 cm 以上，翻耕后用旋耕机或圆盘耙对表层土壤进行细碎和平整处理，达到地表平整，土壤细碎疏松、上实下虚，便于机械播种的要求。深耕后使用旋耕起垄施肥机，均匀施入肥料，做到全层施肥，然后立即混土 5 ~ 10 cm，达到畦面平整，耕层松软。

（二）播种

5 月中下旬播种，按行距 20 ~ 25 cm，开深 1 ~ 1.5 cm，宽 5 ~ 6 cm 的浅沟，将种子均匀撒入沟内，覆土 1 ~ 1.5 cm，稍加镇压，播后保持土壤湿润。

（三）移栽

5 月中下旬将采挖的野生升麻块根连根挖出，带有 1 ~ 2 个根芽，按株距 40 cm，行距 50 cm 开穴，穴深 15 cm，每穴栽苗 1 株，覆土以盖上顶芽 4 ~ 5 cm 为宜，栽后浇 1 次透水。

（四）田间管理

1．中耕除草　在苗期要经常中耕除草，锄的深度要浅，以防损伤根茎。

2．追肥　结合松土除草，6—7 月根据幼苗生长情况适量追施氮肥。2 年生升麻结果较少，种子质量差，在花蕾初期可剪去花序，以利根茎生长。以后每年中耕除草 1 ~ 2 次。

3．灌水与排水　若遇干旱要及时浇水，保持土壤湿润，雨季应注意及时排水防涝，以免烂根死苗、降低产量和品质。

4．除蕾　在花蕾初期可剪去花序，以利根茎生长。

（五）病虫害防治

主要为病害。

（1）灰斑病：主要危害叶片，症状为：叶片上出现圆形或近圆形病斑，直径 0.2 ~ 0.4 mm，中心部分呈灰白色，边缘呈暗褐色，两面生有浅褐色的霉状物，即病原菌的子实体。病情严重时病斑连成片状致叶片枯死。防治方法：不选择发生过此病的茬地、且不与有此物的寄主为邻，播种前用 65% 代森锌 500 倍液浸种 1 ~ 2 小时，发病前用 1∶1∶120 波尔多液喷洒预防，移栽时种栽用代森锌进行灭菌；进入发病期勤观察，做到早发现、早防治，拔除个别病株销毁，秋季清理田园，将病残株销毁，减少传染源。

（2）立枯病：首先危害植株茎基部，再引起整个茎逐渐萎蔫变黑，导致全株死亡。防治方法：移栽时小苗用 50% 福美双 450 ~ 600 倍液浸种 1 小时，然后栽植；发病时，应及时拔除病株，并对株穴进行灭菌，如用 50% 多菌灵 500 倍液或 75% 敌克松 800 倍液喷杀。

【留种技术】在 10 月左右，选健壮、无病害、成熟的果实，进行采收，风干或晾干贮藏。种子不耐贮藏，可在采种后，将种子进行湿沙低温（-5℃）处理 2 个月。

【采收加工】野生品春秋二季采挖，栽培品种一般于栽培后 3 ~ 4 年采收。采收时应在地上部分枯萎以后，挖出根茎，去净泥土，晒至八成干，火燎除去须根，晒至全干，再用撞笼除去表皮及残存须根。

【商品规格】

（一）含量测定

按照《中华人民共和国药典》2015 年版一部测定：本品按干燥品计算，含异阿魏酸（$C_{10}H_{10}O_4$）不得少于 0.10%。

（二）商品规格

商品按来源和产地分为关升麻、北升麻和川升麻。三者均不分等级，均为统货。

【贮藏运输】应置于通风干燥处储藏，严防受潮、霉变、虫蛀。运输工具必须清洁、干燥、无异味、无污染。运输时不能与其他有毒、有害的物质混装。运输过程中应有防雨、防潮、防污染等措施。

酸枣仁

【药用来源】为鼠李科植物酸枣 *Ziziphus jujuba* Mill. var. *spinosa* (Bunge) Hu ex H. F. Chou 的干燥成熟种子。

【性味归经】甘、酸，平。归肝、胆、心经。

【功能主治】养心补肝，宁心安神，敛汗，生津，用于虚烦不眠，惊悸多梦，体虚多汗，津伤口渴。

【植物形态】落叶灌木，稀为小乔木，高 1 ~ 3 m。老枝灰褐色，幼枝绿色；于分枝基部处具刺 1 对，1 枚针形直立，长达 3 cm，另 1 枚向下弯曲，长约 0.7 cm。单叶互生，托叶针状；叶片长圆状卵形至卵状披针形，先端钝，基部圆形，稍偏斜，边缘具细锯齿。花小 2 ~ 3 朵簇生长于叶腋；花萼 5 裂，裂片卵状三角形，花瓣 5，黄绿色，与萼片互生，雄蕊 5，与花瓣对生；花盘明显，10 浅裂；子房椭圆形，埋于花盘中，花柱 2 裂。核果肉质，近球形，成熟时暗红褐色，果皮薄有酸味。花期 6—7 月，果期 9—10 月。

【植物图谱】见图 66-1 ~ 图 66-5。

【生态环境】喜欢温暖干燥的环境，适应性极强，生长在植被不甚茂盛的山地和向阳干燥的山坡、丘陵、山谷、平原及路旁。耐碱、耐寒、耐旱、耐瘠薄，不耐涝。以土层深厚、肥沃、排水良好的砂壤土为好，土壤酸碱度在 pH5.5 ~ 8.5 之间为宜。

【生物学特征】以种子繁殖的酸枣，第 2 年开始结果，可连续结果 70 ~ 80 年。10 年开始进入盛果期，盛期 10 ~ 30 年，但也与栽培地区和管理水平有关。酸枣枝条较多，分生长枝、结果母枝和脱落性枝三种，结果母枝极短，着生于生长枝的永久性二次枝上；脱落性枝由结果枝下面的副芽抽出，冬季脱落；生长枝特长、粗壮，是增强树势的主体。结果母枝随年龄增加，抽生脱落性枝增多，但结果能力以 2 年为强。

【栽培技术】

（一）选地、整地

选土层深厚、肥沃、排水良好、向阳的砂质土壤，每亩施厩肥 1600 ~ 2000 kg，深翻 20 ~ 25 cm，耙平整细，作宽 100 ~ 130 cm 的畦。

图 66-1　酸枣原植物（野生）

图 66-2 酸枣原植物（栽培）

图 66-3 酸枣花（栽培）

图 66-4 酸枣花（野生）

图 66-5 酸枣果实

（二）种子处理

选择生长健壮、连年结果且产量高、无病虫害的优良母株，于 9—10 月采收成熟的红褐色果实，堆放阴湿处使果肉腐烂，置清水中搓洗出种子，与 3 倍种子量的湿沙混合，在室外向阳干燥处挖坑层积沙藏，或将种子装入木箱内，置室内阴凉湿润处贮藏。第二年春季当种子裂口露白时即可播种。

（三）播种

春播于 3 月下旬至 4 月上旬进行，秋播于 10 月下旬进行。按行距 30 cm 开沟，沟深约 3 cm，将种子稀疏均匀撒入沟内，覆盖稍镇压，浇水，盖草保暖，10 天左右出苗。齐苗后揭去盖草。培育 1～2 年，苗高 80 cm 左右即可出圃，按行株距 2 m×1 m 开穴定植，穴深 30 cm，每穴 1 株，填土踏实，浇水。

（四）分株繁殖

选择优良母株，于冬季或春季植株休眠期，距树干 15～20 cm 挖宽 40 cm 左右的环状沟，深以露出水平根为度，将沟内水平根切断。当根蘖苗高 30 cm 左右时，选留壮苗培育，沟内施肥填土，再离根蘖苗 30 cm 远的地方开第二条沟，切断与原植株相连的根，促使根苗自生须根，数天后将沟填平，培育 1 年即可定植。

（五）田间管理

1. 中耕除草　苗期及时松土除草，定植后每年松土除草 2～3 次，也可间种豆类、蔬菜等，并结合间作进行中耕除草。

2. 追肥　苗高 6～10 cm 时，每亩施尿素或硫酸铵 10～15 kg；苗高 30～40 cm 时，在行间开沟，每亩施厩肥 1000 kg、过磷酸钙 15 kg，施后浇水。四、五年后进入盛果期，每年秋季采果后，在株旁开沟，每株施土杂肥 50 kg、过磷酸钙 2 kg、碳酸氢钠 1 kg。

3. 修剪　定植后，当干茎粗达 3 cm 左右时，以高度 60～80 cm 定干，并逐年逐层修剪，将整个树体控制在 2 m 左右，经 3 年整形修剪可形成圆形主干层。成年树，主要于每年冬季及时剪除密生枝、交叉枝、重叠枝和直立性的徒长枝，同时剪除针刺，改善树冠内透光性，以提高坐果率。盛花期在离地面 10 cm 的主干环状剥皮 0.5 cm 宽，可显著提高坐果率。

（六）病虫害防治

1. 病害

（1）枣锈病：主要危害叶片，病叶变成灰绿色，无光泽，最后出现褐色角斑而脱落。防治方法：发病初期可喷洒可杀得、农抗 120、百菌清等。

（2）枣疯病：感染植株后，生长衰退，叶形变小，枝条变细，多成簇生或成丛枝状，使花盘退化，花瓣变成叶状。防治方法：发现枣疯病病株，连根刨除，树穴用 5% 石灰乳浇灌；也可喷洒农抗 120。

2. 虫害

（1）桃小食心虫：以幼虫蛀食果肉，造成减产。防治方法：盛果期开始，在树干周围地面喷西维因粉剂，消灭越冬出土幼虫，羽化期用性诱芯诱杀雄蛾；产卵期树上喷甲氰菊酯等。

（2）黄刺蛾：幼虫咬食叶片，严重时可以全部吃光。防治方法：结合修剪清园，集中消灭越冬茧；幼虫期用青虫菌菌粉 500 倍液喷雾，7～10 天喷一次，连续 2～3 次。

【留种技术】在 9—10 月选择生长健壮、连年结果，且产量高、无病虫害的优良母株，采收成熟的红褐色果实，堆放阴湿处使果肉腐烂，置清水中搓洗出种子，晒干后，放置干燥阴凉处，留待作种。

【采收加工】

（一）采收

一般于栽培第二年 9—10 月间果实呈枣红色完全成熟时采收，打落即可。

（二）产地加工

果实采收以后，应及时除去果肉，破碎枣核，分离枣壳，取酸枣仁晒干即得，防止暴晒。

【商品规格】

（一）含量测定

按照《中华人民共和国药典》2015 年版一部测定：本品按干燥品计算，含酸枣仁皂苷 A（$C_{58}H_{94}O_{26}$）不得少于 0.030%，含斯皮诺素（$C_{28}H_{32}O_{15}$）不得少于 0.080%。

（二）商品规格

一等：干货。呈扁圆形或扁椭圆形，饱满。表面深红色或紫褐色，有光泽。断面内仁浅黄色，有油性。味甘淡。核壳不超过 2%。碎仁不超过 5%。无黑仁、杂质、虫蛀、霉变。

二等：干货。呈扁圆形或扁椭圆形，较瘦瘦。表面深红色或棕黄色。断面内仁浅黄色。有油性。味甘淡。核壳不超过 5%，碎仁不超过 10%。无杂质、虫蛀、霉变。

【贮藏运输】应置于通风干燥处储藏，严防受潮、霉变、虫蛀。商品安全水分为 10% ~ 13%。运输工具必须清洁、干燥、无异味、无污染。运输时不能与其他有毒、有害的物质混装。运输过程中应有防雨、防潮、防污染等措施。

桃 仁

【药用来源】为蔷薇科植物桃 *Prunus persica*（L.）Batsch 或山桃 *Prunus davidiana*（Carr.）Franch 的干燥成熟种子。

【性味归经】苦、甘，平。归心、肝、肺、大肠经。

【功能主治】活血祛瘀，润肠通便，止咳平喘。用于经闭痛经，癥瘕痞块，肺痈肠痈，跌扑损伤，肠燥便秘，咳嗽气喘。

【植物形态】落叶小乔木，高 3 ~ 8 m。叶互生，在短枝上呈簇 15 cm，宽 2 ~ 3.5 cm，先端渐尖，基部阔楔形，边缘有锯齿。花单生，先叶开放；萼片 5，外面被毛；花瓣 5，淡红色，稀白色；雄蕊多数，短于花瓣；心皮 1，稀 2，有毛。核果肉质，多汁，心状卵形至椭圆形，1 侧有纵沟，表面具短柔毛；果核坚硬，木质，扁卵圆形，顶端渐尖，表面具不规则的深槽及窝孔。种子 1 粒。花期 4 月，果期 5—9 月。

【植物图谱】见图 67-1 ~ 图 67-3。

【生态环境】喜阳光温暖的气候；在肥沃高燥的砂质壤土中生长最好，不宜在碱性、低洼的土壤中栽培，怕涝。生于海拔 800 ~ 1200 m 的山坡、山谷沟底或荒野树林及灌木丛。喜光，但在半阴处也能生长，耐寒、耐旱。对土壤要求不严，贫瘠地、荒山均可种植。

【生物学特征】幼树生长快，早丰产，耐修剪，寿命短，栽种时宜于密植。耐旱，不耐寒，容易冻梢。一般桃树栽植后，第 3 年结果，第 5 年才能丰产。

图 67-1　桃树花蕾

图 67-2　桃花

图 67-3　山桃（毛桃）

【栽培技术】

（一）选地、整地

1. 选地　选择排水良好、地下水位低、光照充足的平地、山区栽种。桃树适宜在土层深厚、疏松、排水透气性能好、富含有机质的土壤中种植，黏重及含盐碱量大的土壤均不适宜栽培。桃树忌连作，不能选择重茬地。

2. 整地　育苗地清除杂草，深翻土地，整平耙细，施足基肥，四周开好排水沟。定植地开挖定植沟（穴），虽然相对费工，但对桃树的生长有明显促进作用，特别是对土壤条件不太好的地块。桃树定植的行向以南北向为好，这样受光时间长，树与树之间遮光最少。桃树栽植的株行距应根据具体情况确定，一般从地形上说，山地比平地要小，山地可为 (2 ~ 3)m×(2 ~ 3)m、平地可为 (2 ~ 3)m×(3 ~ 4)m。

（二）种子处理

于 11 月下旬，选干燥处，挖深 0.7 m、宽 0.6 m 沙藏沟，沟的长度视种子多少而定。先在底部铺厚 10 cm 的湿沙，上面放 10 ~ 15 cm 的混沙种子，然后铺上 10 cm 左右的湿沙，再放上 10 ~ 15 cm 的混沙种子，再盖上 10 cm 左右的湿沙，上面盖上土。使种子处在冻层以下即可。温度保存在 0 ~ 7℃。种子少时，也可混入湿沙放入地窖内沙藏，种子沙藏 100 ~ 110 天。3 月初将沙藏种子置于温暖处（20 ~ 25℃）并保持湿度进行催芽，待种子露白时即可播种。

（三）繁殖

移栽定植选根系发达、地上部粗壮、苗高 40 cm 以上、芽眼饱满、接口愈合良好、无病虫害的优质苗，栽时使其根系舒展，和四周的树对齐，用堆在旁边的混合好的肥土栽树，边堆土边稍稍提树苗，使根际的土结实，栽完一行后把剩余的心土打碎填到畦面上，使畦面略显脊形，然后浇透水。由于定植后土较疏松，浇水后苗会下沉，可以将苗及时向上提起，以保证接口在地面 5 cm 以上。苗栽后到次年春天应及时检查成活率，发现死亡及时补栽，以保证园内苗情整齐不缺株。

（四）田间管理

1. 深耕改土　这是目前采用最多、也是最容易办得到的办法。秋季采果后全园深耕 50 cm 左右，并结合施基肥，以改良表土以下土层的土壤结构，增加孔隙度，增强透气保水能力，有利于微生物活动，促进土壤的有机质化，进而起到扩大根系吸收面积、增强根系吸收能力的明显效果。采果后立即深翻，然后种上植株矮小、吸肥水弱的作物（如豌豆等）；或深翻时施绿肥，对改良土壤结构、全面提高土壤养分、提高有机质含量有明显作用。

2. 施肥　秋季落叶后，结合深耕施足有机肥。基肥包括腐熟的人畜粪肥、各种饼肥等。追肥在萌芽期、开花前后、果实膨大期和采后进行。施用无机化肥，前期以氮肥为主，如尿素、碳酸氢铵；中期氮、磷、钾肥结合，如三元复合肥；后期以磷、钾肥为主，如磷酸二氢钾；叶面追肥的浓度应在0.3% ～ 0.5% 范围内。

3. 水分管理　耐旱，生长期间一般很少灌溉，但遇到特殊干旱年份就必须及时灌水，以避免枝叶出现萎蔫现象。新梢速长、幼果期及果实膨大期需水量较大，春、夏、秋干旱时都要及时灌水。此外，桃树怕涝，雨季要做好排水工作。

4. 整形修剪

(1) 幼龄树 (1 ～ 4 年)：整形修剪幼龄树主要是整形，培养骨架，扩大树冠，培养结果枝组，使其早日开花结果。主枝选好后选侧枝，在侧枝上培养结果枝组 (主枝上可以培养小型的、临时的结果枝组)，其他枝轻剪长放，通过夏季修剪使其早日成花；充分利用二次枝扩大树冠，充实内膛，多培养临时的或小型的结果枝组，以获早期高产；对已成花的长结果枝轻度短截留芽 10 ～ 12 个，但对主侧枝、延长枝应根据树形需要和生长势情况适当短截，剪去 1/3 ～ 1/2；作为大型枝组培养的骨干枝，应采取先短截后长放的办法进行培养。幼龄树生长势强，生长量大。修剪时首先要分出哪些是骨干枝 (包括主、侧枝及大枝组)，这些枝是树体的基本骨架，既要保持一定的生长势，又要防止过旺生长，同时还要平衡各骨干枝之间的生长强度，以便树冠均衡扩大、健康生长。对骨干枝以外的枝，一部分作辅养枝，另一部分作临时的结果枝，并注意控制，疏除少数过旺的枝。

(2) 成龄树 (5 ～ 15 年)：整形修剪成龄树主要是调整生长与结果的关系，注意骨干枝、结果枝组的回缩更新，避免结果部位过快外移，从而尽可能延长盛果期持续的时间。进入盛果期的桃树，树势逐步缓和下来，树体结构已基本形成，并定形。枝条开张，生长与结果的矛盾激化，内膛及下部的枯枝变多，结果部位逐渐外移，骨干枝从属关系明确，各种枝组配套齐备，及时回缩更新主、侧枝以及结果枝组，以及膛枝长放与短截结合，防止内膛空虚、结果部位外移。到盛果末期要注意高枝条角度，复壮树势。

(五) 病虫害防治

1. 病害

(1) 桃缩叶病：主要危害叶片，病情严重时也危害新梢以及幼果。4—5 月是病害盛发期，当气温达 21℃ 以上时，病害即停止发展。病菌在芽鳞或树皮上越冬，早春展叶后侵入叶片，感病叶片肥厚，叶面凹凸不平，叶缘反卷，呈畸形，叶片红褐色。防治方法：清除病源；早春花瓣刚露红时喷 1：1：100 波尔多液；发病初期及时摘除病虫，集中烧掉。

(2) 褐腐病：主要危害桃树的花、叶、枝及果实，其中果实受害最重。果实从幼果期到成熟期均可被危害。果实受害后，先发生褐色小斑，逐渐扩大，使果实变褐色软腐状，表面有灰褐色丝绒状点粒，成同心圆状逐渐向外扩展，果实腐烂后脱落；但也有因水分蒸发快而干缩成僵果，久悬于枝上不落。防治方法：彻底清除越冬病源，进行深翻，降低病源基数；落花后几天喷 75% 代森锌可湿性粉剂 500 倍液或 70% 甲基托布津 800 ～ 1000 倍液，每隔 15 天喷一次。

(3) 桃炭疽病：主要危害果实，也可危害叶片和新梢。阴湿多雨发病较重，5 月为发病盛期。幼果受害后变成僵桃。果实膨大后从水渍状病斑扩大成圆形，红褐色凹陷病斑。防治方法：清除越冬病源，早春喷托布津、多菌灵、退菌特等抗菌；发芽后喷 65% 代森锌 50 倍液。

(4) 桃流胶病：主要危害枝干，6—8 月为发病盛期。病菌于春季侵入，染病的枝干部分分泌出透明的树胶，继而转化为茶褐色胶块，导致树势衰弱，甚至死亡。防治方法：加强桃园管理，增强树势，忌连作，冬春季树干涂白，预防冻害和日灼伤；防治树干病虫害，预防病虫伤，及早防治桃树上的害虫如介壳虫、蚜虫、天牛等；刮除胶状体，涂上保护剂，如石硫剂渣、或凡士林加少量多菌灵调匀作为保护剂；4 月下旬至 6 月下旬喷 50% 多菌灵 800 倍液。

（5）桃腐烂病：主要危害主干和主枝，使树皮腐烂，导致枝干枯死。病菌在树干病部越冬。初期病部稍凹陷，出现少量流胶，继而流胶增多，胶点下病皮组织腐烂，湿润、黄褐色、有酒味，后期病部干缩凹陷，密生黑色小粒点，当病斑环绕树干 1 周时，树很快死亡。防止方法：加强肥水管理，增强树势。萌芽前喷 5 波美度石硫合剂加 0.3% 氯酚钠，生长期用 50 倍的 50% 甲基托布津粉剂喷树干。

2．虫害

（1）桃蛀螟：主要危害果实。在南方桃区危害十分严重，一般一年发生 4 代左右，成虫于 5 月下旬盛发，产卵于果实表面（果实洞部、两果相靠处、果叶接触处较多）经 1 周左右孵化，幼虫钻入果肉，导致果实脱落，幼虫经 2 ～ 3 周后老熟，后移至树皮裂缝中化蛹。防治方法：清除越冬寄主，减少越冬虫源；定果后及时套袋；加强虫卵检查，产卵盛期可用 50% 螟松乳剂 3500 ～ 5000 倍液喷杀。

（2）蚜虫：蚜虫分 3 类。粉蚜危害时在叶背面布满白粉；桃蚜危害使叶片向背面反卷。蚜虫对桃树危害很大，它从嫩叶出现就开始危害，严重时全树叶皱曲，新梢生长缓慢，对坐果及树体正常生长都有显著的破坏作用。5 月上旬虫口数最高，随气温上升到 35℃ 以上，虫口明显减少。防治方法：剪除被害严重的枝梢；花落、叶片没卷曲前喷 20% 灭菊酯 3000 倍液。

【留种技术】选择生长迅速、健壮、无病害的桃或山桃植株作为留种母株，当果实完全成熟时采收果实，去掉果肉，将桃核在湿沙中贮藏。一般于 11 月，选高燥处，挖深 70 cm，宽 60 cm 的沙藏沟。在底部铺 10 cm 厚的湿沙，放置 10 ～ 15 cm 厚的混沙种子，交替进行，最上面覆盖一层 10 cm 厚的湿沙，然后覆盖 10 cm 厚的土。温度保持在 0 ～ 7℃，进行低温湿沙贮藏，可沙藏 100 ～ 110 天。

【采收加工】一般待果实完全成熟后采收，采收后应及时除去果肉，取出果核，人工或机械破碎，取出种仁，晒干即得，注意破碎果核后应将散碎的桃仁挑出，否则影响品质。

【商品规格】

（一）含量测定

按照《中华人民共和国药典》2015 年版一部测定：本品按干燥品计算，含苦杏仁苷（$C_{20}H_{27}NO_{11}$）不得少于 2.0%。

（二）商品规格

以粒大、扁平、饱满，不泛油者为佳。

【贮藏运输】应置于通风干燥处储藏，严防受潮、霉变、虫蛀。商品安全水分为 10% ～ 13%。运输工具必须清洁、干燥、无异味、无污染。运输时不能与其他有毒、有害的物质混装。运输过程中应有防雨、防潮、防污染等措施。

土 贝 母

【药用来源】为葫芦科植物土贝母 *Bolbostemma paniculatum*（Maxim）Franquet 的干燥块茎。

【性味归经】苦，微寒。归肺、脾经。

【功能主治】解毒，散结，消肿。用于乳痈，瘰疬，痰核。

【植物形态】块茎肉质，白色，呈多角形、三棱形或不规则球形的半透明块状，直径达 3 cm。茎纤弱，有单生的卷须。叶互生，有叶柄；叶片心形，长宽均为 4～7 cm，掌状深裂。腋生疏圆锥花序；花单性，雌雄异株。蒴果圆筒状，成熟后顶端盖裂。种子 4 枚，斜方形，表面棕黑色。盛花期 6—7 月，结果期 8—9 月。

【**植物图谱**】见图 68-1、图 68-2。

【**生态环境**】土贝母商品来源野生、家种栽培均有。主要分布于河南、河北、山东、山西、陕西、甘肃、云南等省区。主产于河南信阳、长葛，陕西大荔、山阴等地。

【**生物学特性**】土贝母喜温暖湿润、耐寒，对土壤要求不严，但通透性差的涝洼地和重黏土地不宜栽培。

图 68-1　土贝母茎叶

图 68-2　土贝母大田（搭架）土贝母藤茎

【栽培技术】

（一）繁殖材料

可采用块茎繁殖和种子繁殖。

（二）选地、整地

1．选地　选择阳光充足、土层疏松、土壤肥沃、排水良好的地块种植为宜。

2．整地

（1）人工整地：5月中下旬进行，深翻25 cm以上，每亩施腐熟有机肥3000～4000 kg，深翻入土混合均匀后施入耕层做基肥，整平耙细作畦。畦宽140 cm，畦间距40 cm宽，畦长视实际需要而定，浇足底墒水。

（2）机械整地：使用翻转犁深耕灭茬45 cm以上，翻耕后用旋耕机或圆盘耙对表层土壤进行细碎和平整处理，达到地表平整、土壤细碎疏松、上实下虚，便于机械播种的要求。深耕后使用旋耕起垄施肥机，均匀施入肥料，做到全层施肥，然后立即混土5～10 cm，达到畦面平整，耕层松软。

（三）繁殖

1．块茎繁殖　每年早春或秋季，将地下块茎全部挖出，选大者入药，小者留种。种植前要施足底肥，进行整地做畦。开浅沟6～9 cm深，沟距30～36 cm，然后在沟内每隔15～18 cm放块茎1～2枚，覆土3～5 cm。若土壤湿度较好，15天左右即可出苗。每亩播种块茎约40 kg。多雨地区进行垄作时，于垄的两侧底部开沟种植。

2．种子繁殖　4月中下旬播种。播种前将种子用温水浸泡8～12小时，然后取出条播。行距30～36 cm，开浅沟3～4.5 cm，将种子均匀撒于沟内，覆土约1.5 cm，镇压、浇水。每亩播种量2～2.5 kg。

（四）田间管理

土贝母4—8月为茎蔓生长期，8月以后至10月初降霜前，为块茎生长期。田间管理应根据其生长特点进行。

1．除草、松土　土贝母4月出苗后至6月蔓叶未覆盖地面以前，除草、松土、浇水。8月以后应经常保持地面湿润，以利于根茎的生长。

2．追肥　6—8月，结合浇水追施粪尿2～3次，促进茎叶生长。9月上旬追施磷肥、钾肥，促进块茎生长。

3．搭架　有的地方当苗高15～18 cm时，在行间插竹竿，供植物蔓茎攀援，以利开花结籽。

（五）病虫害防治

土壤湿度大时易发生根腐病，可用甲基托布津或根腐灵喷施2～3次。害虫以红蜘蛛、蚜虫为主，可喷施多种杀螨灭蚜类农药。

【留种技术】 果实的采收从7月中旬开始，适宜采收期以果皮颜色转为深黄色为宜。

【采收加工】 秋季采挖，洗净，掰开，煮至无白心，取出，晒干。

【商品规格】

（一）含量测定

按照《中华人民共和国药典》2015年版一部测定：本品按干燥品计算，含土贝母苷（$C_{63}H_{98}O_{29}$）不得少于1.0%。

（二）商品规格

不分等级，均为统货。

【贮藏运输】 应存放于清洁、阴凉、干燥通风、无异味的专用仓库中，并防回潮、防虫蛀。运输工具必须清洁、干燥、无异味、无污染。运输时不能与其他有毒、有害的物质混装。运输过程中应有防雨、防潮、防污染等措施。

土 木 香

【药用来源】为菊科植物土木香 *Inula helenium* L. 的干燥根。

【性味归经】辛、苦，温。归肝、脾经。

【功能主治】健脾和胃，行气止痛，安胎。用于胸胁胀痛，胸胁挫伤，岔气作痛，脘腹胀痛，呕吐泻痢，胎动不安。

【植物形态】多年生草本，高达 1.8 m，全株密被短柔毛。基生叶有柄，阔大，广椭圆形，长 25 ～ 50 cm，先端锐尖，边缘具不整齐齿牙；茎生叶大形，无柄，半抱茎，长椭圆形，基部心脏形，先端锐尖，边缘具不整齐齿牙。头状花序腋生，黄色，直径 5 ～ 10 cm；排成伞房花序，花序梗长 6 ～ 12 cm；总苞半球形，直径 2.5 ～ 5 cm，总苞片覆瓦状排列，1 层，外层苞片叶质，卵形，表面密被短毛；内层包片干膜质，先端略尖，边缘带紫色；花托秃裸有窠点；边缘舌状花雌性，先端 3 齿裂；中心管状花两性，先端 5 裂。瘦果长约 4 mm，表面 4 ～ 5 棱，冠毛多。花期 6—7 月。

【植物图谱】见图 69-1 ～图 69-4。

【生态环境】喜温暖湿润和阳光充足的环境，耐寒冷和半阴，怕涝。地栽可植于向阳、无积水处，对土壤要求不严，但在疏松肥沃、排水良好的土壤中生长好。萌芽力强，耐修剪。

【生物学特性】种子容易萌发，幼苗期怕强光，播种后 2 年开花结实，一般于第三年采收，如果栽培条件好，也可于第二年采收，以采收的种子作留种用。

【栽培技术】

（一）繁殖材料

种子繁殖。

（二）选地、整地

1. 选地　宜选择排水、保水性能良好，土层深厚肥沃的砂壤土。

图 69-1　土木香茎叶期

图 69-2　土木香大田

图 69-3　土木香花

图 69-4　土木香种子

2．整地

（1）人工整地：5 月中下旬进行，深翻 25 cm 以上，每亩施腐熟有机肥 3000 ～ 4000 kg，深翻入土混合均匀后施入耕层做基肥，整平耙细作畦。畦宽 140 cm，畦间距 40 cm 宽，畦长视实际需要而定，浇足底墒水。

（2）机械整地：使用翻转犁深耕灭茬 45 cm 以上，翻耕后用旋耕机或圆盘耙对表层土壤进行细碎和平整处理，达到地表平整、土壤细碎疏松、上实下虚，便于机械播种的要求。深耕后使用旋耕起垄施肥机，均匀施入肥料，做到全层施肥，然后立即混土 5 ～ 10 cm，达到畦面平整，耕层松软。

（三）繁殖

1．繁殖时间　4 月中下旬至 5 月上旬。

2．繁殖方法　按行距 50 cm 开沟直接播种，播后覆土 3 ～ 5 cm，稍镇压，每亩用种量 0.7 ～ 1.0 kg。点播，穴距 15 cm，每穴播 3 ～ 5 粒，覆土 3 ～ 5 cm 后稍镇压，每亩用种量 0.5 ～ 1.0 kg。

（四）田间管理

每隔 5 ～ 7 天浇水 1 次，约 20 天芽即出土，此时仍需经常浇水。6 月上旬在植株周围约 10 cm 挖沟施肥，耙平后浇水，8 月中旬再施 1 次。中耕除草时不宜深锄。发现花茎宜立即摘除。

【留种技术】秋季种子成熟，将种子采收后去掉秕粒和杂质，保存备用。

【采收加工】霜降后叶枯时采挖，除去茎叶、须根及泥土，截段，较粗的纵切成瓣，晒干。

【商品规格】

（一）含量测定

按照《中华人民共和国药典》2015 年版一部测定：本品按干燥品计算，含土木香内酯（$C_{15}H_{20}O_2$）和异土木香内酯（$C_{15}H_{20}O_2$）的总量不得少于 2.2%。

（二）商品规格

一等：干货。圆柱形或半圆柱形，表面棕黄色或棕灰色。体实。断面棕黄色或黄绿色，具油性。气香浓，味苦而辣。根条均匀，长 8 ～ 12 cm，最细一端直径在 2 cm 以上。不空，不泡，不朽，无芦头、根尾、焦枯、油条、杂质、虫蛀、霉变。

二等：干货。呈不规则的条状或块状。长 3 ～ 10 cm，最细一端直径在 0.8 cm 以上（包括根头、根尾、破块、碎节等）。其他同一等。

【贮藏运输】应存放于清洁、阴凉、干燥通风、无异味的专用仓库中，并防回潮、防虫蛀。运输工具必须清洁、干燥、无异味、无污染。运输时不能与其他有毒、有害的物质混装。运输过程中应有防雨、防潮、防污染等措施。

王不留行

【药用来源】为石竹科植物麦蓝菜 *Vaccaria segetalis*（Neck.）Garcke 的干燥成熟种子。

【性味归经】苦，平。归肝、胃经。

【功能主治】活血通经，下乳消肿，利尿通淋。用于经闭，痛经，乳汁不下，乳痈肿痛，血淋、石淋、热淋。

【植物形态】一年或二年生草本，高 30 ~ 70 cm，全株无毛。茎直立，节略膨大。叶对生，卵状椭圆形至卵状披针形，基部稍连合抱茎，无柄。聚伞花序顶生，下有鳞状苞片 2 枚；花瓣粉红金色，倒卵形，先端具不整齐不齿，基部具长爪。蒴果卵形，包于宿萼内，成熟后，先端十字开裂。

【植物图谱】见图 70-1 ~ 图 70-4。

【生态环境】生于山坡、路旁，尤以麦田中最多。也可栽培。

图 70-1　王不留行苗

图 70-2　王不留行原植物　　　　　　　　　　图 70-3　王不留行花

图 70-4 王不留行种子

【生物学特性】喜温暖湿润气候，耐旱，对土壤的选择不严，以疏松肥沃、排水良好的砂壤土栽培为宜。种子发芽率较高，一般在 80% 以上，寿命在 3 年以上。无休眠期，易发芽，发芽最适温度 15 ~ 25℃，温度、湿度适合时 5 ~ 7 天即可出苗。王不留行生育期短，只有 90 ~ 100 天。

【栽培技术】

（一）繁殖材料

种子繁殖。

（二）选地、整地

1．选地　宜选择排水、保水性能良好，土层深厚肥沃的砂壤土。

2．整地

（1）人工整地：5 月中下旬进行，深翻 25 cm 以上，每亩施腐熟有机肥 3000 ~ 4000 kg，深翻入土混合均匀后施入耕层做基肥，整平耙细作畦。畦宽 140 cm，畦间距 40 cm 宽，畦长视实际需要而定，浇足底墒水。

（2）机械整地：使用翻转犁深耕灭茬 45 cm 以上，翻耕后用旋耕机或圆盘耙对表层土壤进行细碎和平整处理，达到地表平整，土壤细碎疏松、上实下虚，便于机械播种的要求。深耕后使用旋耕起垄施肥机，均匀施入肥料，做到全层施肥，然后立即混土 5 ~ 10 cm，达到畦面平整，耕层松软。

（三）繁殖

1．繁殖时间　4 月中下旬至 5 月上旬。

2．繁殖方法　选黑色的饱满籽粒作种，于春季播种。条播，按行株距 25 cm×15 cm 开沟，深约 7 cm。每亩用种量为 1.0 kg。

（四）田间管理

苗高 7 ~ 10 cm 时匀苗、补苗，每穴留苗 4 ~ 5 株，并随即进行第 1 次中耕除草，第 2 次中耕在第 2 年 2—3 月进行。两次中耕后都要追肥、施人畜粪水或尿素。

（五）病虫害防治

主要病害为叶斑病。防治方法：可喷 65% 代森锌可湿性粉剂 500 ~ 600 倍液。

【留种技术】5 月下旬至 6 月下旬待蒴筒变黄、种子变黑时采收种子，去杂，晾干，放阴凉通风处储存。

【采收加工】5 月下旬至 6 月下旬待蒴筒变黄、种子变黑时，趁早晨露水未干时收割地上部分，运回，晒干脱落，除去杂质，装入布袋，贮藏于通风干燥处。每亩可产药材 200 kg。

【商品规格】

（一）含量测定

按照《中华人民共和国药典》2015 年版一部测定：本品按干燥品计算，含王不留行黄酮苷（$C_{32}H_{38}O_{19}$）不得少于 0.40%。

（二）商品规格

不分等级，均为统货。

【贮藏运输】应存放于清洁、阴凉、干燥通风、无异味的专用仓库中，并防回潮、防虫蛀。运输工具必须清洁、干燥、无异味、无污染。运输时不能与其他有毒、有害的物质混装。运输过程中应有防雨、防潮、防污染等措施。

威灵仙

【药用来源】为毛茛科植物威灵仙 *Clematis chinensis* Osbeck.、棉团铁线莲 *Clematis hexapetala* Pall. 或东北铁线莲 *Clematis manshurica* Rupr. 的干燥根和根茎。

【性味归经】辛、咸，温。归膀胱经。

【功能主治】祛风湿，通经络。用于风湿痹痛，肢体麻木，筋脉拘挛，屈伸不利。

【植物形态】棉团铁线莲：多年生直立草本，高 30 ～ 100 cm。老枝圆柱形，有纵沟。叶片近革质绿色，干后常变黑色，单叶至复叶，一至二回羽状深裂，裂片线状披针形至长椭圆状披针形，长 1.5 ～ 10 cm，宽 0.1 ～ 2 cm，顶端锐尖或凸尖，有时钝，全缘，网脉突出。花序顶生，聚伞花序或为总状、圆锥状聚伞花序，有时花单生，花直径 2.5 ～ 5 cm；萼片 4 ～ 8，通常 6，白色，长椭圆形或狭倒卵形，长 1 ～ 2.5 cm，宽 0.3 ～ 1.5 cm，外面密生棉毛，花蕾时象棉花球，内面无毛；雄蕊无毛。瘦果倒卵形，扁平，密生柔毛，宿存花柱长 1.5 ～ 3 cm，有灰白色长柔毛。花期 6—8 月，果期 7—10 月。

【植物图谱】见图 71-1 ～图 71-4。

图 71-1　棉团铁线莲（大田）

图 71-2　棉团铁线莲（野生）

图 71-3　棉团铁线莲花

图 71-4　棉团铁线莲果实

【生态环境】常生长于山谷、丘陵、山坡林边和灌木丛中。对土壤和气候的要求不严，但以具有一定遮阴度的环境和富含有机质的砂质土壤为宜。

【生物学特征】棉团铁线莲种子寿命较短，宜用当年种子育种，种子发芽时间较长，发芽温度 15～25℃，最适温度 20℃。花期为 6—9 月，果期 8—11 月。

【栽培技术】

（一）选地、整地

1．选地　选择土层深厚、疏松、排水透气性能好、富含腐殖质的、光照充足的山地棕壤土或砂质壤土种植。

2．整地

（1）人工整地：4 月上中旬进行，深翻 30 cm 以上，每亩施腐熟有机肥 2500～3000 kg，深翻入土混合均匀后施入耕层做基肥，整平耙细作畦。畦宽 120 cm，畦间距 40 cm 宽，畦长视实际需要而定，浇足底墒水。

（2）机械整地：使用翻转犁深耕灭茬 45 cm 以上，翻耕后用旋耕机或圆盘耙对表层土壤进行细碎和平整处理，达到地表平整，土壤细碎疏松、上实下虚，便于机械播种的要求。深耕后使用旋耕起垄施肥机，均匀施入肥料，做到全层施肥，然后立即混土 5～10 cm，达到畦面平整，耕层松软。

如有可能，选择在秋季深翻施肥整地一次，下年春季再深翻整地一次，深翻 20～25 cm，作 120 cm 的畦为佳。

（二）育苗移栽

4 月上、中旬开始播种，在整好的畦面上进行撒播，覆土 1 cm 厚的细土，覆盖 5 cm 左右的稻草或秸秆。适时浇水，保持土壤湿润，在 15～25℃ 范围内，15 天左右出苗。出苗后 50～60 天进行移栽，根据需要定植。

（三）根芽移栽

春季在根芽未发芽前挖出分段，每段带有 2～3 个芽头，直接移栽于整好的畦面的穴内上，开穴深度根据根芽大小确定，一般为 5 cm 左右，覆土 3～4 cm，稍加镇压，按株距 30 cm、行距 40 cm 进行定植。秋季在植株地上部分枯萎后，采挖，挑选，分段处理，每段带有 2 ～ 3 个芽头，按株距 20 cm、行距 30 cm 移栽，覆土 3 ～ 4 cm，最后按株距 30 cm、行距 40 cm 进行定植。干旱时及时浇水，保持土壤湿润。

（四）田间管理

1. 中耕除草　育苗时，在幼苗出土后撤去覆盖物，在苗高 3 ～ 5 cm 时进行中耕除草，中耕时要浅锄，防止伤苗。以后根据杂草情况进行中耕除草。一般定植后每年中耕除草 2 ～ 3 次。

2. 间苗、补苗、定苗　在幼苗高达 3 ～ 5 cm 时进行间苗，拔除稠密、弱苗。在苗高 8 ～ 10 cm 时定苗，同时进行补苗，补苗时注意浇水。

3. 追肥、浇水　出苗前后根据干旱情况及时浇水、雨季防涝。幼苗期施加少量稀释后的人畜肥，定苗后施加 2 次含磷的复合肥。以雨期施肥为佳。

4. 修枝摘蕾　除留种植株外，将花蕾期的植株花蕾全部摘掉，同时修剪过密植株的枝条，减少土壤中养分的消耗，促进根系发展。在苗高达 40 ～ 50 cm 时，用竹竿固定植株，避免植株倒伏，并应加强空气流通，促进生长发育。

（五）病害防治

主要病害为黑斑病。主要危害叶片，多发生在夏季高温多雨天气。防治方法：喷施波尔多液或代森锰锌 500 ～ 1000 倍液，进行防治。

【留种技术】在 8—9 月种子成熟时要及时采收，防止被风吹走或落于田间。采收后放置阴凉通风处晾干，贮藏。由于棉团铁线莲的种子寿命较短，一般选择当年种植。

【采收加工】

（一）嫩芽采收与加工

5 月中旬左右，在苗高达 20 ～ 30 cm 时，采收嫩茎嫩叶，随即放入沸水中煮 10 ～ 15 分钟后捞出，然后在冷水中浸泡 30 分钟，捞出盐渍，晒干备用。

（二）根的采收与加工

一般生长 3 年后于秋季采收入药。当植株地上部分枯萎后，深挖，取出根茎，清洁整理，晒干贮藏。

【商品规格】

（一）含量测定

按照《中华人民共和国药典》2015 年版一部测定：本品按干燥品计算，含齐墩果酸（$C_{30}H_{48}O_3$）不得少于 0.30%。

（二）商品规格

均为统货，不分等级。

【贮藏运输】应置于通风干燥处储藏，严防受潮、霉变、虫蛀。运输工具必须清洁、干燥、无异味、无污染。运输时不能与其他有毒、有害的物质混装。运输过程中应有防雨、防潮、防污染等措施。

五 味 子

【药用来源】为木兰科植物五味子 *Schisandra chinensis* (Turcz.) Baill. 的干燥成熟果实。

【性味归经】酸、甘，温。归肺、心、肾经。

【功能主治】收敛固涩，益气生津，补肾宁心。用于久咳虚喘，梦遗滑精，遗尿尿频，久泻不止，自汗盗汗，津伤口渴，内热消渴，心悸失眠。

【植物形态】落叶木质藤本，长达 8 m。茎皮灰褐色，皮孔明显，小枝褐色，稍具棱角。叶互生，柄细长；叶片薄而带膜质；卵形、阔倒卵形以至阔椭圆形，长 5 ~ 11 cm，宽 3 ~ 7 cm 先端尖，基部楔形、阔楔形至圆形，边缘有小齿牙，上面绿色，下面淡黄色，有芳香。花单性，雌雄异株；雄花具长梗花被 6 ~ 9，椭圆形，雄蕊 5，基部合生；雌花花被 6 ~ 9，雌蕊多数，螺旋状排列在花托上，子房倒梨形，无花柱受粉后花托逐渐延长成穗状。浆果球形，直径 5 ~ 7 mm，成熟时呈深红色，内含种子 1 ~ 2 枚。花期 5—7 月，果期 8—9 月。

【植物图谱】见图 72-1 ~ 图 72-4。

【生态环境】分布于辽宁本溪、桓仁、海城、凤城、宽甸、抚顺，吉林桦甸、蛟河、敦化、安图，黑龙江七台河、五常、尚志、山西忻州、晋城、榆次、内蒙古牙克石、河北围场、平泉、宽城等地区。这些地区均适宜其生产，尤以东北大、小兴安岭和长白山地区最为适宜。

图 72-1　五味子茎叶

图 72-2　五味子果实（野生）

图 72-3　五味子果实（野生）

图 72-4　五味子（栽培）

【生物学特征】五味子种子的胚具有后熟性，要求低温和湿润的条件。种皮坚硬，光滑有油层，不易透水，需要进行低温沙藏处理。种子空瘪率很高，因此发芽率较低。五味子没有主根，种子萌发后长成较为发达的根茎，根茎在土壤中向四周水平或斜向生长成横走的根状茎。五味子一般在5月中下旬至6月上旬开花，花期一般为10～15天，每朵花从开放到凋谢，一般要6～8天的时间，五味子夜间开花较多，白天开花数目较少。北五味子的物候期为：萌动期在4月上旬到中旬；展叶期在5月上旬到中旬；花期在5月中旬到下旬，果期在8月下旬到9月上旬。

【栽培技术】

（一）选地、整地

1. 选地　选择潮湿的环境、疏松肥沃的壤土或腐殖质土壤，有灌溉条件的林下、河谷、溪流两岸、15°左右山坡，荫蔽度50%～60%，透风透光的地方。

2. 整地　每亩施基肥2000～3000 kg，深翻20～25 cm，整平耙细，育苗地作宽1.2 m，高15 cm，长10～20 cm的高畦。移植地穴栽。

（二）种子处理

1. 室外处理　秋季将做种用的果实，用清水浸泡至果肉胀起时搓去果肉，同时可将浮在水面的瘪粒除去。搓去果肉的种子再用清水浸泡5～7天，使种子充分吸水，每两天换一次水，浸泡后，捞出种子晾干，与2～3倍于种子的湿沙混匀，放入已准备好的深0.5 m坑中，坑大小根据种子的多少而定，上面盖上12～15 cm的细沙，再盖上柴草或草帘子，进行低温处理。翌年4—5月即可裂口播种。处理场地要选择地势高、干燥的地点，以免水浸烂种。

2. 室内处理　种子繁殖在2—3月间，将湿沙低温处理的种子移入室内，装入木箱中进行沙藏处理，其温度保持在5～15℃之间，当春季种子裂口即可播种。

（三）繁殖技术

生产上多采用种子繁殖，亦可用扦插繁殖和根茎繁殖，但生根困难，成活率低。

1. 播种　在5月上旬至6月中旬播种经过处理已裂口的种子。条播或撒播。条播行距10 cm，覆土1～3 cm。

2. 扦插繁殖　于早春萌动前，剪取坚实健壮的枝条，截成12～15 cm的长段，截口要平，下端用100 ppm（100/100万）萘乙酸处理30分钟，稍晾干，斜插于苗床，行距12 cm，株距6 cm，斜插入的深度为插条的2/3，床面盖蓝色塑料薄膜，经常浇水。也可在温室用电热控温苗床扦插，床面盖蓝色塑料薄膜和花帘，调温、遮光，温度控制在20～25℃，相对湿度90%，遮蔽度60%～70%，生根率在40%～85%，第二年春定植。

3. 根茎繁殖　于早春萌动前，刨出每株周围横走根茎，裁成6～10 cm的段，每段上要有1～2个芽，按行距12～15 cm、株距10～12 cm栽于苗床上，翌春萌动前定植于大田。株行距同移栽。

（四）苗期管理

1. 播种　播后搭1～1.5 m高的棚架，上面用草帘或苇帘等遮阴，土壤干旱时浇水，使土壤湿度保持在30%～40%，待小苗长出2～3片真叶时可逐渐撤掉遮阴帘。并要经常除草松土，保持畦面无杂草。翌年春或秋季可移栽定植。

2. 移栽　在选好的地上，于4月下旬或5月上旬移栽，也可在秋季叶发黄时移栽。按行株距120 cm×50 cm进行穴栽。为使行株距均匀可拉绳固定。在穴的位置上作一标志。然后挖成深30～35 cm，直径30 cm的穴，每穴栽一株，栽时要使根系舒展，防止窝根与倒根，覆土至原根系入土深稍高一点即可。栽后踏实，灌足水，待水渗完后用土封穴。15天后进行查苗，未成活者补苗。秋栽后在第二年春返青时查苗补苗。

（五）田间管理

1．松土除草　移栽后应经常松土除草，否则易与五味子争夺养分，结合除草可进行培土，并做好树盘，便于灌水。

2．灌水　五味子喜湿润，要经常灌水，开花结果前需水量大，应保证水分的供给。雨季积水应及时排除。越冬前灌一次水有利于越冬。

3．施肥　五味子喜肥，孕蕾开花结果期除了供给足够水分外，还需要大量肥料，一般一年追两次，第一次展叶前，第二次开花前。每株追肥腐熟农家肥 6 ～ 10 kg，距离根部 35 ～ 50 cm，周围开 15 ～ 20 cm 深的环状沟，勿伤根，施后覆土。第二次追肥时，适当增加磷肥、钾肥，促使果成熟。

4．搭架　移植后第二年应搭架，可用木杆，最好用水泥柱和角钢做立柱，1.5 ～ 2 m 立一根。用 8 号铁线在立柱上部拉一横线，每个主蔓处斜立一竹竿，高 2.5 ～ 3 m，直径 1.5 ～ 2 cm，用绑绳固定在横线上。然后按右旋引蔓上架，开始可用绳绑，之后可自然缠绕上架。

5．剪枝　分为春剪、夏剪和剪基。

（1）春剪：一般在枝条萌发前进行，剪掉过密果枝和枯枝，剪后枝条疏密适宜。

（2）夏剪：6 月中旬至 7 月中旬进行。剪掉茎生枝、膛枝、重叠枝、病虫细软枝等。过密的新生枝进行疏剪或剪短。

（3）剪基：落叶后进行剪基生枝。三次剪枝都要注意留 2 ～ 3 个营养枝作主枝，并引蔓，同时在基部做好树盘，便于灌水。

（六）病虫害防治

1．病害

（1）根腐病：病原是真菌中一种半知菌。每年 7—8 月发病，开始叶片萎蔫，根部与地面交接处变黑腐烂，根皮脱落，几天后整株死亡。防治方法：选排水良好的土壤种植，雨季及时排除田间积水；发病期用 50% 多菌灵 600 ～ 1000 倍液根际浇灌。

（2）叶枯病：发病初期从叶尖或边缘发起，果穗脱落。防治方法：加强田间管理，注意通风透光，保持土壤疏松、无杂草。发病初期用 1∶1∶100 倍波尔多液喷雾，7 天一次，连续数次。

2．虫害

卷叶虫：主要以幼虫为害，造成卷叶，影响果实生长甚至脱落。防治方法：用 50% 辛硫磷 1500 倍液喷雾。

【留种技术】在 8—9 月收获期间进行穗选，选留颗粒大、均匀一致的果穗作种用。单独晒干保管，放通风干燥处贮藏。

【采收加工】五味子一般在栽种 5 年后结果，无性繁殖的 3 年挂果，一般在 4 ～ 5 年间大量结果。应在果实呈紫红色完全成熟时采摘。采摘后应及时晒干、阴干或低温烘干。晒干时应及时上下翻动直至全部干燥。烘干时应注意温度控制，开始烘干时应在 60℃ 左右，半干后应控制在 40 ～ 50℃，近干时室外晾晒至全干。

【商品规格】

（一）含量测定

按照《中华人民共和国药典》2015 年版一部测定：本品按干燥品计算，含苦杏仁苷（$C_{24}H_{32}O_7$）不得少于 0.40%。

（二）商品规格

一等：干货。呈不规则球形或椭圆形。表面紫红色或红褐色，皱缩，肉厚，质柔润。内有肾形种子 1 ～ 2 粒。果肉味酸，种子有香气，味辛微苦。干瘪粒不超过 2%，无枝梗、杂质、虫蛀、霉变。

二等：干货。呈不规则球形或椭圆形。表面黑红、暗红或淡红色，皱缩，内较薄，内有肾形种子1～2粒。果肉味酸，种子有香气，味辛微苦。干瘪粒不超过20%。无枝梗、杂质、虫蛀、霉变。

【贮藏运输】应放置在通风、干燥、避光和阴凉低温的仓库或室内贮藏，切忌受潮、受热。运输工具必须清洁、干燥、无异味、无污染。运输时不能与其他有毒、有害的物质混装。运输过程中应有防雨、防潮、防污染等措施。

徐 长 卿

【药用来源】为萝摩科植物徐长卿 *Cynanchum paniculatum* (Bunge) Kitagawa 的干燥根和根茎。

【性味归经】辛，温。归肝、胃经。

【功能主治】祛风止痛，止痒，活血，解毒。用于风湿痹痛，跌打瘀痛，风疹，湿疹，毒蛇咬伤。

【植物形态】多年生草本，高可达1 m。须状根，可多达50条；茎直立，不分枝，无毛。叶对生，纸质，披针形至线形，长5～13 cm，宽5～15 mm，两端锐尖，两面无毛或仅叶面稍具绒毛，叶缘有边毛，叶柄为3 mm左右；圆锥状聚伞花序生于顶端的叶腋内，长达7 cm，花为10余朵；花萼5，深裂；花冠黄绿色，近辐射状；副花冠裂片5，基部加厚，肉质，顶端钝；花药顶端具有三角形膜片；子房上位，椭圆形，心皮2，离生，柱头顶端略微凸起，五角形；蓇葖单生，披针形，长为6 cm左右，向端部渐尖；种子长圆形，长约3 mm；种毛白色绢质，长1 cm。花期5—7月，果期9—12月。

【植物图谱】见图73-1～图73-3。

【生态环境】徐长卿对气候条件的适应性强，大多分布于海拔500～1200 m的山坡、丘陵、平坝和林边草丛中。对土壤的要求不高，以土层深厚、排水良好、阳光充足的砂质土壤和腐殖质土为佳。

图73-1 徐长卿对生叶

图73-2 徐长卿花和果

图 73-3　徐长卿根（须根系）

【生物学特征】徐长卿适宜的生长温度为 25 ～ 30℃，并且生长期需要充足的阳光。若光照条件不足，易遭虫害，植株纤细；而高温会抑制生长，引起落花落果或灼伤幼苗，从而使地上和地下部分产量均降低。

【栽培技术】

（一）选地、整地

1. 选地　徐长卿适宜生长在温暖、潮湿的环境，应选择地势高、阳光充足、排水良好、土层深厚的缓坡地，以砂质土壤或腐殖质土壤为佳。地势地低洼，排水不良，黏重土壤不适宜种植。

2. 整地

（1）大田整地：选定种植地后，深翻土壤 30 cm 以上，结合整地施入基肥，每亩施腐熟有机肥 2000 ～ 3000 kg，使基肥与土充分混合后，平整后作高畦，畦宽 140 cm，高 20 cm，畦沟宽 40 cm。浇水，保湿保墒。四周开好排水沟，以利于排水。

（2）机械整地：使用翻转犁深耕灭茬 45 cm 以上，翻耕后用旋耕机或圆盘耙对表层土壤进行细碎和平整处理，达到地表平整，土壤细碎疏松、上实下虚，便于机械播种的要求。深耕后使用旋耕起垄施肥机，均匀施入肥料，做到全层施肥，然后立即混土 5 ～ 10 cm。整成 140 cm 的宽畦，畦高 25 cm，垄间距 40 cm，畦面平整，耕层松软。

（二）繁殖方式

1. 种子繁殖　在 3 月中下旬或 4 月上旬时播种。在整好的畦面上开浅沟，行距为 25 ～ 30 cm，将种子均匀地撒入沟内，覆盖一层约 1.5 cm 的腐熟厩肥或草木灰，以保持适宜的湿度和地温，促进发芽。

2. 分株繁殖　一般在早春或秋末采收药材时，留下带有芽头的根，根据根的芽头数将根剪成数段，每段一般应有 1 ～ 2 个芽头。按株、行距各 25 cm 左右开穴种植，覆土压实，浇足量水，保持土壤湿润。

（三）田间管理

1．中耕除草　出苗后见草就除，松土宜浅，勿伤幼苗根部，封垄后根据植株生长情况进行人工拔草。

2．追肥　根据植株的不同生长期来进行施肥，一般在苗期及结果期要各施一次速效肥。一年生苗在植株为 10 cm 左右时追肥尿素每亩 15 kg，施以腐熟农家肥每亩 2500 kg。在花期时可以喷施适宜的复合座灵，增加结果率。

3．培土壅根　徐长卿的主要药用部位为其发达的根系，为增加其产量，要进行培土。一般在苗高 20 cm 左右时开始进行培土壅根，另外一年生苗在返青前结合追肥，覆一层 3 cm 厚的细土和土木灰，保湿保墒。

4．排水和灌溉　在干旱季节要注意及时浇灌，但灌水时不能产生积水；雨季及时清理积水，防止烂根和病虫害的发生。

5．搭架　徐长卿植株茎秆纤细，为避免其倒伏，要用适宜的材料进行搭架支撑，可以增加果实的产量，提高果实的质量。

（四）病虫害防治

蚜虫：蚜虫主要危害徐长卿的嫩茎嫩叶。可用麦麸拌辛硫磷，于傍晚撒于田间诱杀（每亩用麦麸 4～5 kg）。同时田间使用杀虫灯和粘虫板。

【留种技术】选择生长 3 年的健壮无病害植株作为母株，开花结果初期进行疏花、疏果，去除弱花、弱果。当果实成熟时，应随时采收，采收后，搓揉出去果壳和种毛及杂质，晒干或晾干，贮藏在阴凉干燥处。

【采收加工】

（一）采收

用种子繁殖、育苗移栽的 2～3 年后收获，分株繁殖的 1～2 年后收获。在秋、春季将徐长卿的地上部和地下部分别收获，采挖时注意从根部一侧开穴采挖，防治伤根。以秋季采收质量较佳。

（二）产地加工

采挖后去除泥土、杂质，将地上部分晒至半干时扎成小捆，继续晾干。根部不宜水洗或暴晒，以防止香味散失，可以选择晾干或阴干。

【商品规格】

（一）含量测定

按照《中华人民共和国药典》2015 年版一部测定：本品按干燥品计算，含丹皮酚（$C_9H_{10}O_3$）不得少于 1.3%。

（二）商品规格

不分等级，均为统货。

【贮藏运输】应置于通风阴凉干燥处储藏，严防受潮、霉变、虫蛀。运输工具必须清洁、干燥、无异味、无污染。运输时不能与其他有毒、有害的物质混装。运输过程中应有防雨、防潮、防污染等措施。

益 母 草

【**药用来源**】为唇形科植物益母草 *Leonurus japonicus* Houtt. 的新鲜或干燥地上部分。

【**性味归经**】苦、辛，微寒。归肝、心包、膀胱经。

【**功能主治**】活血调经，利尿消肿，清热解毒。用于月经不调，痛经经闭，恶露不尽，水肿尿少，疮疡肿毒。

【**植物形态**】一年或二年生草本。幼苗期无茎，基生叶圆心形，浅裂，叶交互对生，有柄，青绿色，质鲜嫩，揉之有汁；下部茎生叶掌状 3 裂；花前期茎呈方柱形，轮伞花序腋生，花紫生，多脱落。花萼内有小坚果 4。花果期 6—9 月。

【**植物图谱**】见图 74-1 ～图 74-4。

【**生态环境**】生于石质山坡、砂质草地或松林中，在海拔 1000 m 以下的地区都可以栽培，对土壤要求不严，但以向阳、肥沃、疏松、排水良好的砂质壤土栽培为宜。喜潮湿的生长环境，适应性强，但以肥沃、排灌方便的砂壤土种植有利于获得优质高产。

【**生物学特性**】益母草为喜光植物，在阳光充足的条件下生长良好，也较耐阴，但花期必须具有一定的光照和温暖条件，籽粒才能发育良好。种子在 10℃ 以上才能正常发芽。益母草生长适温为 22 ～ 23℃，15℃ 以下生长缓慢，0℃ 以下植株会受冻害，但在 35℃ 以上植株仍生长良好。喜温暖湿润气候，忌积水，怕涝。益母草必须经过冬季的低温催化作用才能抽薹开花，春季播种当年不抽薹。个别植株春天播种，当年可能会抽薹开花。

图 74-1 益母草（苗期）

图 74-2 益母草原植物

251

图 74-3　益母草茎叶　　　　　　　　　　　图 74-4　益母草花

【栽培技术】

（一）选地、整地

1．选地　宜选择向阳、土层深厚、富含腐殖质的土壤及排水良好的砂质土壤。

2．整地　选好地后每亩施人畜粪肥 1500 kg、土杂肥 2000 kg、磷肥 30 kg、草木灰 150 kg 作基肥。做宽 140 cm、高 25 cm 的畦。

（二）播种

春播，4 月中下旬；夏播，6 月中旬；秋播，10 月上旬。一般采用直播，行距 30 cm，开深 0.5 ～ 1.0 cm 的浅沟，将种子均匀撒入沟内，覆盖薄土后，稍加镇压，浇透水，经常保持土壤湿润，15 天左右出苗，播种量 1.2 ～ 1.6 kg。

（三）田间管理

1．中耕除草　中耕除草 3 ～ 4 次，分别在苗高 5 cm、15 cm、30 cm 左右时进行。耕翻不要过深，以免伤根；幼苗期中耕，要保护好幼苗，防止被土块压迫，更不可碰伤苗茎；最后一次中耕后为封垄前，要培土护根。

2．间苗、定苗、补苗　苗高 5 cm 左右，拔除弱苗；苗高 10 ～ 12 cm 时，按株距 20 cm 定苗。如果有缺苗，带土补植；缺苗过多时，以补播种子为宜。

3．追肥　一般地块施入足量底肥即可满足全生育期需要，出现脱肥情况时可随水冲施腐熟粪尿 300 ～ 500 kg，稀释 500 倍后浇施或灌根。

（四）病虫害防治

1．病害

（1）根腐病：主要发生在根部，细根首先发生褐色干腐，并逐渐蔓延至粗根。根部横切，可见断面有明显褐色，后期根部腐烂，植株地上部分萎蔫枯死。防治方法：一是收集病残体，集中处理；及时开沟排水，降低田间湿度；增施磷肥、钾肥，促进植株生长，提高植株的抗病能力。二是发病初期用 15% 噁霉灵水剂 750 倍液或 3% 甲霜·噁霉灵水剂 1000 倍液喷淋根茎部，每 7 ～ 10 天喷药 1 次，连用 2 ～ 3 次。

（2）白粉病：主要发生在叶和茎部，叶面由绿变黄，上生白色的粉状斑，严重时叶片枯萎。防治方法：一是轮作；二是田间注意通风透光，降低湿度；三是秋冬季及时清除病残体可减少越冬菌原；四是在发病初期，喷施 430 g/L 戊唑醇悬浮剂 3000 倍液（苗期 6000 倍液）或 75% 肟菌·戊唑醇水分散粒剂 3000 倍液喷雾，每 5 ～ 7 天喷洒一次，连用 2 ～ 3 次。

2．虫害

蚜虫：主要为害叶片，可使叶片皱缩、空洞、变黄。防治方法：用 33% 氯氟·吡虫啉乳油 3000 倍液，或用 10% 吡虫啉粉剂 1500 倍液喷雾。

【留种技术】在秋季选择健壮、无病害的植株等到种子完全成熟后，进行采收，采后晾干，贮藏在阴凉、干燥处。

【采收加工】

（一）采收

应在枝叶生长旺盛、每株开花在 2/3 时采收，秋季种植的在每年芒种前后（6 月上旬）；春季种植的应在每年小暑至大暑期间（7 月中旬前后）采收；春季种植的以不同的播种期在花开 2/3 时，适时采收。采收时应选择晴天露水尽后割取地上部分，注意齐地割取。

（二）产地加工

采收后应及时晒干或烘干，在采收过程中避免堆积和雨淋，防止发酵或叶片变黄。

【商品规格】

（一）含量测定

按照《中华人民共和国药典》2015 年版一部测定：本品按干燥品计算，含盐酸水苏碱（$C_7H_{13}NO_2 \cdot HCl$）不得少于 0.50%，含盐酸益母草碱（$C_{14}H_{21}O_5N_3 \cdot HCl$）不得少于 0.050%。

鲜益母草含盐酸水苏碱不得少于 0.40%，含盐酸益母草碱不得少于 0.040%。

（二）商品规格

以质嫩、叶多、色灰绿者为佳。

【贮藏运输】应置于通风干燥处储藏，严防受潮、霉变、虫蛀。运输工具必须清洁、干燥、无异味、无污染。运输时不能与其他有毒、有害的物质混装。运输过程中应有防雨、防潮、防污染等措施。

薏 苡 仁

【药用来源】为禾本科植物薏苡 *Coix lacryma-jobi* L.var.*ma-yuen*（Roman.）Stapf 的干燥成熟种仁。

【性味归经】甘、淡，凉。归脾、胃、肺经。

【功能主治】利水渗湿，健脾止泻，除痹，排脓，解毒散结。用于水肿，脚气，小便不利，脾虚泄泻，湿痹拘挛，肺痈，肠痈，赘疣，癌肿。

【植物形态】一年生粗壮草本，须根黄白色，海绵质，直径约 3 mm。秆直立丛生，高 1～2 m，具 10 多节，节多分枝。叶鞘短于其节间，无毛；叶舌干膜质，长约 1 mm；叶片扁平宽大，开展，长 10～40 cm，宽 1.5～3 cm，基部圆形或近心形，中脉粗厚，在下面隆起，边缘粗糙，通常无毛。总状花序腋生成束，长 4～10 cm，直立或下垂，具长梗。雌小穗位于花序之下部，外面包以骨质念珠状之总苞，总苞卵圆形，长 7～10 mm，直径 6～8 mm，珐琅质，坚硬，有光泽；第一颖卵圆形，顶端渐尖呈喙状，具 10 余脉，包围着第二颖及第一外稃；第二外稃短于颖，具 3 脉，第二内稃较小；雄蕊常退化；雌蕊具细长之柱头，从总苞之顶端伸出。颖果小，含淀粉少，常不饱满。雄小穗 2～3 对，着生于总状花序上部，长 1～2 cm；无柄雄小穗长 6～7 mm，第一颖草质，边缘内折成脊，具有不等宽之翼，顶端钝，具多数脉，第二颖舟形；外稃与内稃膜质；第一及第二小花常具雄蕊 3 枚，花药橘黄色，长 4 ～ 5 mm；有柄雄小穗与无柄者相似，或较小而呈不同程度的退化。花果期 6—12 月。

【植物图谱】见图 75-1 ～ 图 75-4。

【生长环境】产于辽宁、河北、山西、山东、河南、陕西、江苏、安徽、浙江、江西、湖北、湖南、福建、台湾、广东、广西、海南、四川、贵州、云南等省区；多生于湿润的屋旁、荒野、河边、池塘、河沟、山谷、溪涧等地方，海拔 200 ～ 2000 m 处常见，河北等地常有栽培。

【生物学特性】喜温暖湿润气候，怕干旱，耐肥。各类土壤均可种植，对盐碱地、沼泽地的盐害和潮湿的耐受性较强，但以向阳、肥沃的土壤或黏壤土栽培为宜。忌连作，也不宜与禾本科作物轮作。近年来在潮湿的水稻田垄上栽培，特别在抽穗扬花期给以浅水层，可显著增产。

【栽培技术】

（一）栽培要点

一般用种子进行繁殖。为预防黑穗病，播前将种子用 60℃ 温水浸种 10 ～ 20 分钟，捞出种子包好置于 5% 生石灰水中浸 1 ～ 2 天，注意不要损坏水面上的薄膜。取出以清水漂洗后播种，或用 1∶1∶100 波尔多液浸种 24 ～ 72 小时，于 3 月至 4 月，穴播，按行、株距各 27 ～ 30 cm，穴深 5 ～ 7 cm，每穴播种子 5 ～ 6 颗，覆土 2 ～ 3 cm，镇压。每亩需种量 75 ～ 90 kg。

图 75-1　薏苡苗期

图 75-2　薏苡原植物（大田）

图 75-3　薏苡果期

图 75-4　薏苡种子（果实）

（二）田间管理

幼苗有 3 ~ 4 片真叶时间苗，每穴留苗 4 ~ 5 株。中耕除草一般 3 次。薏苡是需肥量较大、耐肥性较强的作物，生长前期看重施氮肥提苗，后期应多施磷肥、钾肥，促进壮秆孕穗，田间水分管理以湿、干、水、湿、干相间的原则，即采用湿润育苗，干旱拔节，有水孕穗，湿润灌浆，干田收获。薏苡是异株花粉授精，辅助授粉是在盛花期以绳索等工具振动植株（上午 10 ~ 12 时），使花粉飞扬，可提高结实率。

（三）病虫害防治

病害有黑穗病，注意选种和种子处理，发现病株应立即拔除烧毁；还有叶枯病等危害。虫害有玉米螟、黏虫危害。

【采收加工】秋季果实成熟时采割植株，晒干，打下果实，再晒干，除去外壳、黄褐色种皮和杂质，收集种仁。

【商品规格】

（一）含量测定

按照《中华人民共和国药典》2015 年版一部测定：本品按干燥品计算，含甘油三油酸酯（$C_{57}H_{104}O_6$）不得少于 0.50%。

（二）商品规格

统货，不分等级。呈宽卵形或长椭圆形，长 4 ~ 8 mm，宽 3 ~ 6 mm。表面乳白色，光滑，偶有残存的黄褐色种皮；一端钝圆，另端较宽而微凹，有一淡棕色点状种脐；背面圆凸，腹面有 1 条较宽而深的纵沟。质坚实，断面白色，粉性。气微，味微甜。

【贮藏运输】应置于通风干燥处储藏，严防受潮、霉变、虫蛀。运输工具必须清洁、干燥、无异味、无污染。运输时不能与其他有毒、有害的物质混装。运输过程中应有防雨、防潮、防污染等措施。

远 志

【药用来源】为远志科植物远志 *Polygala tenuifolia* Willd. 或卵叶远志 *Polygala sibirica* L. 的干燥根。

【性味归经】苦、辛，温。归心、肾、肺经。

【功能主治】安神益智，交通心肾，祛痰，消肿。用于心肾不交引起的失眠多梦、健忘惊悸、神志恍惚，咳痰不爽，疮疡肿毒，乳房肿痛。

【植物形态】多年生草本，高 20 ~ 40 cm。根圆柱形，长达 40 cm，肥厚，淡黄白色，具少数侧根。茎直立或斜上，丛生，上部多分枝。叶互生狭线形或线状披针形，长 1 ~ 4 cm，宽 1 ~ 3 mm，先端渐尖，基部渐窄，全缘无柄或近无柄。总状花序，长 2 ~ 14 cm，偏侧生于小枝顶端，细弱，通常稍弯曲；花淡蓝紫色，长 6 mm；花梗细弱，长 3 ~ 6 mm；苞片 3，极小，易脱落；萼片的外轮 3 片比较小，线状披针形，长约 2 mm，内轮 2 片呈花瓣状呈稍弯些的长圆状倒卵形，长 5 ~ 6 mm，宽 2 ~ 3 mm，花瓣的 2 侧瓣倒卵形，长约 4 mm，中央花瓣较大呈龙骨瓣状，背面顶端有撕裂成条的鸡冠状附属物，雄蕊 8，花丝联合成鞘状；子房倒卵形，扁平，花柱线形，弯垂，柱头二裂。蒴果扁平，卵圆形，边有狭翅，长宽均 4 ~ 5 mm，绿色，光滑无睫毛。种子卵形，微扁，长约 2 mm，棕黑色，密被白色细绒毛，上端有发达的种阜。花期 5—7 月，果期 7—9 月。

【植物图谱】见图 76-1 ~ 图 76-4。

图 76-1　远志大田

图 76-2　远志花

图 76-3　远志根

图 76-4　远志种子

【生态环境】远志或卵叶远志生长的最适海拔为 350 ～ 700 m，年平均气温在 22℃以上。喜冷凉气候，耐干旱，忌高燥，以排水良好的砂质壤土和壤土为宜，潮湿和积水地对植株生长不利，土壤酸碱度以中性为好。

【生物学特征】一般在 6—8 月播种。出苗后，两片子叶贴近地面生长，1 个月后在两片子叶间抽出真叶，以后逐渐生长并不断地从基部分枝，一直到 11 月地上部分枯死。第二年 3 月返青，5 月开花，花期较长，但后期开的花种子不能成熟。一年生植株的种子发芽率最高，因此常以一年生的种子进行种子繁殖。

【栽培技术】

（一）选地、整地

1．选地　选向阳、地势高而干燥、排水良好的砂质壤土，土壤为中性或微偏酸，忌碱性。土壤团粒结构适中，有机质含量在 1% ～ 3%。要求耕作层深 50 cm。土壤重金属和农药残留符合要求。

2．整地　选定种植地后，每亩施 4000 kg 无污染的家畜腐熟肥、贮青肥或秸秆堆肥 500 kg，高效生物有机复合肥 80 kg，或过磷酸钙 100 kg，氮肥 20 kg。深翻 50 ～ 60 cm，耙平作畦，畦宽 150 ～ 200 cm，畦高 25 cm，沟宽 30 cm，畦背呈龟背形，沟要畅通，利于排水。

（二）播种

一般选择在 7—8 月小麦收后进行播种，如当地无灌溉条件，只能在每年 7—8 月雨季利用土壤的墒情播种，可以提高出苗率和保苗率。另外，由于远志的发芽适宜温度为20℃以上，在夏季播种出苗快。播种前在畦上开浅沟，沟宽 7 ~ 10 cm，行距 21 ~ 25 cm，将种子均匀撒入沟内，覆土 1 ~ 2 cm，稍加镇压，播后保持土壤湿润。每亩用种量 2.5 ~ 3 kg。

（三）田间管理

1．出苗管理　出苗后注意病虫为害，以防造成死苗现象。苗高 2 cm 时定苗，隔 2 cm 留苗。

2．生长期管理　随时清除垄内、田埂、地边杂草，适时中耕。大雨前后，且气温在 30℃ 以上，喷多菌灵，同时混配磷酸二氢钾和植物生长调节剂，防治远志干梢现象，要求每周喷 3 次。春季种的远志，7 月中旬每亩施尿素 20 kg。秋种远志，次年春追施尿素 20 kg、硫酸钾 25 kg、过磷酸钙 20 kg。为提高药材产量和品质，非留种田要摘蕾。

（四）病虫害防治

1．病害

根腐病：病株根部至茎部呈条状不规则紫色条纹，病苗叶片干枯后不落，拔出病苗根皮一般在土壤中。防治方法：早发现早拔掉，将拔掉的病株集中烧毁，病穴用 10% 石灰水消毒，或用 1% 硫酸亚铁消毒；发病初期也可用 50% 多菌灵 1000 倍液进行喷洒，隔 7 ~ 10 天喷一次，连喷 2 ~ 3 次。

2．虫害

远志虫害较少，主要害虫有地老虎、蛴螬、棉铃虫、蚜虫等，均可用麦麸拌辛硫磷，于傍晚撒于田间诱杀（每亩用麦麸 4 ~ 5 kg）。发现红蜘蛛危害，可用克螨灵防治。

【留种技术】种子最早成熟在 6 月上旬，最晚 8 月下旬。留种田需用大棚遮雨保种。待种子自然成熟脱落后，用自制的采种机械吸取种子，去除杂质和瘪子，晒干后置于干燥处贮藏。

【采收加工】

（一）采收

于种植第三年寒露后采收（10 月上旬）。一般选择晴天，采收前割去地表茎叶，深挖 40 ~ 50 cm，一次挖出全部根茎，防止破坏根皮，以免降低品质，不要立即晾干，应保持湿润，便于加工。

（二）产地加工

将采收后的根茎堆放 1 ~ 2 天后，晾晒至松软，抽取木心，制成远志筒，再将远志筒立即晾晒至八成干，分级后至 50 ~ 60℃ 烘干，烘干时要注意受热均匀，温度不宜过高。

【商品规格】

（一）含量测定

按照《中华人民共和国药典》2015 年版一部测定：本品按干燥品计算，含细叶远志皂苷（$C_{36}H_{56}O_{12}$）不得少于 2.0%，含远志山酮Ⅲ（$C_{25}H_{28}O_{15}$）不得少于 0.15%，含 3，6′ - 二芥子酰基蔗糖（$C_{36}H_{46}O_{17}$）不得少于 0.50%。

（二）商品规格

1．志筒规格标准

一等：干货。呈筒状，中空。表面浅棕色或灰黄色，全体有较深的横皱纹，皮细肉厚。质脆易断。断面黄白色。气特殊，味苦微辛。长 7 cm，中部直径 0.5 cm 以上。无木心、杂质、虫蛀、霉变。

二等：干货。呈筒状，中空。表面浅棕色或灰黄色，全体有较深的横皱纹，皮细肉厚。质脆易断。断面黄白色，气特殊，味苦微辛。长 5 cm，中部直径 0.3 cm 以上。无木心、杂质、虫蛀、霉变。

2．志肉规格标准

统货：干货。多为破裂断碎的肉质根皮。表面棕黄色或灰黄色，全体为横皱纹，皮粗细厚薄不等。质脆易断。断面黄白色。气特殊，味苦微辛。无芦茎、无木心、杂质、虫蛀、霉变。

【贮藏运输】应置于通风干燥处储藏，严防受潮、霉变、虫蛀。运输工具必须清洁、干燥、无异味、无污染。运输时不能与其他有毒、有害的物质混装。运输过程中应有防雨、防潮、防污染等措施。

皂 角 刺

【药用来源】为豆科植物皂荚树 *Gleditsia sinensis* Lam. 的干燥棘刺。

【性味归经】辛，温。归肝、胃经。

【功能主治】消肿托毒，排脓杀虫。用于痈疽初起或脓成不溃，外治疥癣麻风。

【植物形态】落叶乔木或小乔木，高可达 30 m。枝灰色至深褐色；刺粗壮，圆柱形，常分枝，多呈圆锥状，长达 16 cm。叶为一回羽状复叶，长 10 ～ 26 cm；小叶 2 ～ 9 对，纸质，卵状披针形至长圆形，长 2 ～ 12.5 cm，宽 1 ～ 6 cm，先端急尖或渐尖，顶端圆钝，具小尖头，基部圆形或楔形，有时稍歪斜，边缘具细锯齿，上面被短柔毛，下面中脉上稍被柔毛；网脉明显，在两面凸起；小叶柄长 1 ～ 5 mm，被短柔毛。花杂性，黄白色，组成总状花序；花序腋生或顶生，长 5 ～ 14 cm，被短柔毛；雄花：直径 9 ～ 10 mm；花梗长 2 ～ 10 mm；花托长 2.5 ～ 3 mm，深棕色，外面被柔毛；萼片 4，三角状披针形，长 3 mm，两面被柔毛；花瓣 4，长圆形，长 4 ～ 5 mm，被微柔毛；雄蕊 8 (6)；退化雌蕊长 2.5 mm；两性花：直径 10 ～ 12 mm；花梗长 2 ～ 5 mm；萼、花瓣与雄花的相似，惟萼片长 4 ～ 5 mm，花瓣长 5 ～ 6 mm；雄蕊 8；子房缝线上及基部被毛（偶有少数湖北标本子房全体被毛），柱头浅 2 裂；胚珠多数。荚果带状，长 12 ～ 37 cm，宽 2 ～ 4 cm，劲直或扭曲，果肉稍厚，两面膨起，或有的荚果短小，呈柱形，长 5 ～ 13 cm，宽 1 ～ 1.5 cm，弯曲呈新月形，通常称猪牙皂，内无种子；果颈长 1 ～ 3.5 cm；果瓣革质，褐棕色或红褐色，常被白色粉霜；种子多颗，长圆形或椭圆形，长 11 ～ 13 mm，宽 8 ～ 9 mm，棕色，光亮。花期 3—5 月；果期 5—12 月。

【植物图谱】见图 77-1 ～图 77-4。

图 77-1　皂荚叶

图 77-2 皂角刺

图 77-3 皂角刺（药材）

图 77-4 皂角（果实 - 荚果）

【生态环境】皂荚树喜光，稍耐阴，生于海拔 2500 m 以下的山坡林中或谷地、路旁。常栽培于庭院、宅旁，或作为绿化树种栽种于道路两旁或公园。在微酸性、石灰质、轻盐碱土甚至黏土或砂土均能正常生长。属于深根性植物，具较强耐旱性，寿命可达 600 ～ 700 年。

【生物学特征】皂荚属阳性树种，在阳光条件充足，土壤肥沃的地方生长良好。喜温暖向阳地区，喜光不耐庇荫。在石灰岩山地及石灰质土壤上能正常生长，在轻盐碱地上，也能长成大树。其生长环境中，无霜期应不少于 180 天，光照不少于 2400 小时。年平均气温 10 ～ 20℃，极端最低温度不低于 –20℃的区域均可种植。

【栽培技术】

（一）育苗技术

1．良种壮苗培育　皂荚主要以种子育苗繁殖。

2．苗圃选择与准备　育苗地宜选择土壤肥沃、灌溉方便的地方，整地要细。每亩施有机肥3000～5000 kg，筑成平畦或高畦。

3．种子处理　皂荚种皮厚而坚硬，透水性差，如不经催芽处理，种子发芽出土慢而不整齐、发芽率低，必须进行种子处理。常用方法有：

（1）湿沙层积处理：在秋末冬初将种子浸入水中，每天换1次水，7天后捞出与湿沙混合进行贮藏，经常翻动促其温湿度均匀，次年春天置温暖处催芽。

（2）热水浸种：3月10日左右，即将皂荚种子放入瓷缸或塑料大盆等容器内，倒入100℃开水，边倒水边搅拌到不烫手为止，浸泡一昼夜，用淘米法筛选出吸水膨胀的种子催芽。未膨胀的种子，用上述方法连续浸种10次左右，种子绝大多数膨胀即可进行混沙催芽。

（3）浓硫酸处理：3月20日后，将皂荚种子放入非金属容器中，加入98%浓硫酸充分搅拌、浸种18～22分钟，如发现有30%左右的皂荚种子种皮有细小的裂纹时，则应马上停止浸泡，倒出硫酸液并迅速用清水冲洗干净种子，直到种子表面的残留水 pH 为7时为止。接着，在容器中用种子体积5～6倍、40～60℃的温水，将种子连续浸泡2～3天，每天需换等体积的温水2次，使种子充分吸水膨胀。值得注意的是，在种子处理的过程中，切忌用手直接触摸种子。浓硫酸用量约为处理种子重量的1/10。热水浸种和湿沙层积处理，虽投资小，但用工多，有少量硬粒种子不能吸胀萌芽。用浓硫酸浸种法处理皂荚种子，一般不留硬粒，且速度快发芽齐，省工省时，发芽迅速。

4．种子催芽　将经过处理吸水胀大的种子均匀混沙催芽（按3份沙1份种子的容积比例），沙的湿度以手握成团，松开即散为好，置20～25℃处，经常喷水保持湿润，每日翻动1～2次，"裂嘴"的种子达到1/3时即可进行播种。也可将经过处理的种子装入麻袋或布袋中，置20～25℃处，每天早晚清水冲洗两次并上下翻动种子，使其受热均匀，种子30%露白即可播种。

5．播种　播种时间在3月下旬至4月上旬。条播，条距25 cm，每米播种20～30粒。播种前苗床要灌透水，播后覆土3～4 cm，并经常保持土壤湿润。用播种花生用的播种器进行机播，可大大提高工效，每亩播种量50～60 kg，每亩可产苗3万～4万株。

6．播后管理　幼苗出土前后要及时防治蝼蛄等地下害虫：每5 kg炒香的麦麸中加入90%美曲膦酯30倍液0.15 kg，每亩施用1.5～2.5 kg。幼苗刚出土时勤喷水严防床面板结，以免灼伤嫩苗。苗高10 cm左右时进行间苗/定苗，株距5 cm。6—8月根据天气和苗木生长状况，适量适时灌溉和追肥，每亩施人粪尿100 kg或尿素10 kg，每隔半个月追肥一次，8月初停止追肥，以利于幼苗木质化。同时注意防治叶面害虫。当年生苗高可达50～150 cm，可用于出圃造林。也可翌年用作嫁接优良品种的砧木。

7．田间管理

（1）中耕锄草：皂荚小苗在春季移栽成活，待气温回升后，选晴天及时松土除草。松土宜浅不宜深，避免伤害苗木根系，将表土用锄头耧松，让阳光照入，可提高地温，促进苗木根系生长。育苗期每年中耕除草4次，分别在4、6、8、10月进行。

（2）清沟排水：皂荚小苗既怕旱又怕涝，土壤过于黏湿易导致根系腐烂死亡，土壤过于干燥又易失水死亡。因此在冬季结合施肥培土进行清沟，通过中耕锄草、少量补肥，再加深田间沟系，做到排水畅通，大雨后田间不积水。遇到干旱要及时进行灌溉，防止苗木死亡，灌水以湿润土壤为宜。除草应掌握在土壤干燥时进行，平时应经常清沟排水，保持土壤适宜湿度。

（3）遮阴降温：采用稻草或遮阳网遮阴，对幼苗生长十分有利，可减少水分蒸发，降低土温，增加根、茎生长，待幼苗出齐后要及时撤去遮阴物。

（4）施肥：根据土壤养分状况和树种特性，合理选用肥料，一般氮、磷、钾比例为3：2：1。基肥最好在耕地前施用，追肥每年3～4次为宜，每次间隔3～4周为宜，以沟施和撒施方法为主，可以结合中耕除草同时进行。

（5）轮作：在同一块圃地或林地上，通过轮换种植不同树种或其他农作物的方式来提高地力，从而提高苗木质量。

（二）造林栽培技术

1．选地　皂荚树喜阳光，年降雨量300～1000 mm最好，垂直分布应在海拔1000 m以下，若海拔600 m以下，宜选阳坡、半阳坡；海拔600 m以上，宜选阳坡。坡度为25°以下。选择耕地要灌溉方便、排水良好，选择山坡林地要进行水平带状整地作成林带。在土壤黏重、排水不良、阴坡地等处不宜栽培。

2．造林整地　种植前造林地要用5%甲拌磷颗粒剂进行防虫处理，每亩用量为1.5 kg；用50%多菌灵可湿性粉剂1 kg兑水500 kg喷洒土壤，进行灭菌。在山坡地栽植采用穴状或带状整地。穴状整地在种植点周围100 cm×100 cm范围内挖除所有石块、树桩，整地深度30 cm以上。带状整地的带距3～4m，带宽2m。带间应保留自然植被，防止水土流失。在林带内清除杂灌木，将土壤翻松，做成苗床，以便栽植幼苗。整地时，因地制宜，施足基肥，一般每亩用堆肥1500～2500 kg、饼肥50～75 kg、钙镁磷肥20～30 kg、硫酸钾5～10 kg。肥料施用过程中堆肥、饼肥要充分腐熟，基肥不能与苗木根系直接接触。

3．种植穴规格　耕地种植穴规格以60 cm×60 cm×40 cm为宜。山坡地以50 cm×50 cm×30 cm、40 cm×40 cm×30 cm为宜。

4．栽培模式和种植密度

（1）常见种植密度：皂荚树采刺园栽培造林中，栽植密度有以下几种：2 m×2 m、2 m×1.5 m、2 m×1 m、1.5m×1 m、1 m×1 m，密度越大，树冠形成越早，单位面积采刺量高，经济效益越好。但集约管理措施高。3～5年后株间树冠交接，可考虑去密留稀，以保证林间通风透光，提高皂角刺的产量和质量，也有利于行间进行机械作业。

在生产实践中，还有以下几种栽培模式，可根据当地条件和经营目的选择：

（2）超密皂荚园模式：株行距（0.5～0.8）m×1.0 m，每亩栽植840～1334株。每年平茬，利用当年新枝（新枝是产刺的枝条），生产大量皂角刺。也可培养主干3 m，既可以采刺，又可培育3～6生的皂角绿化苗，径长到3～10 cm可逐年间挖掉部分苗子，经济效益非常好，6年后每亩保留222株。

（3）地埂栽植模式：在丘陵区，沿梯田外沿地埂里侧栽植，株距2～3 m。

（4）果园防护林模式：在果园外围，按照株行距（0.5～1）m×（2～2.5）m双行栽植，防护与皂刺生产兼顾。

（5）皂荚、药材间作模式：皂荚林下种植中药材的种类可选择金银花、牡丹、地黄、黄芩、柴胡、板蓝根、白术等。

5．整形修剪　皂荚树幼龄期，对枝干进行整形修剪，使之成为合理的树体结构和形态，可调控枝条生长发育和均衡树势，达到通风透光良好，促进早产、多产、稳产优质的目的。结合整形修剪，还要及时修剪去掉顶部直立生长徒长枝，8月要及时修剪掉枝条顶端的秋梢，可有效提高皂刺的产量和质量，从而增加经济效益。目前生产中，皂荚采刺林合理的树型主要有高干形、中干形、低干形和丛状形等。

（1）高干形：培育主干高150 cm落头，主干上错落培育3～4个主枝，与主干呈50°倾角，主枝长80 cm。每个主枝上再选留3个左右侧枝。

（2）中干形：树干高 100～130 cm 落头，培育主枝总数 3～5 个。

（3）低干形：树干高 60～80 cm 落头定干，培育主枝总数 5～7 个。每个主枝上再选留 2～3 个侧枝。

（4）丛状形：基本没有主干，40 cm 定干，培养生长势一致，角度适宜的 3～5 个主枝，在主枝上培育适宜数量的侧枝。

6．造林苗木选择

（1）苗木规格：要求一年生Ⅰ、Ⅱ级优质苗木上山造林。

（2）苗木质量：苗木质量除苗高、直径达到指标外，还必须保持根系完整，不伤根皮，不伤顶芽，应随挖随植，确保苗木新鲜。

7．苗木栽植

（1）种植时间：10 月下旬至翌年 4 月上旬之间，以 11 月至翌年 3 月最佳，最好选择阴天种植。

（2）撒施基肥：每穴施入经充分腐熟的厩肥 10～20 kg 和钙镁磷肥 0.25 kg，与表土搅拌后回填。

（3）苗木种植方法：种植前，适当修剪苗木根系。种植时扶正苗木，埋土至根际处，用手轻提苗木，使根系舒展，然后踏实。种植后，浇透定根水，上盖松土，要领即"三埋两踩一提苗"。

8．林地管理

（1）幼林抚育

1）中耕除草、留树盘：造林后 3 年内的幼林留 1 m² 的树盘。每年 6—7 月进行中耕除草。幼林抚育以除草、培土为主，每年 10 月进行垦抚。垦抚不宜深挖，以免伤及幼树根系。

2）施肥：以施有机肥为主，可兼施氮、磷、钾复合肥。年施肥量折复合肥每株 0.25～0.5 kg，一年两次，第一次在 3 月中旬，第二次在 6 月上中旬。方法为：造林后 1～3 年，离幼树 30 cm 处沟施。3 年后，沿幼树树冠投影线沟施。

3）套种：坡度平缓的幼林地或坡耕地造林可套种花生、豆类、小辣椒、桔梗、丹参、牡丹、白术、板蓝根、柴胡、地黄等经济作物、中草药材或禾本科绿肥。作物与皂荚树间应保持 100 cm 距离。

（2）成林管理

1）垦抚：皂荚刺采收后（每年冬春），逐年向树干外围深挖垦抚，范围稍大于皂荚树冠投影面积。垦出的石块依自然地形在皂荚树下砌成水平带。

2）除草：皂荚林地以少动土为好，每年夏季，清除杂草和黑麦草等绿肥，清除的杂草和绿肥等覆盖树盘底下，厚度 15～20 cm，上压少量细土，化学除草采用百草枯，一年当中喷洒 3 次即可除去杂草。

3）施肥

①时间：一年两次，第一次在 3 月上中旬，促进枝梢生长发育；第二次在 6 月上旬，促进皂角刺生长发育，提高产量、质量，也可在采收后施肥。

②种类：经腐熟的有机肥，化肥必须与有机肥配合施用。禁止使用城市生活垃圾、工业垃圾、医院垃圾和未经腐熟粪便。以施用复合肥为宜。

③施肥量：根据山地土壤肥力及树龄大小而定。

4）灌溉：干旱时做好引水、灌溉等抗旱保墒，也可结合根外追施提高抗旱能力。

（三）病虫害防治

1．防治原则　坚持"预防为主，综合防治"的方针。因地制宜地运用营林、生物、物理、化学防治，并加强病虫害预测预报，做到及时、准确。

2．防治措施

（1）加强检疫：严格执行国家规定的植物检疫制度，防止检疫性病害蔓延传播。

（2）营林防治：合理修剪，及时清除病虫危害的枯枝、落叶，减少病虫源；加强抚育管理，增强树体抗逆性；套种花生、黄豆、药材等矮秆经济植物，增加生物多样性。

（3）生物防治：保护和利用天敌，以有益生物控制有害生物，扩大以虫治虫、以菌治虫的应用范围，维持生态平衡。

（4）物理防治：用黑光灯诱杀害虫。

（5）化学药物防治

1）病害：危害皂荚树的病害主要有炭疽病、立枯病、白粉病、褐斑病、煤污病等。

①炭疽病：主要危害叶片，也能危害茎。叶片上病斑圆形或近圆形，灰白色至灰褐色，具红褐色边缘，其上生有小黑点。后期病斑破碎形成穿孔。病斑可连接成不规则形。发病严重时能引起叶枯。茎、叶柄和花梗感病形成长条形病斑。秋季生长在潮湿地段上的植株发病严重。防治方法：将病株残体彻底清除并集中销毁，减少侵染源；加强管理，保持良好的透光通风条件；发病期间可喷施 1：1：100 波尔多液，或 65% 代森锌可湿性粉剂 600 ～ 800 倍液。

②立枯病：幼苗感染后根茎部变褐枯死，成年植株受害后，从下部开始变黄，然后整株枯黄以至死亡。防治方法：该病为土壤传播，应实行轮作；播种前，种子用多菌灵 800 倍液杀菌；加强田间管理，增施磷肥、钾肥，使幼苗健壮，增强抗病力；出苗前喷 1：2：200 波尔多液 1 次，出苗后喷 50% 多菌灵溶液 1000 倍液 2 ～ 3 次，保护幼苗；发病后及时拔除病株，病区用 50% 石灰乳消毒处理 3 次，保护幼苗；发病后及时拔除病株，病区用 50% 石灰乳消毒处理。

③白粉病：是一种真菌性病害，主要危害叶片，并且嫩叶比老叶容易被感染；该病也危害枝条、嫩梢、花芽及花蕾。发病初期，叶片上出现白色小粉斑，扩大后呈圆形或不规则形褪色斑块，上面覆盖一层白色粉状霉层，后期白粉状霉层会变为灰色。花受害后，表面被覆白粉层。受白粉病侵害的植株会变得矮小，嫩叶扭曲、畸形、枯萎，叶片不开展、变小，严重时整个植株都会死亡。防治方法：对重病的植株可以在冬季剪除所有当年生枝条并集中烧毁，从而彻底清除病源；田间栽培要控制好栽培密度，并加强日常管理，注意增施磷肥、钾肥，控制氮肥的施用量，以提高植株的抗病性；注意选用抗病品种；发病严重的地区，可在春季萌芽前喷洒波美石硫合剂；生长季节发病时可喷洒 80% 代森锌可湿性粉剂 500 倍液，或 70% 甲基托布津 1000 倍液，或 20% 粉锈宁（即三唑酮）乳油 1500 倍液，以及 50% 多菌灵可湿性粉剂 800 倍液。

④褐斑病：是一种真菌性病害。主要侵害叶片，并且通常是下部叶片开始发病，后逐渐向上部蔓延。发病初期病斑为大小不一的圆形或近圆形，少许呈不规则形；病斑为紫黑色至黑色，边缘颜色较淡。随后病斑颜色加深，呈现黑色或暗黑色，与健康部分分界明显。后期病斑中心颜色转淡，并着生灰黑色小霉点。发病严重时，病斑连接成片，整个叶片迅速变黄，并提前脱落。褐斑病一般初夏开始发生，秋季危害严重。在高温多雨，尤其是暴风雨频繁的年份或季节易暴发；通常下层叶片比上层叶片易感染。防治方法：及早发现，及时清除病枝、病叶，并集中烧毁，以减少病菌来源；加强栽培管理、整形修剪，使植株通风透光；发病初期，可喷洒 50% 多菌灵可湿性粉剂 500 倍液，或 65% 代森锌可湿性粉剂 1000 倍液，或 75% 百菌清可湿性粉剂 800 倍液。

⑤煤污病：又名煤烟病，主要侵害叶片和枝条，病害先是在叶片正面沿主脉产生，后逐渐覆盖整个叶面，严重时叶片表面、枝条甚至叶柄上都会布满黑色煤粉状物；这些黑色粉状物会阻塞叶片气孔，妨碍正常的光合作用。防治方法：加强栽培管理，合理安排种植密度；及时修剪病枝和多余枝条，以利于通风、透光；对上年发病较为严重的田块，可在春季萌芽前喷洒 3 ～ 5 波美度石硫合剂，以消灭越冬病源；对生长期遭受煤污病侵害的植株，可喷洒 70% 甲基托布津可湿性粉剂 1000 倍液，或 50% 多菌灵可湿性粉剂 1000 倍液，以及 77% 可杀得可湿性粉剂 600 倍液等进行防治。

2）虫害：危害皂荚树的害虫主要有蚜虫、凤蝶、蚧虫、天牛等。

①蚜虫：常危害植株的顶梢、嫩叶，使植株生长不良。防治方法：可用水或肥皂水冲洗叶片，或摘除受害部分；消灭越冬虫源，清除附近杂草，进行彻底清园。

②凤蝶：凤蝶幼虫在7—9月咬食叶片和茎。防治方法：人工捕杀或用90%美曲膦酯500～800倍液喷施。

【留种技术】在皂荚树生长较集中的地区，选择树干通直、生长健壮、丰产性好、种子饱满、树龄30～100年的盛果期成年母树，于10月采种。采收的果实要摊开曝晒，晒干后将荚果砸碎，或用石碾压碎，量大可进行机械加工，可大大提高工效，荚果破碎后，筛去果皮，进行风选。精选出的种子阴干后，装袋干藏。一般1 kg种子1600～2200粒。

【采收加工】全年均可采收，干燥。

【商品规格】按照《中华人民共和国药典》2015年版一部规定，符合皂角刺的性状鉴别、显微鉴别和理化鉴别特征。不分等级，均为统货。

【贮藏运输】应存放于清洁、阴凉、干燥通风、无异味的专用仓库中，并防回潮、防虫蛀。运输工具必须清洁、干燥、无异味、无污染。运输时不能与其他有毒、有害的物质混装。运输过程中应有防雨、防潮、防污染等措施。

知　母

【药用来源】为百合科植物知母 *Anemarrhena asphodeloides* Bge. 的干燥根茎。

【性味归经】苦、甘，寒。归肺、胃、肾经。

【功能主治】清热泻火，滋阴润燥。用于外感热病，高热烦渴，肺热燥咳，骨蒸潮热，内热消渴，肠燥便秘。

【植物形态】多年生草本，根状茎粗0.5～1.5 cm，为残存的叶鞘所覆盖。叶长15～60 cm，宽1.5～11 mm，向先端渐尖而成近丝状，基部渐宽而成鞘状，具多条平行脉，没有明显的中脉。花葶比叶长得多；总状花序通常较长，可达20～50 cm；苞片小，卵形或卵圆形，先端长渐尖；花粉红色、淡紫色至白色；花被片条形，长5～10 mm，中央具3脉，宿存。蒴果狭椭圆形，长8～13 mm，宽5～6 mm，顶端有短喙。种子长7～10 mm。花果期6—9月。

【植物图谱】见图78-1～图78-6。

【生态环境】喜温暖气候，亦能耐寒、耐干旱，喜阳光。北方可在田间越冬，对土壤要求不严，适于在山坡黄沙土和腐殖质壤土及排水良好的地方生长，常野生于向阳山坡、地边、草原和杂草丛中，也可于丘陵、地边、路旁等零散土地栽培，在阴湿地、黏土及低洼地生长不良，且根茎易腐烂。

【生物学特征】知母为宿根植物，每年春季日均温度10℃以上时出土，4—6月地上部分和地下部分根系生长最旺盛，8—10月地下根茎增粗充实，11月植株枯死，生育期230天左右。知母种子在平均气温13℃以下全部发芽需1个月，18～20℃则需2周，在恒温箱（20℃）里萌发需6天。在平均气温15℃以上时播种为宜。

图 78-1　知母大田（苗期）

图 78-2　知母大田（花期）

图 78-3　知母原植物

图 78-4　知母花序

图 78-5　知母种子　　　　　　　　　　　　　　图 78-6　知母根状茎

【栽培技术】

（一）选地、整地

1. 选地　应选择排水良好，疏松的腐殖质壤土和砂质壤土种植。但对土壤要求不严格，山坡、丘陵、地边、路旁等零散土地均可种植。

2. 整地

（1）人工整地：4月上中旬进行，深翻30 cm以上，每亩施腐熟有机肥2000 ~ 3000 kg，深翻入土混合均匀后施入耕层做基肥，整平耙细作畦。畦宽140 cm，畦间距40 cm宽，畦长视实际需要而定，浇足底墒水。

（2）机械整地：使用翻转犁深耕灭茬45 cm以上，翻耕后用旋耕机或圆盘耙对表层土壤进行细碎和平整处理，达到地表平整，土壤细碎疏松、上实下虚，便于机械播种的要求。深耕后使用旋耕起垄施肥机，均匀施入肥料，做到全层施肥，然后立即混土5 ~ 10 cm，达到畦面平整，耕层松软。

（二）播种

在4月中下旬播种，按行距20 ~ 25 cm，开深2 ~ 3 cm，宽5 ~ 8 cm的浅沟，每亩播种量1 ~ 1.5 kg，将种子均匀撒入沟内，覆土2 ~ 3 cm，稍加镇压，播后保持土壤湿润。

（三）育苗移栽

在整好的畦面上，按行距10 ~ 15 cm开沟，沟深2 cm，每亩播种量2 ~ 3 kg，将种子均匀地撒播在沟内覆土镇压。播种后15 ~ 20天出苗。苗高5 ~ 6 cm时，按25 ~ 30 cm开沟，沟深5 ~ 6 cm，株距10 ~ 15 cm定植，定植后覆土压实并适时浇水，以利缓苗。

（四）田间管理

1. 中耕除草　播种后，应及时进行中耕，中耕深度2 ~ 3 cm为宜。中耕同时还要将杂草清除，严防草荒，做到畦内无杂草。

2. 间苗、定苗、补苗　直播田或移栽田，出苗后适当进行疏苗，苗齐后定苗；对缺苗部位进行移栽补苗。

3. 追肥　6月要追肥1次，每亩追施氮磷钾复合肥30 kg，沟施然后覆土浇水。

4. 灌水与排水　追肥后应浇水1 ~ 2次，以防止养分流失。雨季应注意排水防涝，以免感染病菌，烂根死亡。

5．打薹　非留种田，第二年夏季知母开始抽薹，消耗大量养分，应在开花之前一律剪掉花茎。

（五）病虫害防治

主要病虫害为蛴螬：幼虫咬食根部，造成根部空，断苗。防治方法：用 90% 晶体美曲膦酯 800 ~ 1000 倍液或 40% 辛硫磷乳油 800 ~ 1000 倍液浇灌。

【留种技术】留种田，第三年开始采收种子。果实初熟期为 8 月中旬，当果实由绿色转为黄绿色或黄褐色时收获，稍加晾晒，去掉杂质，放置阴凉干燥处贮藏备用。

【采收加工】

（一）采收

采用种子繁殖的知母需要生长 4 ~ 5 年收获，用育苗移栽繁殖的知母需要生长 3 年才能收获。第三年秋季 10 月下旬或 11 月上旬，知母生长停止后，直接采挖即可。知母为横向生长植物，采挖时比较容易。

（二）产地加工

知母肉宜在 4 月下旬抽薹前采挖，趁鲜剥掉外皮，不宜沾水，切片干燥即得。毛知母应在 10 月下旬挖出根茎，除掉泥土，晒干或烘干，放入置有过筛的文火炒热的细沙锅内，不断翻动，炒至用物能擦去毛须为度，在捞出后置竹匾内，趁热搓去外皮至无毛为止，注意保留黄绒毛，再洗净，闷润，切片即得毛知母。

【商品规格】

（一）含量测定

按照《中华人民共和国药典》2015 年版一部测定：本品按干燥品计算，含知母皂苷 B Ⅱ（$C_{45}H_{76}O_{19}$）不得少于 3.0%。

（二）商品规格

1．毛知母规格标准

统货：干货。呈扁圆形，略弯曲，偶有分枝；体表上面有一凹沟具环状节。节上密生黄棕色或棕色毛；下面有须根痕；一端有浅黄色叶痕（俗称金包头）。质坚实而柔润。断面黄白色。略显颗粒状。气特异，味微甘略苦。长 6 cm 以上。无杂质、虫蛀、霉变。

2．知母肉规格标准

统货：干货。呈扁圆条形，去净外皮。表面黄白色或棕黄色。质坚。断面淡黄色，颗粒状。气特异。味微甘略苦。长短不分，扁宽 0.5 cm 以上。无烂头、杂质、虫蛀、霉变。

【贮藏运输】应置于通风干燥处储藏，严防受潮、霉变、虫蛀。运输工具必须清洁、干燥、无异味、无污染。运输时不能与其他有毒、有害的物质混装。运输过程中应有防雨、防潮、防污染等措施。

猪　苓

【药用来源】为多孔菌科真菌猪苓 *Polyporus umbellatus*（Pers.）Fries 的干燥菌核。

【性味归经】甘、淡，平。归肾、膀胱经。

【功能主治】利水渗湿。用于小便不利，水肿，泄泻，淋浊，带下。

【植物形态】菌核体多为不规则状或块状；表面为棕褐色或黑褐色，凹凸不平，有许多瘤状突起和皱褶；内面为近白色或淡黄色，干燥后变硬，整个菌核体由多数白色菌丝交织而成；菌丝中空，直径约3 mm，细而短。子实体由地下菌核向上生长伸出地面，菌柄肉质，常常与基部相连，上部多分枝，形成一丛菌盖，伞状半圆形，常多数合生，半木质化，直径5～15 cm，甚至更大，表面深褐色，附着细小鳞片，中部有细纹，凹陷，呈放射状，孔口微细近圆形；担孢子多为卵圆形。

【植物图谱】见图79-1、图79-2。

【生态环境】多生长于海拔为1000～1500 m、坡度为20°～30°的半阴半阳坡林地中。野生猪苓常生长在阔叶林或混交林地下的树根周围。地温为10℃时，开始萌芽。适宜生长温度为20～25℃，14～20℃生长最块，22℃子实体宜散发孢子。土壤适宜含水量为30%～40%，适宜生长在疏松肥沃、富含腐殖质、微酸性、湿润的砂质壤土或山地砂质黄棕壤中。

图79-1 猪苓（野生，采自河北省丰宁县）

图79-2 猪苓（野生药材）

【生物学特征】猪苓的生活史分担孢子、菌丝体、菌核、子实体四个阶段。担孢子是子实体产生的有性孢子，萌发后形成初生菌丝体，初生菌丝体质配后产生双核的次生菌丝，诸多次生菌丝紧密缠结成菌核。菌核主要是储存养分，具有耐高、低温和干旱的特性。在不适宜的条件下，能够长时间保持休眠状态，遇适宜的温度、湿度和营养条件，即可在菌丝体的任何部分萌发产生新的菌丝。一般在3月下旬，表土层5 cm处温度达到8～9℃时，菌核开始生长，菌核体上萌发出许多白色毛点，随着气温的升高，毛点不断长大变厚，形成肥嫩有光泽的白色菌核，逐渐向地表生长。8、9月地温达12～20℃时，菌核生长进入旺盛期，体积、重量迅速增加。菌核色泽从基部到中间由白变黄。此时如遇连续阴雨天，空气湿度增高，部分菌核生长出子实体，开放散出孢子。随着地温下降，子实体很快枯烂。10月以后，当地温降至8～9℃时，猪苓停止生长，进入冬眠。翌年春又萌发分出新的菌核。如此年得继生，群体合聚形成一窝。土壤肥沃，营养丰富，菌核大而多，分叉少，俗称"猪屎苓"；土质瘠薄，养料不足，结苓小，分叉多，俗称"鸡屎苓"。在外界环境条件极端不利时，猪苓将停止生长，菌核老化，色泽变为深黑色，核体出现大小孔眼，直至腐烂。

【栽培技术】

（一）菌材和菌床的培养

1. 备料 选栎树、桦树等材质坚硬的阔叶树木材，做培养蜜环菌的菌材。选取直径10 cm左右的枝条，锯成60 cm长的木段，晒半个月，使含水量达到70%左右，然后，在木段上每隔3～5 cm，用刀砍一排鱼鳞口，每段砍3～4排，深达木质部为宜。

2. 培养菌材和菌床 一般采用窖培法，选距离猪苓栽培较近的湿润地方挖窖，深30～50 cm，长宽各70 cm，将窖底挖松8～10 cm，放入30%的腐殖质土，整平底部铺入准备好的木段，材间用腐殖土填空隙，实而不紧，木材上部要露出，放好一层后撒淋马铃薯汁，湿透底材，上面放一层培养好的菌种。一次堆放4～5层，最后盖腐殖质土10 cm，窖顶呈龟背形，盖草防止雨水冲刷。每窖培养100根左右菌材。

菌床，即培养菌材的窖，制作方法和培养菌材基本相同。

窖培菌材以6—7月为宜，培养2个月后蜜环菌已经长好，9月下旬至10月下旬扒开取出上层菌材作菌床，培养猪苓。

（二）选种与选地

选种是猪苓栽培很重要的一环，栽培猪苓用菌核作种，选择灰褐色，压有弹性、断面菌丝色白、嫩的鲜苓作种。白苓栽后腐烂，不能作种。

选地时，应选择湿润，土壤含水量在30%～50%，通透性良好，微酸性的砂质壤土，坡向以二阳坡为好，坡度在20°～30°之间为好，选地后，顺坡挖窖，窖深70～100 cm，宽70 cm。

（三）栽培方法

可在封冻前10月下旬，或翌年春天解冻后的4～5月栽培，多用活动菌材伴材或固定菌床栽培。

1. 活动菌材伴材 在已经挖好的窖底铺一层树叶，放入3根已经培养好的菌材，材间距2～3 cm，将已经选好的猪苓菌核接在两根菌材之间鱼鳞口处及两端，间距10 cm左右。用腐殖质土和树叶填满菌材间空隙，上面再放2根菌材，以相同方法摆放掰下来的菌核小块。再放一层腐殖质和树叶填满空隙，上面覆土10 cm，窖顶呈龟背形，以盖草防止雨水冲刷和灌进雨水。

2. 固定菌床栽培 在已经培养好的菌床上，取出菌材另行栽培。下层菌材不动，按活动菌材伴栽方法，在材间摆上菌核后，用腐殖质土和树叶填满菌材间空隙，上面再放2根菌材，在材间摆上菌核后，再盖一层腐殖质土和树叶填满空隙，上面覆土10 cm，窖顶呈龟背形，以盖草防止雨水冲刷和灌进雨水。

（四）苓场管理

猪苓栽培后严禁人、畜践踏和随意翻动观看，以免破坏两者间的共生关系。应经常检查窖内土壤湿度、保持土壤含水量达 40% ～ 50%。干旱时应及时浇水。一般不施肥、除草，呈半野生状态，要严防鼠害。

（五）病虫害防治

1. 病害　一般为腐烂病，危害猪苓菌核，发病时猪苓常流出黄色黏液，失去特有香气，品质降低。防治方法：苓场要保持通风透气和排水良好；木段要干净、无菌；发现病情应提前采收，苓窖需要杀菌消毒。

2. 虫害　主要为黑色大白蚁，蛀食木段，使其不结苓，造成减产。防治方法：苓场选择要避开蚁源；下窖接种后要在窖的周围挖防虫沟；发现蚁害要寻穴毒杀或用黑光灯诱杀。

【留种技术】秋季采收成熟、新鲜、形态完整、健康色全、发育良好和菌伞尚未打开的蜜环菌子实体，灰褐色、核体松软的留种。

【采收加工】

（一）采收

猪苓菌核成熟需 2 ～ 3 年时间，春季 4—5 月和秋季 9—10 月都可以采收，以秋季采收为好。挖出窖中的全部菌材和菌核，选取灰褐色、健康无病害和核体松软的留种，色黑质硬的老菌核晒干药用。

（二）产地加工

挖出菌核，除去泥土和菌素等其他杂质，烘干或晒干。

【商品规格】

（一）含量测定

按照《中华人民共和国药典》2015 年版一部测定：本品按干燥品计算，含麦角甾醇（$C_{28}H_{44}O$）不得少于 0.070%。

（二）商品规格

商品按大小和质量分为特级、一等、二等和统货规格。国内规格以统货为主，以表面乌黑，块大体实者为佳。

出口商品除要求外皮色黑光滑、肉白、体重外，按每千克的头数分为四等。

一等：每千克不超过 32 头。

二等：每千克不超过 80 头。

三等：每千克不超过 200 头。

四等：每千克 200 头以上。

【贮藏运输】置阴凉干燥处，防霉、防虫蛀。适宜温度 28℃ 以下，相对湿度 30% ～ 50%。运输工具必须清洁、干燥、无异味、无污染。运输时不能与其他有毒、有害的物质混装。运输过程中应有防雨、防潮、防污染等措施。

紫　苏

【药用来源】为唇形科植物紫苏 *Perilla frutescens* (L.) Britt. 的干燥叶（或带嫩枝）和干燥茎。

【性味归经】辛，温。归肺、脾经。

【功能主治】紫苏叶：解表散寒，行气和胃。用于风寒感冒，咳嗽呕恶，妊娠呕吐，鱼蟹中毒。紫苏梗：理气宽中，止痛，安胎。用于胸膈痞闷，胃脘疼痛，嗳气呕吐，胎动不安。

【植物形态】株高 0.3 ～ 1.0 m。茎直立，方形，紫色或绿色。叶对生，叶片带紫色，并疏生柔毛，叶片下面有明显细油点；叶片卵形或圆卵形，先端渐尖，边缘具粗锯齿；花轮密集于枝梢或叶腋，形成偏侧的总状花序；苞叶卵形，与花等长；花萼钟状，呈二唇形；花冠红色或淡红色，有 4 裂片；雄蕊 4 枚，2 强；雌蕊 1 枚，子房 4 裂。小坚果呈卵形，表面暗棕色或棕黄色，有隆起的网状花纹。花期 7—8 月，果期 9—10 月。

【植物图谱】见图 80-1 ～图 80-5。

图 80-1　紫苏大田

图 80-2　紫苏叶

图 80-3　紫苏花

图 80-4　紫苏苗

图 80-5　紫苏种子（药材名称：苏子）

【生态环境】对环境适应性较强，在温暖湿润的环境生长最好，对土壤要求不严，以疏松肥沃的砂质土或富含腐殖质的壤土为好。

【生物学特征】紫苏种子在5℃以上即可萌发，苗期可耐1～2℃的低温。紫苏在较高温度时生长较缓慢，夏季生长旺盛，全生育期为180天左右。

【栽培技术】

（一）选地、整地

1．选地　应选择选择阳光充足、排水良好、疏松肥沃、地势平坦的砂壤土或壤土种植。

2．整地

（1）人工整地：5月中下旬进行，深翻25 cm以上，每亩施腐熟有机肥2000～3000 kg，深翻入土混合均匀后施入耕层做基肥，整平耙细作畦。畦宽140 cm，畦间距40 cm宽，畦长视实际需要而定，浇足底墒水。

（2）机械整地：使用翻转犁深耕灭茬45 cm以上，翻耕后用旋耕机或圆盘耙对表层土壤进行细碎和平整处理，达到地表平整，土壤细碎疏松、上实下虚，便于机械播种的要求。深耕后使用旋耕起垄施肥机，均匀施入肥料，做到全层施肥，然后立即混土5～10 cm，畦面平整，耕层松软。

（二）播种

在4月底或5月初，采用条播方式按行距50 cm，开沟深1～2 cm，把种子均匀撒入沟内，覆土1～2 cm，稍加镇压，播后立刻浇水，保持湿润，播种量每亩1～2 kg。

（三）田间管理

1．间苗、定苗、补苗　幼苗出土后，松土保墒，苗高6～9 cm时，间去弱小幼苗，并结合中耕除草；苗高12～15 cm时，按株距30 cm左右定苗，每墩留1～2株。定苗后及时松土除草，蹲苗和补苗，促使主干粗壮。

2．灌溉与排水　移栽苗在缓苗期及时浇水，保持地面湿润，直播的出苗前后不可缺水，保持土壤湿润，以利幼苗生长。以后视天气干旱情况，旱时浇水。雨季注意排涝，地内不可积水，以免烂根死苗、降低产量和品质。

3．追肥　紫苏需肥量大，应根据植株的不同生长时期的情况进行施肥。一般育苗移栽的紫苏在移苗成功后即可进行第一次施肥，直播地常在第一次除草后进行追肥，第一次追肥主要施以人畜粪。第二次追肥是在花蕾形成前进行，施肥量为每亩 5 kg 硫酸铵。在紫苏的花蕾期进行第三次追肥，施肥量为每亩施以 1500 kg 人畜粪。为保证紫苏高产，在紫苏的整个生育期，应保持每亩田施入氮肥 10 kg、磷肥 10 kg、钾肥 6.5 kg。

4．中耕除草　出苗后及幼苗长至 10 ～ 20 cm 时应及时除草，以后结合灌水施肥，及时进行中耕，保持土壤疏松，田间无杂草。雨后要及时中耕，防止土壤板结，促进植株生长。株高 30 cm 后不便锄草，可直接拔除杂草。

（四）病虫害防治

1．病害

（1）锈病：锈病常发生在雨季，发病植株的主要症状表现为先是植株基部叶的背面出现黄褐色突起的斑点，然后会在叶间甚至植株间进行传染，最后病叶枯黄翻卷脱落。防治方法：注意种植的密度，成苗后及时排除积水；发病初期喷施 25% 粉锈宁 1000 倍液。

（2）紫苏斑枯病：一般发生在高温、湿度大、种植过密、通风不良的情形下。病症表现为叶面出现褐色的小斑点，然后病斑逐渐扩大，最后病斑干枯成洞。防治方法：播种前选择无病虫害的种子；及时排水，合理密植；发病植株初期喷洒代森锰锌 70% 胶悬剂干粉。

2．虫害

（1）紫苏野螟：主要发生在 7—9 月，其幼虫咬食叶片及枝梢。防治方法：及时清除残枝落叶、收获后深翻田地，减少虫害的来源。

（2）小地老虎：主要发生在 4—6 月，害虫会直接咬断紫苏苗。防治方法：用毒饵诱杀（90% 的晶体美曲膦酯 1000 ～ 1500 倍拌成）。

（3）银纹夜蛾、红蜘蛛、棉大造桥虫等：都可以对紫苏为害，可采取相应的方法进行防治。

【留种技术】选择生长健壮，植株粗壮矮健，无病虫害的植株，作为采种母种。当果穗下部有 2/3 果萼变为褐色，叶色已转黄时，用剪刀将果穗剪下、晒干、脱粒即可。

【采收加工】

（一）采收

采收时间与其不同部位的用途及气候有关，带叶的嫩枝一般在紫苏开花前采收，净叶一般在夏季枝叶繁茂、花开前采收。

（二）产地加工

紫苏叶采收后置于地上或悬挂于通风干燥处阴干。

【商品规格】

（一）含量测定

紫苏叶按照《中华人民共和国药典》2015 年版一部测定：按干燥品计算，含挥发油不得少于 0.40%。

紫苏梗按照《中华人民共和国药典》2015 年版一部测定：按干燥品计算，含迷迭香酸（$C_{18}H_{16}O_8$）不得少于 0.10%。

（二）商品规格

紫苏叶：以叶片大、色紫、不带枝梗、香气浓郁者为佳。

紫苏梗：以茎粗壮，紫棕色者为佳。

【贮藏运输】置阴凉干燥处，防霉、防虫蛀。适宜温度 28℃以下，相对湿度 65% ～ 75%。运输工具必须清洁、干燥、无异味、无污染。运输时不能与其他有毒、有害的物质混装。运输过程中应有防雨、防潮、防污染等措施。

附药：紫苏子

【药用来源】为唇形科植物紫苏 *Perilla frutescens* (L.) Britt. 的干燥成熟果实。

【性味归经】辛，温。归肺经。

【功能主治】降气化痰，止咳平喘，润肠通便。用于痰壅气逆，咳嗽气喘，肠燥便秘。

【采收加工】

（一）采收

紫苏子成熟后易脱落，因此当大部分果实成熟时即可采收。

（二）产地加工

紫苏子：采收后晒干，除去果壳碎枝叶等杂质后洗净，干燥（图80-5）。

炒紫苏：取紫苏子至锅内，用文火加热，炒至爆裂有香气溢出时，取出放凉。

蜜苏子：取炼蜜适量，用开水稀释后，加入肝苏子搅拌均匀，稍稍焖制，放锅内，用文火加热，炒至深棕色，不粘手为度，取出放凉，每100 kg紫苏子，用炼蜜10 kg。

【商品规格】

（一）含量测定

同紫苏梗。

（二）商品规格

呈卵圆形或类球形，饱满，均匀，表面灰棕色或灰褐色，种皮薄而脆，种子黄白色，有油性，搓之香气浓郁，无杂质。

主要参考文献

[1] 中国科学院中国植物志编辑委员会. 中国植物志. 北京：科学出版社，1979，27：51-59.

[2] 中国科学院中国植物志编辑委员会. 中国植物志. 北京：科学出版社，1987，78（1）：23-28.

[3] 中国科学院中国植物志编辑委员会. 中国植物志. 北京：科学出版社，1980（12）：65-67.

[4] 贺士元，邢其华，尹祖堂. 北京植物志. 北京：北京出版社，1992：734-735.

[5] 河北植物志编辑委员会. 河北植物志. 石家庄：河北科学技术出版社，1986：45-46.

[6] 中国科学院林业土壤研究所. 东北植物志. 北京：科学出版社，1959：97-101.

[7] 彭成. 中华道地药材（上）. 北京：中国中医药出版社，2011：208-214.

[8] 彭成. 中华道地药材（中）. 北京：中国中医药出版社，2011：1995-2001.

[9] 彭成. 中华道地药材（下）. 北京：中国中医药出版社，2011：4483-4494.

[10] 郭巧生. 药用植物栽培学. 北京：高等教育出版社，2009：329-335.

[11] 国家药典委员会. 中华人民共和国药典2015版（一部）. 北京：中国医药科技出版社，2015：260-319.

[12] 徐国钧，何宏贤，徐珞珊，等. 中国药材学（上）. 北京：中国医药科技出版社，1996：347-349.

[13] 徐国钧，何宏贤，徐珞珊，等. 中国药材学（下）. 北京：中国医药科技出版社，1996：1275-1278.

[14] 王国强. 全国中草药汇编（一卷）. 第3版. 北京：人民卫生出版社. 2014：286-353.

[15] 陈士林，林余霖. 中草药大典（上）. 北京：军事医学科学出版社，2006：175-184.

[16] 陈士林，林余霖. 中草药大典（上）. 北京：军事医学科学出版社，2006：318-328.

[17] 李敏，卫莹芳. 中药材GAP与栽培学. 北京：中国中医药出版社，2006：134-154.

[18] 陈赓，李敏. 中药材种植技术. 北京：中国医药科技出版社，2006：97-105.

[19] 熊耀康，严铸云. 药用植物学. 北京：人民卫生出版社，2012：304-309.

[20] 李安平，王智民. 中国苦参. 北京：中国医药科技出版社，2014：14-33.

[21] 付正良，孔增科. 涉县植物志. 北京：学苑出版社，2014：505-511.

[22] 谢宗万. 实用中药材经验鉴别. 北京：人民卫生出版社，2001：408-411.

[23] 王良信. 名贵中药材绿色栽培技术—黄柏 刺五加 五味子 防风. 北京：科学技术文献出版社，2002：124-162.

[24] 姚振生. 药用植物学. 北京：中国中医药出版社，2007：279-285.

[25] 河北省革命委员会卫生局和商业局. 河北中草药. 石家庄：河北人民出版社，1977：236-247.

[26] 赵建成. 河北木兰围场植物志. 北京：科学出版社，2008：141-164.

[27] 河北省中药资源普查组. 河北省中药资源名录. 石家庄：河北省中药资源普查办公室，1987：101-134.

[28] 刘春延，赵亚民，刘海莹，等. 塞罕坝森林植物图谱. 北京：中国林业出版社，2010：49-50.

[29] 何本鸿，朱敏英. 中药资源学. 武汉：华中科技大学出版社，2009：200-203.

[30] 魏建和. 中药材选育新品种汇编（2003—2016）. 北京：中国农业科学技术出版社，2017：96-129.

[31] 付正良，周海平，林飞武. 河北省本草图鉴. 石家庄：河北科学技术出版社. 2018：617-621.

[32] 孙福琴，杜润所．沙棘经济价值综述．内蒙古林业，2009，（4）：36-37．

[33] 王诚元，陈伟．不同产地白芍芍药苷含量研究．湖北中医药杂志，2007，23（3）：98-99．

[34] 姚仁．芍药及其栽培经验．家庭中医药，1994，2（2）：57-58．

[35] 谢天心，陈俊生．白芍药栽培经验介绍．江西中医药，1960，10（12）：56．

[36] 李伟，文红梅，张爱华，等．白术质量标准研究．药物分析杂志，2001，21（3）：170．

[37] 张振华，叶文才．十七种不同产地白头翁的质量考察．现代中药研究与实践，2007，21（1）：20．

[38] 姜涛，郑艳，李艳成．板蓝根大垄双行机械采收高产栽培技术．特种经济动植物，2018，21（7）：37-38．

[39] 王秋玲，郭旭，刘福清，等．北苍术开花结实特性观察及种子分级研究．中国现代中药，2015，17（6）：568-571．

[40] 魏云洁，王志清，孔祥义，等．不同种子处理方式对北苍术出苗率及植株生长性状的影响．特产研究，2012，34（2）：40-42．

[41] 张舒娜，潘晓曦，马琳，等．不同覆盖物对北苍术出苗及生长的影响．特产研究，2015，37（4）：26-28．

[42] 谭洪秀，聂琴，陈文年．药用植物白芷种子萌发特性研究．安徽农学通报，2016，22（14）：34-36．

[43] 张志梅，郭玉海，翟志席，等．白芷的栽培措施研究．中药材，2006，29（11）：1127-1128．

[44] 徐志强．半夏栽培技术和田间管理．种子科技，2018（12）：38-39．

[45] 尹鑫，张莹莹，段小贺，等．冀北地区柴胡引种及配套栽培技术．园艺与种苗，2018（7）：1-2．

[46] 陈媛媛，胡尚钦，陶珊，等．川芎栽培关键技术研究进展．中药材，2018，41（5）：1238-1242．

[47] 王中林．药用丹参人工栽培技术．农村实用技术，2018（2）：23-24．

[48] 刁家葳，徐保鑫，张学兰，等．丹参药材及其饮片的规格等级与质量评价研究进展．山东中医杂志，2018，37（8）：688-691．

[49] 牛敏，刘红燕，刘谦，等．4个栽培年限丹参颜色与9种活性成分含量的相关性．中成药，2017，39（1）：131-135．

[50] 张慧莲，王彬，郭俊霞，等．四川金银花采收标准研究．时珍国医国药，2017，28（7）：1757-1758．

[51] 张新静，于营雷，慧霞，等．桔梗种子发育过程中外观形态及生理生化的变化．种子，2018，37（8）：36-40．

[52] 郭吉刚，关扎根．苦参生物学特性及栽培技术研究．山西中医学院学报，2005，6（2）：45-47．

[53] 张龙，王琳，范战辉．北方连翘高产栽培技术．河北农业，2018（9）：14-15．

[54] 沈志伟，朱晓红，邱琦，等．沙棘的特征特性及栽培技术．林业科学，2017（17）：153-154．

[55] 丁志国，吴维春．兴安升麻野生变家种栽培技术．中药材，1992，15（9）：9-11．

[56] 李阳，于锡宏，蒋欣梅，等．不同温度层积处理对北五味子种子休眠过程中种胚后熟的影响．北方园艺，2017（20）：140-144．

[57] 夏广清，李冬梅，李彩凤，等．北五味子种子萌发中形态学观察及生理生化指标分析．植物生理学报，2014，50（4）：415-418．

[58] 赵小勤，黄晓婧，许莉，等．知母饮片的质量分析与研究．中国药事，2018，32（10）：1349-1353．

[59] 陈千良，石张燕，孙小明，等．栽培西陵知母与野生知母药材质量比较．中国中药杂志，2011，

36（17）：2316-2320．

[60] 马春英，蔡景竹，吴立柱．仿野生栽培对知母外在性状和内在质量的影响．时珍国医国药，2017，28（9）：2239-2242．

[61] 杨海燕，刘佳灵，夏琴，等．影响猪苓生长的主要因素分析研究．中药材，2017，40（7）：1539-1532．

[62] 夏琴，李敏，周进，等．不同产地、商品规格及生长年限猪苓麦角甾醇及多糖的含量分析．中药材，2015，38（1）：45-48．

[63] 郭顺星，王秋颖，张集慧，等．猪苓菌丝形成菌核栽培方法的研究．中国药学杂志，2001，36(10)：658-660．